◇ 中共中央宣传部"四个一批"人才项目（201804004）

◇ 山西省高等学校人文社科重点研究基地项目（201801013）

◇ 山西省高等学校人文社科重点研究基地项目（20190105）

山西省高等学校人文社科重点研究基地"山西大学绿色发展研究中心"学术丛书

山西省气候变化

基本特征、部门影响与转型适应

主编　杨军　赵永斌　丛建辉

中国财经出版传媒集团

经济科学出版社

Economic Science Press

图书在版编目（CIP）数据

山西省气候变化：基本特征、部门影响与转型适应/杨军，
赵永斌，丛建辉主编 . —北京：经济科学出版社，2021.1
ISBN 978 - 7 - 5218 - 2026 - 3

Ⅰ.①山…　Ⅱ.①杨…②赵…③丛…　Ⅲ.①气候变化 -
研究 - 山西　Ⅳ.①P467

中国版本图书馆 CIP 数据核字（2020）第 210348 号

责任编辑：周国强
责任校对：杨　海
责任印制：王世伟

山西省气候变化：基本特征、部门影响与转型适应
主　编　杨　军　赵永斌　丛建辉
经济科学出版社出版、发行　新华书店经销
社址：北京市海淀区阜成路甲 28 号　邮编：100142
总编部电话：010 - 88191217　发行部电话：010 - 88191522
网址：www. esp. com. cn
电子邮箱：esp@ esp. com. cn
天猫网店：经济科学出版社旗舰店
网址：http：//jjkxcbs. tmall. com
北京季蜂印刷有限公司印装
710 × 1000　16 开　19.75 印张　2 插页　350000 字
2021 年 1 月第 1 版　2021 年 1 月第 1 次印刷
ISBN 978 - 7 - 5218 - 2026 - 3　定价：98.00 元
（图书出现印装问题，本社负责调换。电话：010 - 88191510）
（版权所有　侵权必究　打击盗版　举报热线：010 - 88191661
QQ：2242791300　营销中心电话：010 - 88191537
电子邮箱：dbts@ esp. com. cn）

《山西省气候变化：基本特征、部门影响与转型适应》
编 委 会

前　言

　　在历史发展的长河中，气候作为主要生产要素之一，不仅是人类进化的推动者，也是人类文明的缔造者，还是新时代转型发展的影响与支撑者。农业社会时期，气候通过直接作用于作物本身，间接影响土壤的生产力，进而影响农业经济的发展、经济重心的形成与变迁。进入工业社会时期，机器大规模生产代替人工生产，在生产效率提高的同时也加剧了气候变化，气温升高、极端气候加剧等一系列气候变化事件已严重威胁人类健康、生存与发展。在全球转型发展的今天，充分利用气候资源是全球能源革命的主要方向之一，能源结构、产业结构与布局的气候适应性调整也是可持续发展的重要内容。在这样的形势下，应对气候变化，特别是适应气候变化工作成为世界各国的重点工作。

　　1992 年，联合国大会通过了《联合国气候变化框架公约》，开启了应对气候变化全球合作的时代。此后，围绕《联合国气候变化框架公约》，国际上先后达成了《京都议定书》、"巴厘路线图"、"德班平台"、《巴黎协定》等国际性共识，应对气候变化国际合作已经取得了较大成果。

　　作为负责任的发展中大国和受气候变化影响较大的国家，我国在 2007 年制定了《中国应对气候变化国家方案》，系统阐述了适应气候变化的各项任务。此后，我国政府相继发布和实施了一系列与适应气候变化相关的政策，包括《国家适应气候变化战略》《城市适应气候变化行动方案》《林业适应气候变化行动方案（2016～2020 年）》等，全国适应气候变化工作有条不紊地开展。

　　2011 年，国家发展和改革委发布了《地方应对气候变化规划编制指导意见》，指导地方编制应对气候变化规划。目前，山西、北京、上海、天津、江西、陕西等 21 个省区市已经发布了省级应对气候变化规划。福建省还专门出台了适应气候变化方案，湖南、宁夏等省区也开始了适应气候变化的研究工作。

山西省作为生态环境脆弱、环境承载力低的省份，面对气候变化有着较大的脆弱性。过去，山西省开展了一系列应对气候变化的工作，出台了全国第一个应对气候变化的专项法规《山西省应对气候变化办法》，编制了《山西省应对气候变化规划（2013—2020 年）》，并在节能减排、碳市场建设等减缓气候变化领域开展了大量有效的工作。当前，山西省在适应气候变化领域，亟须系统性开展专业性、全面性的适应气候变化研究工作，为省级适应气候变化的政策制定、工作部署、能力建设、人才培养等提供有效支撑，这也是本书的出发点。

山西省位于中国中部，处于北纬 34°34′~40°44′，东经 110°14′~114°33′，地处我国第三阶梯向第二阶梯过渡地带，东起太行、西倚吕梁、南临黄河、北据长城，中部为连串河谷盆地，形成"两山夹一川"的地形态势，地势北高南低。山西省南北长 680 公里，东西宽 380 公里，总面积 15.67 万平方公里，域内山区众多，山地、丘陵占 80%，大部分在海拔 1000 米以上，盆地、台地等平川河谷占 20%。在这样的地理位置及地形地貌特征下，山西省气候变化具有三大特性：一是纵跨温带季风气候、温带大陆性气候两大气候带，南北气候差异大；二是山地盆地交错，垂直气候差异大，局部小气候普遍，气候区划复杂；三是气候变化脆弱区与深度贫困区重叠，脆弱区域、人群适应气候变化难度大。所以说，山西省是我国气候变化极其敏感、脆弱的区域之一，也是我国适应气候变化的重点区域。

山西省作为中国交通运输的重要枢纽，起着承东启西、连通南北的关键作用，是京津冀地区重要的生态屏障，也是黄河流域高质量发展和生态文明建设的重要支撑区。气候变化已经威胁到了山西省的农牧业安全，并对水资源、自然生态系统、基础设施安全、重点产业发展、人体健康等方面构成不同程度的威胁。特别地，山西正处于转型发展的关键时期，支撑转型的重点领域中，小杂粮、中药材、旅游、清洁能源、健康养老等都是气候敏感型产业，且山西省本身气候条件比较脆弱，气候变化趋势逐渐恶化，气候变化的不良影响正在持续性向商业、物流、金融、城市建设等更多领域渗透，而气候资源和气候变化的积极影响尚未在转型发展中充分利用。因此，不论是实现生态保护，还是促进经济高质量发展，适应气候变化工作都是重中之重。

　　本书在全球气候变暖的背景下，借鉴中国《第三次气候变化国家评估报告》中描述气候变化的特征变量，结合山西省适应气候变化研究问题的实际需求，综合选取了温度、降水、日照、风和湿度5个特征变量，基于山西省1960～2016年的气候变化事实和趋势，分领域和区域研究山西省适应气候变化的形势、问题和对策，并提出"转型适应"的适应气候变化行动理念，力求将适应气候变化置于全省资源型经济转型发展大局之中，引导山西省资源型经济转型与适应气候变化协同推进，构建气候适应型发展模式。研究内容主要分为三大部分：

　　第一部分（第1章）是山西省气候变化的事实及趋势分析。该部分首先将气候变化界定为"气候随时间的任何变化，无论原因是自然变率还是人类活动的结果"，并根据研究需要选取气候变量。其次，基于山西省16个气象观测站点的处理数据，刻画山西省气候变化、极端天气气候事件的基本事实和演变趋势。结果显示，过去60年，山西省平均气温上升趋势显著，降水微弱减少，极端天气气候事件频发，气候变化的主要特征是暖干化。最后，本书采用两种定量化分析方法对山西省气候变化的基本趋势进行了预估，同时综合了现有关于山西省未来气候变化趋势的相关研究成果，认为山西省未来气温会保持一种上升的趋势，时间上冬季增幅最大，夏季相对比较稳定；空间上由南向北上升趋势越趋明显。降水总体上呈现下降的态势，但区域间没有明显的差异，代际变化波动较大。日照时数将会一直保持在一个比较稳定的水平。

　　第二部分（第2～第8章）是气候变化对山西省重点领域的影响与适应对策研究。首先从农林牧业、水资源、自然生态系统、基础设施、重点产业、人体健康六个领域具体分析气候变化对山西省重点领域的理论影响机制（第2章）。从状态上，分为敏感性、暴露性、自适应性；从影响方式分析，分为直接影响和间接影响；从具体内容分析，气候变化对各领域有多种具体影响。研究结果显示：气候变化在理论上会增加山西省农业生产的不稳定性，加剧水资源紧张，提高基础设施气候适应型要求，影响能源的供需结构，加速旅游资源的风化和腐蚀，减弱生态系统恢复功能，增大脆弱人群健康风险。然后具体研究气候变化对山西省重点领域的影响及适应对策研究（第3～第8章）。这六章分别描述了山西省农林牧业、水资源、自然生态系统、基础设施、重点产业、人体健康六大领域的现状，并在此基础上详细分析了气候变化对山西省这六个领域可观测到的具体影响，最后结合已有适应气候变化方法及其不足之处，以及山西省资源型经济转型发展与构建气候适应型发展模式的需要，针对性地提出各领域适应气候变化的方案。

第三部分（第9章）是山西省适应气候变化的区域格局和转型适应的重点任务。按受气候变化影响的不同情况划分，同时考虑行政区划，将山西省适应气候变化的区域格局划分为晋南、晋中、晋北三大区域，基于各区域实际情况、气候变化事实和气候变化影响的重大问题，结合理论和实际调研，提出各区域适应气候变化的重点工作。其中，晋北地区主要是突出各领域适应干旱型气候以及生态修复治理；晋中地区主要是突出气候过渡区在气候变化（特别是变暖）下，各领域对有利影响和不利影响的适应；晋南地区则是突出各领域对暖干化趋势的适应。

目　录

| 第1章 |

气候变化的事实及趋势分析

梳理气候变化事实、预估气候变化趋势，是山西省确定适应气候变化重点工作的基本前提，对山西省开展转型适应工作具有重大意义。本章主要介绍气候变化的概念及其特征变量的界定，梳理全球和中国气候变化事实，在山西省均态气候和极端天气气候变化事实的基础上，科学估计山西省未来气候变化趋势，从而确定山西省气候变化特征、变化趋势和适应重点。

1.1　描述气候变化的主要特征变量

本节内容梳理了气候变化的概念，并界定本书所指气候变化的基本含义。在此基础上，结合山西省适应气候变化工作的实际需要，选取描述气候变化的主要特征变量，为确定山西省气候变化转型适应的主要对象提供了依据。

1.1.1　气候变化的释义及在本书中的含义

气候变化（climate change）是自然界的一种客观现象。出于不同研究目的，理论界对气候变化的理解和定义有所区别，主要体现在对"气候变化是否包含自然气候变化"这一问题的认识上。

《联合国气候变化框架公约》的主要目的是减缓人类活动引致的气候变化，将大气温室气体浓度维持在一个稳定的水平。因此，公约中所指气候变化是"经过相当一段时间的观察，在自然气候变化之外由人类活动直接或间接地改变全球大气组成所导致的气候改变"（UNFCCC，1992）。

政府间气候变化专门委员会（IPCC）由于肩负着"对气候变化科学知识的现状，气候变化对社会、经济的潜在影响以及如何适应和减缓气候变化的可能对策进行评估"的任务，因此其将气候变化定义为气候随时间的任何变化，无论原因是自然变率还是人类活动的结果（IPCC，2013）。该定义由全球气象领域知名专家共同给出，为 IPCC 所有成员国认可，权威性较强。同时，IPCC 也对气候变化进行了归因分析，区分了人类活动和自然因素导致的气候变化，这不仅有助于了解气候变化的成因，也为各国进行相应的减缓和适应工作提供了参考。

针对不同的实践目的，气候变化的侧重点有所区别。减缓气候变化更加侧重于对人类活动的约束，而适应气候变化则针对气候变化带来的任何结果，不管该结果是人类活动引起的，还是自然因素导致的。这也是各种定义中是否包含"自然因素导致的气候变化"的重要依据。

本书的一个重要目标是识别气候变化给山西省带来的风险和影响，适应的对象理应是自然因素和人类活动导致的任何变化的结果。因此我们采用 IPCC 对气候变化的定义方式，即气候变化是同时包括了自然变率和人类活动结果的任何变化。在气候变化事实的描述上，本书以实际观测到的气候要素随时间变化的结果为基础进行描述，不区分人类活动和自然变率。

1.1.2　描述气候变化的特征变量及在本书中的选取

气候变化可以用一系列特征变量进行描述，中国《第三次气候变化国家评估报告》总结的描述气候变化特征的变量达到了 50 余种（《第三次气候变化国家评估报告》编写委员会，2015），如表 1−1 所示。

表 1−1　　　　　　　　描述气候变化的主要特征变量

圈层	分类	名称
大气圈	地面	气温、降水、相对湿度、风速、蒸发量、辐射、日照时数、云量、干旱、暴雨、洪涝、沙尘暴、高温热浪、低温灾害、综合指标
	高空	气温、比湿、相对湿度、大气可降水量、大气水汽含量等

续表

圈层	分类	名称
水圈	陆地	地表径流、地下水、湖泊面积以及深度
	海洋	海平面高度、海水热容量、海温、酸度、盐度
冰冻圈	积雪	最大积雪深度、积雪覆盖面、雪线高度
	冰川	面积、厚度、物质净损失量
	冻土	冻土温度、冻土活动层厚度、冻土区面积
	海冰、河冰、湖冰	面积、厚度、融化期日数、结冰期、动物活动范围等
岩石圈	土壤	土壤湿度、土壤温度
生物圈	植物	季节时间、生长季长度、植物生长范围等
	动物	动物活动范围等
综合指标	IGBP 指标	采用 CO_2、气温、海平面高度、海冰等每个参数的年变化标准化指标，综合评判全球地球气候系统的变化，反映各方面对气候变化的响应

资料来源：《第三次气候变化国家评估报告》编写委员会，2015。

在实际研究中，一般只根据研究问题的需要，选取恰当的变量进行气候变化的刻画。其中，地表气温和降水是描述气候变化最常用的两个特征变量。《IPCC 第五次评估报告》主要采用地表气温变化、海洋温度变化、冰冻圈冰盖面积、海平面等特征变量来刻画全球气候变化（IPCC，2013）。中国《第三次气候变化国家评估报告》主要对地表气温、平均降水量、平均风速、平均日照时数、相对湿度等地面气候变化状况和高空气温、水汽、风、云等高空气候变化对我国气候变化进行了描述（《第三次气候变化国家评估报告》编写委员会，2015），《中国气候变化检测公报（2013）》选取地表气温、降水、湿度、风速、海平面和冰冻圈等描述中国区域的气候变化，《山西气候》主要选取气温、降水、风、湿度和蒸发、日照、云量等变量刻画了山西省气候现状和变化趋势（郭慕萍等，2015）。《宁夏应对全球气候变化战略研究》选取的变量是气温、降水、日照时数、积温、无霜期等（马忠玉，2012）。《适应气候变化湖南战略研究》重点考察了气温、降水、日照时数、风速等的变化情况（潘志祥等，2013）。

本书根据山西省自然地理情况、所属气候类型、历史气候变化情况、适应气候变化的重点领域等因素，在充分征求专家意见的基础上，综合选取了气温、降水、日照、风和湿度五个方面的特征变量，来描述山西省气候变化的事实和趋势。

1. 气温

气温（air temperature）是表示空气冷热程度的物理量，从微观上讲，是物体分子热运动的剧烈程度；从分子运动论观点看，是物体分子运动平均动能的标志和大量分子热运动的集体表现。

有史以来，地球气温就经历着冷暖交替与干湿变异的变化，自然变化与人类活动共同作用引起了气温的演变过程。自然变化主要是指气温系统内部通过"海洋－陆地－大气－海水"相互作用而产生的自然振荡。目前，关于气温变化的原因归纳为 16 种（《第三次气候变化国家评估报告》编写委员会，2015）：（1）地球轨道发生变化；（2）宇宙沙尘浓度发生变化；（3）太阳辐射发生变化；（4）天体发生撞击；（5）火山爆发；（6）海冰发生变化；（7）洋流的改变；（8）大气气溶胶浓度发生变化；（9）大气温室气体比重发生变化；（10）极地植被的改变；（11）大陆碳三植物转化为碳四植物；（12）大陆漂移；（13）地核环流的作用；（14）极地同温层云量发生变化；（15）"铁假说"，即与大陆沙尘气溶胶相联系的一种假说；（16）山地隆升对大气环流和环境的影响。人类影响主要包括城市下垫面（大气底部与地表的接触面）特性的影响、城市大气污染、温室气体排放、人工热源的影响、城市里的自然下垫面减少。

气温的国际标准单位是摄氏度（℃）。气温的观测是在野外空气流通、不受太阳直射下进行的，一般采用离地 1.5 米高度的空气温度，这样最大限度地排除了城市化和人为活动对气温观测造成的干扰。气温是描述全球气候变化中最重要的变量之一，全球气候变化最显著的特征是陆表气温上升和海洋温度上升。

气温对人类生产生活的影响十分广泛：在农业方面，气温是作物生长必需的外界条件之一，决定着一个地区的基本种植品种和种植制度；气温变化会直接影响农业生产（Cynthia and Martin，1994），并对作物病虫害的发生和流行也有一定的影响，气温变暖会改变寄主植物的生理特点和抗性水平，同时改变病原菌的形态、数量以及对寄主植物的侵染能力，最终使植物受到病原菌入侵危害（Goudriaan and Zadoks，1995）；在水资源方面，气温升高可能导致水资源蒸发加快，影响水量和水质，从而加剧水资源供需矛盾；在基础设施建设领域，气温升高对房屋建筑、交通、工程设计等方面提出了特殊要求；在生态系统方面，气温升高可能导致生物生存条件发生变化，对自然生态系统领域产生不确定性影响；在人体健康方面，气温升高可能导致与温度变化敏感的传染性疾病（如疟疾和登革热）的传播范围增加，与高温热浪天气有关的疾病和死亡率增加，对人体健康领域产生不利影响。因此，本书将气温作为衡量气候变化的一大变量。

气温对各领域影响的表现形式和途径多种多样。例如，气温变化对农业领域主要通过积温、无霜期、初霜日等指标的变化产生影响，而对人体健康领域主要通过高温持续日数等指标的变化产生影响，对基础设施领域影响的主要指标则是极端高温等。关于气温对具体领域影响的表现和途径，本书将在接下来的章节中进行针对性描述。

2. 降水

降水（precipitation）是指空气中的水汽冷凝并降落到地表的现象。降水过程包括两部分：一是大气中水汽直接在地面或地物表面及低空的凝结物，如霜、露、雾和雾凇，又称为水平降水；另一部分是由空中降落到地面上的水汽凝结物，如雨、雪、霰雹和雨凇等，又称为垂直降水。中国气象局《地面气象观测规范》规定，降水量仅指垂直降水，水平降水不作为降水量处理，发生降水不一定有降水量，只有有效降水才有降水量。本书中所指降水量遵循中国气象局的规定，只采用观测到的垂直降水作为降水量。

降水是水循环过程中最基本的环节，是地表径流的本源，是地下水的主要补给来源，也是清洁水的最终来源。降水在时空分布上的不均匀是引起洪涝和旱灾的直接原因。降水的过程伴随着能量的转换过程，雨滴的凝结是吸热过程，地表降水的蒸发又是散热过程。总之，降水是连接天气、气候和水循环等方面的关键物理过程，是关系到国计民生的最重要的气象要素之一。

降水产生的主要过程有：（1）随着天气系统的发展，暖而湿的空气与冷空气交汇，促使暖湿空气被冷空气强迫抬升，或由暖湿空气沿锋面斜坡爬升。（2）夏日的地方性热力对流，使暖湿空气随强对流上升形成小型积雨云和雷阵雨。（3）地形的起伏，使其迎风坡产生强迫抬升，但这是一个比较次要的因素，多数情况下，它和前两种过程结合影响降水量的地理分布。降水形成的条件有三个：一是要有充足的水汽；二是要使气块抬升并冷却凝结；三是要有较多的凝结核。影响降水的条件也有三个：一是海陆位置；二是地形；三是大气环流（宋世凯，2017）。

降水的分布有五个区，分别为全年多雨区、全年少雨区、夏季多雨区、冬季多雨区和常年湿润区，分别位于赤道附近地带、干旱的沙漠地区和两极地区、南纬和北纬30°~40°附近的大陆东岸、南纬和北纬30°~40°附近的大陆西岸、南纬和北纬40°~60°附近的大陆西岸。

降水和气温是描述气候条件最主要的变量，二者共同构成植被生长的水热条件。对于一些较为干旱的区域来说，在光热资源充足的条件下，降水已经成为农牧业生产、经济发展、生态环境和人类生活质量的限制因素。如尽管山西晋南地区光热资源充足，具备一年两熟的作物生产条件，但由于水资源不足，大部分地区只能维持一年一熟的种植制度（郭慕萍，2015）。降水对于山西省社会经济发展的各个领域均有较大的影响，因此本书将降水量的变化作为山西省适应气候变化的一个重点指标进行研究。

降水变化的影响是全方位、多层面的：降水变化可以改善或者恶化部分地区农作物生长的水热条件，对农业生产来讲，除降水量之外，降水时间与作物生长周期的契合度也是影响农业生产的重要环节。降水量的变化可以直接影响地表径流量和地下水储量，极端降水频率增多可能威胁现有基础设施的安全度，对工程设计提出新标准。稳定充沛的降水有利于生态恢复，而持续降水或者长期干旱均会对自然生态、人体健康产生不利影响。可见，降水的影响主要表现在降水量和降水时间分布上，因此本章重点从量和时间分布两个角度描述降水的变化。

3. 风

风是由空气流动引起的一种自然现象，它是由太阳辐射热引起的。太阳光照射在地球表面上，使地表温度升高，地表的空气受热膨胀变轻而上升。热空气上升后，低温的冷空气横向流入，上升的空气因逐渐冷却变重而降落，由于地表温度较高又会加热空气使之上升，这种空气的流动就产生了风。集结的水蒸气（云）结成水时，体积缩小，周围水蒸气前来补充，也形成风。

风是最重要的气候要素之一。在整个气候系统中，风输送着不同的气团，使空气中的热量和水分不断交换，形成了不同的天气现象和气候特征。

描述风的指标主要包括风向和风速，分别代表着空气水平运动分量的方向和大小。由于风速大小、方向还有湿度等的不同，会产生许多类型的风：疾风、大风、烈风、狂风、暴风和飓风。风的变化可以从盛行风向和平均风速两个方面描述。盛行风向特征表示气压系统的形式、配置和稳定性；平均风速则表示气压系统的平均强度。地面风速和风向不仅受气压场分布的支配，而且在很大程度上受地形和地势的影响。山隘和峡谷能改变气流运动方向，并使风力加大；丘陵山地却因摩擦加大使风速减小，孤峰山顶和高原地区则又天高风急。

人类活动也会影响风，如城区和郊区风速存在差异、城市化进程会影响风速。

风是农业生产的环境因子之一。风速适度对改善农田环境条件起着重要作用。近地层热量交换、农田蒸散和空气中的 CO_2、氧气等输送过程随着风速的增大而加快或加强。风可传播植物花粉、种子，帮助植物授粉和繁殖。风能是分布广泛、用之不竭的能源。在内蒙古高原、东北高原、东南沿海以及内陆高山，都具有丰富的风能资源可作为能源开发利用。风对农业也会产生消极作用，它能传播病原体，通过为害虫长距离迁飞提供气象条件而蔓延病害。大风使叶片机械擦伤、作物倒伏、树木断折、落花落果而影响产量。大风还造成土壤风蚀、沙丘移动而毁坏农田。

风速对社会经济的影响比较广泛，影响的形式主要是平均风速和最大风速。农作物倒伏灾害发生频率取决于当地的最大风速，建筑物的风压荷载设计主要决定于当地最大风速。水资源的蒸发速度则与平均风速有关，除此之外，风还是一种重要的可再生能源，一个地区发展风电的适宜度取决于当地的平均风速。鉴于风速对重点领域的影响较大，本书将重点描述平均风速的变化。而盛行风向主要是对整个气候系统的影响较大，降水、风速等的变化均与之相关，或是其变化的结果，由于气候系统变化的原因不是本书的重点目标，关于盛行风向的变化在本章不做描述。

山西省冬夏季盛行不同的季风，加之地形地貌复杂，山隘峡口众多，风向和风速的时空分布较为复杂，对重点领域的影响非常显著。因此，我们将风选定为本书关注的一个重点对象。

4. 日照

日照即太阳的光照，是地球和大气物理过程的重要能量来源，也是地球生物生存生长的基本条件。日照丰富与否，在很大程度上影响着地面和大气的辐射平衡、热量平衡，因而在一定程度上决定了当地气温的变化特点和气候的干湿情况。一个地区日照的多寡，取决于纬度、云量和地形等因素。因此本书将日照确定为山西省适应气候变化的重点对象之一。

日照与人类的生产生活息息相关，密不可分。日照为人类的居住空间提供光和热，给予了人们最为基本的生存条件。日照会从生理、心理等多个方面对人体健康产生影响。日照中包含的各种光线对人体的神经系统和内分泌系统能起到良好的调节作用，从而直接或间接地影响人们的心理状态。同时，日照是农作物生长必需的条件之一，也是一种重要的可再生资源。

日照的多寡可以用日照时数和日照百分率来描述。日照时数表示地面实际受到太阳光照射的时数，反映的是地面所接受日照的实际时长，主要影响因素是纬度和季节，也受云和地形的影响。日照百分率则表示当地接收到的实际日照时长和天文日照时数的百分率，反映了当地因天气原因而减少的日照情况，日照百分率越高，表示该地晴朗天气越多，反之则表示阴雨和多云天气较多。本书对日照变化的描述也主要从这两个方面展开。

5. 湿度

湿度是表示大气干燥程度的物理量，是一个重要的气象要素。在一定的温度下，一定体积的空气里含有的水汽越少，则空气越干燥；水汽越多，则空气越潮湿。在整个气候系统中，湿度是降水可能性的一种指示，而且是成云致雨的关键要素。

湿度与农业生产、经济建设和人体健康息息相关。例如，春季湿度过高会增加小麦锈病的风险，湿度低于30%会加大棉花脱蕾、落铃的风险，空气湿度大会增加城市铁质基础设施的氧化和腐蚀，特别地，湿度对文物保护和旅游设施影响较大，湿度长期较低还会导致脆弱人群易感染感冒、白喉、百日咳或其他呼吸道疾病，而潮湿的环境可能增加罹患湿疹等皮肤疾病的概率。鉴于湿度对山西省重点领域的影响较大，本书选定湿度为气候变化的重要特征变量，并将湿度确定为山西省适应气候变化的主要方面之一。

衡量湿度的变量有多种,如水汽压、相对湿度、饱和差、露点温度、温度露点差等,但在实践和研究中,最常用的是水汽压和相对湿度(郭慕萍,2015)。水汽压是空气中水汽所产生的分压力(分压强),国际制单位为百帕(hPa),是间接表示大气中水汽含量的一个量。大气中水汽含量多时,水汽压就大,反之水汽压就小。水汽压与蒸发关系密切,简单来说,白天温度高,蒸发快,进入大气的水汽多,水汽压就大,夜间的情况相反。相对湿度指空气中水汽压与相同温度下饱和水汽压(空气中水汽达到饱和时的水汽压强)的百分比,表示的是当前空气相对于水汽饱和状态的相对湿度。可见,在描述空气湿度上,水汽压和相对湿度二者在某种程度上具有替代意义,而相对湿度以饱和水汽压为参照,更能体现某地空气湿度的相对状态,更能体现湿度对重点领域影响的相对大小,因此本书以相对湿度来描述山西省湿度的变化状况和趋势。

1.2　全球和中国气候变化

本节主要基于气温、降水、风、日照、湿度五个特征变量,介绍全球气候变化事实与趋势,近百年来中国气候变化事实与趋势及区域表现两个方面的内容,为进一步研究山西省气候变化基本特征与转型适应奠定基础。

1.2.1　全球气候变化

IPCC 第五次评估报告显示,全球气候变暖是一个不争的事实。最近的三个十年比 1850 年以来其他任何十年都更温暖;1983~2012 年很有可能是北半球过去 1400 年来最热的 30 年。全球几乎所有地区都经历了升温过程,1880~2012 年,全球表面平均升温达到 0.85℃(0.65~1.06),2003~2012 年的平均温度比 1850~1990 年平均温度升高了 0.78℃(0.72~0.85)(IPCC,2013)。

根据世界气象组织(WMO)发布的《2018 年全球气候状况声明》,2015~2018 年是自有气温记录以来最热的四年,其中 2018 年是史上第四热的年份;当年全球平均气温较工业化前水平上升约 1℃;上层海洋热量达到历史峰值;

全球平均海平面高度比 2017 年上升 3.7 毫米，创历史新高；海洋酸化程度加剧；北极海冰面积远低于历史平均水平；南极海冰面积在 9 月底至 10 月初达到当年峰值后迅速缩减，到 2018 年底，海冰面积接近历史最低水平。

在观测的大多陆地区域有显著的变暖，南美、非洲、欧洲大部分地区、东北欧亚大陆、中东和北美洲的西部地区的大面积区域温度尤其高，亚洲和南美洲的温度是有记录以来最高的。2015 年是俄罗斯联邦有记录以来最暖的一年，比 1961～1990 年的平均水平高 2.16℃。中国的温度也是有记录以来最高的（至少自 1961 年以后），其中 10 个省份出现了创纪录的高温（世界气象组织，2016）。

1.2.2　中国气候变化

《第三次气候变化国家评估报告》显示，中国近百年（1909～2011 年）来发生了显著的气候变化：近百年来，中国陆地区域平均增温 0.9～1.5℃，明显高于全球升温幅度。近十五年来气温上升趋缓，但仍然处在近百年来气温最高的阶段。未来，中国区域气温将继续上升，到 21 世纪末，可能增温 1.3～5.0℃。近百年和近 60 年全国平均年降水量均未见显著的趋势性变化，但具有明显的区域分布差异，西部干旱和半干旱地区近 30 年变湿，降水呈持续增加趋势。全国降水平均增幅为 2%～5%，北方降水可能增加 5%～15%，华南降水变化不显著。未来极端事件增加，暴雨、强风暴潮、大范围干旱等发生的频次和强度增加，洪涝灾害的强度呈上升趋势（《第三次气候变化国家评估报告》编写委员会，2015）。受限于全国数据资料，我们这里直接引用国家气候中心相关报告中的结论，以显示近几十年来中国气候变化的基本事实和趋势。

1. 气温变化

平均气温变化方面：1951～2018 年，中国地表年平均气温呈显著上升趋势，并伴随明显的年代际波动（见图 1-1）。2007 年是中国近百年中最暖的一年，2018 年，全国平均气温 10.09℃，较常年偏高 0.54℃。1997 年之前中国年平均气温大都低于常年值（1981～2010 年平均值），之后气温出现明显的上升趋势，尤其是 1997 年以后，中国年平均气温大都高于常年值。

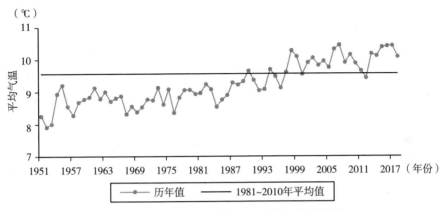

图 1 - 1　1951 ~ 2018 年全国平均气温变化趋势

资料来源：国家气候中心。

最高/最低气温的变化方面：20 世纪 90 年代之前中国年平均最高气温变化相对稳定，低于年平均最低气温和年平均气温的上升速率。之后最高气温呈明显上升趋势，1993 ~ 2018 年，中国地表年平均最高气温呈缓慢上升趋势，在 2000 年以后，高温日数持续高于常年值（1981 ~ 2010 年平均值），2018 年，全国平均高温（日最高气温≥35℃）日数 11.8 天，较常年偏多 4.1 天，为历史次多，仅少于 2017 年（见图 1 - 2）。

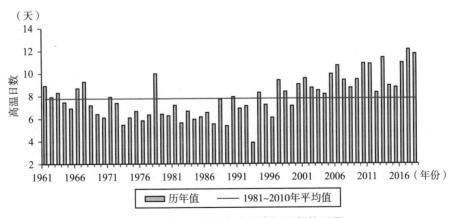

图 1 - 2　1961 ~ 2018 年全国高温日数柱形图

资料来源：国家气候中心。

气温变化的区域表现方面：2018年，全国六大区域平均气温均较常年偏高，其中华北地区、长江中下游分别偏高0.7℃、0.8℃。从空间分布看，除新疆北部局地气温略偏低外，全国其余大部地区气温接近常年或偏高，其中黄淮中部、江南东部及内蒙古中部、青海西南部和东南部、西藏西部和北部等地偏高1~2℃。华北东南部、黄淮中西部、江淮西部及其以南大部地区及陕西东南部、四川东部、重庆、南疆大部、内蒙古西部等地高温日数有20~30天，其中江汉大部、江南大部、华南中东部及重庆、南疆中东部、内蒙古西部等地超过30天。与常年相比，我国中东部大部地区及新疆西南部和东部、内蒙古西部、辽宁等地高温日数偏多5~10天，华北东南部、黄淮中部、江淮西部、江汉、江南大部、华南中东部及四川东部、重庆等地偏多10天以上。

2. 降水变化

年平均降水量方面：1951~2018年，中国平均年降水量无显著变化趋势，以20~30年尺度的年代际波动为主，其中20世纪10年代、30年代、50年代、70年代和90年代降水偏多，20世纪最初10年、20年代、40年代、60年代降水偏少。1951~2018年，中国平均年降水量有弱的增加趋势（见图1-3），但年际变化明显。1973年、2010年、1990年和1998年是排名前四位

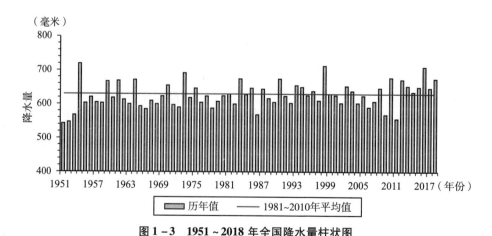

图1-3　1951~2018年全国降水量柱状图

资料来源：国家气候中心。

降水高值年，2011 年、2004 年、1986 年和 1968 年是排名前四位降水低值年，其中 2011 年降水显著偏少，是近 50 年来降水最少年份，为 1951 年以来历史同期第三少。2018 年，全国平均降水量 673.8 毫米，较常年偏多 7.0%，比 2017 年偏多 3.9%。

平均年雨日方面：1977 年之前中国年平均雨日均较常年偏多，之后则持续偏少。在降水总量微弱增加、平均雨日显著减少的前提下，我们能够很容易推出"中国年暴雨站数呈现增加趋势"的结论，事实上也正是如此。

暴雨日数较常年略偏多：2018 年，全国共出现暴雨（日降水量≥50.0 毫米）6106 站日，比常年偏多 2%（见图 1-4）。安徽中部、四川中东部、江西东北部、浙江西部、福建南部、广东中部和南部、广西中西部、海南大部等地暴雨日数普遍在 5 天以上，其中，广东南部、广西西部、海南等地有 7～10 天，局地 10 天以上。全国大部暴雨日数接近常年，仅山东中部、安徽东部、四川中东部、海南中北部等地的部分地区偏多 3～5 天。

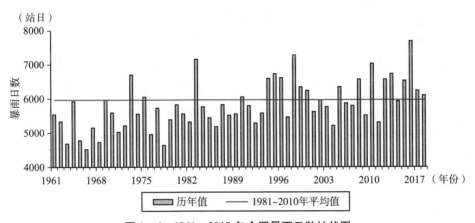

图 1-4　1961～2018 年全国暴雨日数柱状图

资料来源：国家气候中心。

降水变化的区域表现方面：2018 年，东北地区东部和北部、西北地区东南部、江淮南部、江汉、江南、华南、西南及西藏东部、青海南部等地年降水日数在 100 天以上，其中江南南部和西部部分地区、华南大部及四川中部和西北部、重庆东南部、贵州、云南西南部、西藏东部、海南东南部等地有 150～200 天；全国其余大部分地区降水日数少于 100 天，其中新疆南部、内蒙古西部、甘肃西部、宁夏北部、青海西北部、西藏西北部等地不足 50 天。与常年相比，宁夏南部、甘肃东部、青海东部、四川中西部、重庆东部、安徽大部、江苏南部、浙江中北部、海南大部等地降水日数偏多 10～20 天；华北北部和东部及内蒙古东北部、黑龙江北部、辽宁南部、新疆北部、西藏东南部、云南西部、贵州西南部等地偏少 10～20 天；全国其余大部分地区降水日数接近常年。

1.3　山西省均态气候变化事实及趋势

山西省地处华北平原西部，黄土高原东麓，处于中国第三阶梯向第二阶过渡地带。境内呈现"两山夹一川"的整体地貌，山岳纵横捭阖，盆地琳琅镶嵌，东西南北分别以太行、吕梁和长城、黄河为天然界限，与河北、内蒙古、陕西、河南接壤。山西省东西窄，南北长，纵跨温带季风气候区和温带大陆性气候区两大气候带。错综复杂的地形地貌、地处两大气候交错区这两个特殊的因素，造就了山西省独特而复杂的气候条件，气候变化的表现也与其他地区呈现出一定的差异和多样化，面对气候变化的风险和机遇存在较大的不确定性，适应气候变化的难度较大。因此认识和描述山西省均态气候变化的基本事实和趋势对于山西省适应气候变化工作的开展和经济转型具有重要的意义。

为更好地描述山西省不同区域间的气候变化事实和趋势，并使气候变化趋势的描述具有行政区划参考意义，本书在参考众多资料和专家咨询的基础上，将山西省分为晋南、晋中、晋北三大区域。其中，晋南区域包括运城、晋城、临汾、长治四市，晋中区域包括太原、阳泉、吕梁、晋中四市，晋北区域包括大同、朔州、忻州三市。

1.3.1　观测样本的选择和分布

描述气候变化基本事实需要选取较长的观测期，以排除短期内气候变化的异常表现，显示气候变化的长期趋势。科学分析全部山西气象站点的历史气象数据，是有效获取山西气候变化事实信息的关键。山西省现有 109 个气象站点，这些站点的设立时间存在较大差异，一些站点在 20 世纪 50 年代就已设立，而有些站点到 80 年代甚至更晚才投入使用。如果采用全部 109 个气象站点数据，会导致样本规模在观测期内发生变化，从而影响观测结果和趋势判断，因此需要对气象观测站点的使用做出一定的优化处理。

现有研究中，根据研究问题的不同，对气象观测站选取的数量和分布状况也有所差别。总体来说，相较于单个气象要素变化的刻画，综合性气候变化描述选取的观测站个数要明显偏少，因为综合性气候变化描述对各个气象要素变化之间的横向可比性有较高的要求，而同时满足这些可比性条件，并且能通过数据均一化检验的观测站个数较少。例如，在描述单个气候要素变化时，李智才、宋燕等（2008）用山西 64 个观测站描述了 1960～2003 年山西省夏季降水的变化特征；刘秀红等（2011）等利用山西 65 个观测站描述了 1960～2009 年春季降水的变化；周晋红等（2010）应用山西省 62 个气象站的降水资料，对山西省 1961～2008 年的干旱气候变化情况做了描述；王咏梅等（2011）利用 1961～2006 年山西省 42 个观测站的气温资料，分析了山西省冬季气温异常的时空特征。而在对山西省气候变化进行综合性描述时，李晋昌等（2010）利用山西省 17 个站点 1957～2008 年的气候资料，对山西省降水、气温和极端气候进行了分析；张丽花等（2013）利用山西 18 个气象站 2010 年之前的气象资料，分析了山西省近 60 年来的气候变化和旱涝趋势；刘文平等（2011）利用山西 18 个站 1971～2008 年的平均气温、风速、相对湿度等资料，研究了山西省不同季节的气候舒适度；张春林等（2008）利用大同、太原、临汾、离石四个站点的气象资料，研究了山西省 2005 年之前的气候变化趋势；郭慕萍等（2015）利用山西省 20 个站点的气象数据，综合分析了 1960～2012 年山西省气候变化的表现及趋势。

本书在观测站点选取上，遵循科学性、权威性和有效性的原则，在多位专家共同指导下，采用了较为规范的流程。首先在国家气象中心主办的"中国气象数据网"获取到山西省 29 个气象观测站的气象资料，根据专家建议去除五台山站（五台山站原位于海拔较高的北台，测得的气温较低，不能反映五台山地区的实际温度，且后迁站至海拔较低的南台，数据前后不连续），然后对剩余 28 个站的气象资料进行观测期一致性筛选、数据均一化筛选处理，最终得到了本研究采用的 16 个气象观测站（自北向南依次为：大同、右玉、河曲、五寨、原平、兴县、太原、阳泉、离石、榆社、介休、隰县、临汾、长治、阳城、运城）的完整气象数据，并选取 1960～2016 年作为气候变化的观测期。16 个气象站在山西省内分布均匀。

具体来看，晋中有 6 个观测站，晋南晋北各有 5 个观测站，南北分布均匀；东西分布上看，基本保证相近纬度上，太行、吕梁和中部盆地各有一个观测站，其中西部吕梁山地 6 个，中部冲积盆地 6 个，东部太行山 4 个；地市分布上，在保证了每个地市一个观测站的基础上，土地面积大的地市（如忻州、吕梁、临汾等）包括了 2 个左右的观测站。

通过对观测站点数据的处理，本书依次分析山西省在气温、降水、日照、风速和相对湿度方面的变化，以综合刻画山西省气候变化的基本事实和演变趋势。

1.3.2　山西省气温变化事实及趋势

1. 年平均气温的变化

在全球气候变暖的大背景下，山西省 1960～2016 年的气温总体上呈现上升趋势（见图 1-5）。上升的速度约为 0.26℃每 10 年，略低于同期全国平均气温的上升速度（0.29℃每 10 年），也低于华北地区同期的升温速率 0.36℃每 10 年（华北区域气候变化评估报告编写委员会，2012）。进入 21 世纪以来，山西省平均气温呈现波动下降的趋势，但近几年仍处于历史高位。以 1981～2010 年气温均值为参考，可以明显看出，山西省在 21 世纪以来多数年份的平均气温在该均值以上，而 20 世纪的多数年份平均气温在该均值以下，山西省 1960 年以来气温上升的事实显而易见。

从代际变化来看，1960 年以来，山西省的平均气温变化大致可以呈现"-+-"三个阶段：第一阶段是 20 世纪 60～80 年代，这一时期平均气温呈现下降趋势；第二阶段是 80～90 年代末，这一时期的平均气温上升较快，上升幅度也较大；第三个阶段是 2000 年以后，呈现波动下降的趋势，但最近几年平均气温连续处于历史高位，气温升高的趋势依然持续。总体来看，1960 年以后山西省气温变化呈现上升趋势。

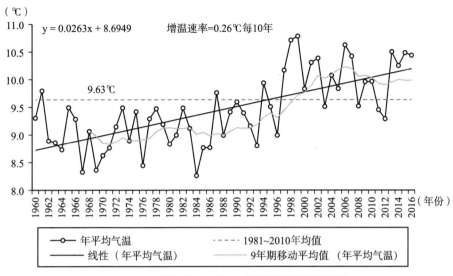

图 1－5　山西省 1960～2016 年年平均气温变化情况

资料来源：中国气象数据网。

2. 年平均气温的区域差异

从南北对比来看，山西省平均气温变化的趋势和速率不存在明显的南北差异。总体来说，晋北气温增速略低于晋中，为 0.25℃ 每 10 年，晋中与山西省整体气温升高速度保持一致，为 0.26℃ 每 10 年，而晋南的增温速度略快于晋中。三个区域在气温变化的趋势上均与山西省保持一致，均呈现 "－＋－" 的代际变化趋势和总体上升的整体变化趋势，不存在明显的变化特性（见图 1－6）。

从近 30 年的年平均气温的表现来看，山西省南北差异较大。晋北、晋中、晋南的年均气温分别为 6.9℃、10.1℃、11.8℃，南北平均气温差距将近 5℃，且南部升温最快。从这个角度来看，气温升高有可能改善晋北地区的热量条件，而晋南地区原本热量相对充足，气温升高对晋南热量条件的改善，在边际上弱于晋北，甚至为负。分地形来看，山西省增温的趋势下，山地升温趋势高于中部盆地。

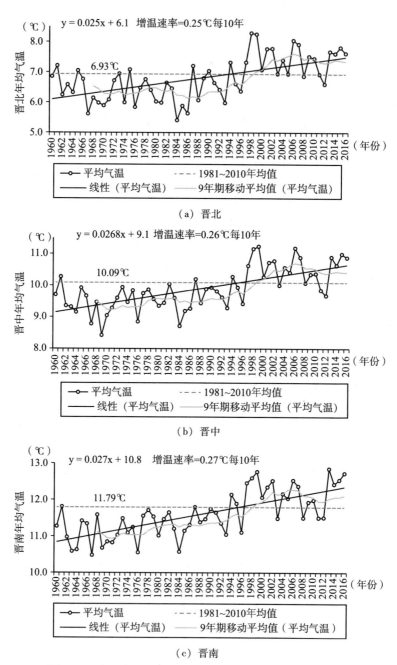

图 1-6　山西省 1960~2016 年分地区年平均气温变化情况

资料来源：中国气象数据网。

3. 各季平均气温的变化

从温度变化的季节分布来看（见图 1 - 7），相对于年平均气温的增长速率，季节增温呈现冬春快、夏秋慢的特点，与多数研究发现的暖冬现象相一致。山西省增温最明显的季节是冬季，增温速率达到了 0.4℃ 每 10 年，其次是春季，增温速率为 0.33℃ 每 10 年，秋季增温幅度为 0.21℃ 每 10 年，增温幅度最低的季节是夏季，为 0.11℃ 每 10 年。

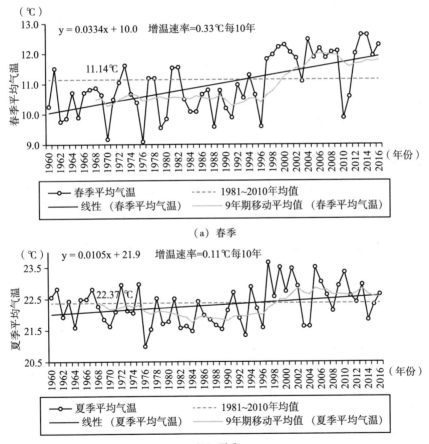

（a）春季

（b）夏季

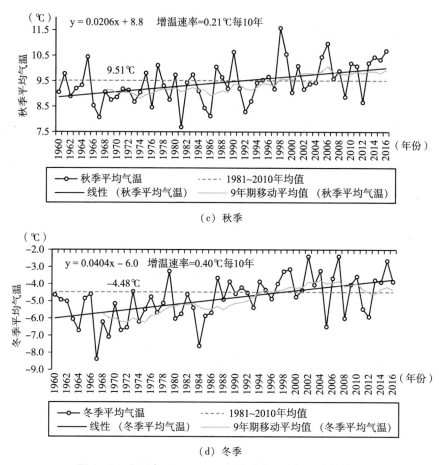

图 1-7　山西省 1960~2016 年分季节平均气温变化情况

资料来源：中国气象数据网。

　　需要指出的是，本书采用的观测期为 1960~2016 年，得到上述暖冬现象的结论，但仔细观察各季节平均温度的代际分布不难发现，在 20 世纪 60 年代，冬、春两季气温本身较低，因此在与当前气温比较的时候，会得出"暖冬"的结论。但若选取近 30 年（从 20 世纪 80 年代开始）为观测期，可能得不到"暖冬"的结论，从图 1-7 中也可以看出，80 年代后冬季气温无较大的增幅。虽然我们注意到了这一点，但就长周期的气候变化趋势来说，我们依旧主张暖冬的观测结果。此外，我们还发现近 30 年来，"暖春"现象在山西省表现明显。

　　具体到每一个季节来看，春季平均气温在 1996 年之前不存在明显的趋势变化，但在 1997 年突变之后开始迅速上升，现有研究也多数观测到了 1997 年这个突变年份。夏季平均气温在 20 世纪 90 年代之前呈现下降的趋势，在 90 年代之后呈现上升趋势，近年来，夏季平均气温相对稳定，并略有下降。秋季气温也是从 90 年代之后开始显著上升；冬季气温则是在 20 世纪 60～80 年代经历了快速升高的过程之后，在 80 年代中后期开始趋于稳定。

4. 山西省气温变化的趋势

综合来看，山西省气温呈现上升趋势，地区表现相对一致，季节表现分化较大。

从年均气温的变化趋势来看，长周期上山西省平均气温呈现上升趋势，并且近年来，年均气温多年处于历史高位，维持了上升趋势不变；从年均气温变化的区域差异来看，山西省南北气温变化差异不明显，总体上与山西省整体气温变化走势保持一致，呈现上升趋势。从季节分布来看，长周期的观测结果显示，山西省各个季节均呈现了气温升高的特征，其中冬季升温速度最快，但近 30 年冬季气温上升趋缓；夏季升温最少，且 21 世纪以来增温趋缓甚至有下降趋势；秋季温度升高相对缓和，但是升温趋势明显；最后，根据我们的观测结果，近年来，升温最显著、速度最快的是春季，"暖春"也是山西省适应气候变化的重点之一。

1.3.3 山西省降水量变化事实及趋势

1. 年平均降水量的变化

1960 年以来，全国降水总体呈现略有增加的趋势，而华北地区年平均降水量保持了相对稳定，无明显变化（中国气象局气候变化中心，2012）。与全国和华北地区的表现不同，山西省 1960～2016 年年平均降水量出现了 6.4 毫米每 10 年的减少（这一减少的趋势通过了 5% 的信度检验）。1981～2010 年，30 年平均降水量为 463.9 毫米（山西省气候中心统计结果为 468.3 毫米）。

分代际来看（见图 1-8），降水减少的趋势在 20 世纪 60～90 年代末表现得非常明显。其中，80 年代之前，多数年份降水量多于 1981～2010 年均值，而 80 年代后到 90 年代末，多数年份平均降水量少于 1981～2010 年均值，而进入 21 世纪以来，山西省降水总体上呈现稳定的增加的趋势，近年来，降水量多于 1981 ~ 2010 年均值。代际变化较为明显。

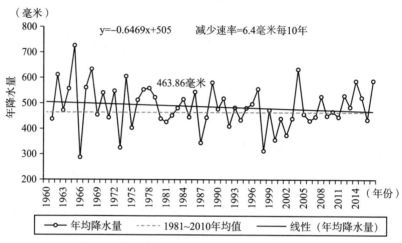

图 1-8　山西省 1960 ~ 2016 年平均降水量变化情况

资料来源：中国气象数据网。

2. 年平均降水量变化的地区差异

分地区来看（见图 1-9），山西省晋北、晋中、晋南降水变化的分化较大。在山西整体降水量减少的情况下，晋北降水略有增加，增加速率为 1.8 毫米每 10 年，并且在 21 世纪以来，晋北降水有微弱上升的迹象，降水的年际波动也比 20 世纪 60 ~ 70 年代明显减少。晋中降水在减少，减少速率与山西省整体速率相近，为 7.4 毫米每 10 年，但 21 世纪以来晋中的降水量也明显增多，年际变化减小。晋南的降水减少速度最快，为 13.7 毫米每 10 年，且 21 世纪以来没有明显的上升趋势，降水量的年际分布也不稳定。可以看出，在山西省降水减少的事实中，晋南地区贡献了较大的份额，晋南也成为山西省降水变化方面最明显的地区。

在平均年降水量的多寡方面，山西也存在明显的南北差异，晋北、晋中、晋南的年平均降水量分别为 406.2 毫米、468.9 毫米、515.6 毫米，可以判断，晋北降水增加、气温升高将改善该地区水热条件，但晋中、晋南地区气温升高，降水减少，将形成暖干化气候变化趋势，尤其是晋南地区，升温速度最快，降水减少速度也最快，是山西省暖干化变化最明显的地区。

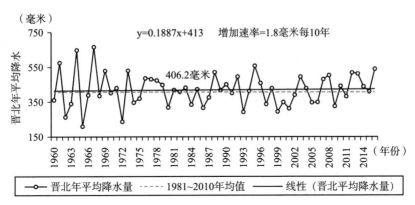

（a）晋北

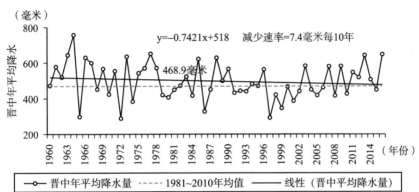

（b）晋中

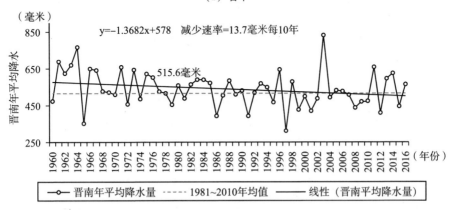

（c）晋南

图 1-9　山西省 1960~2016 年年平均降水量变化的区域差异情况

资料来源：中国气象数据网。

3. 降水量的季节分布变化

从降水量的季节分布来看（见图 1－10），山西省四季降水量的分布差异较大，降水集中在夏秋两季，夏季平均降水量为 268.3 毫米，占全年降水量的 57.8%，秋季平均降水量为 104.8 毫米，占全年降水量的 22.6%，而春冬两季降水量分别为 77.9 毫米（16.6%）、12.8 毫米（2.7%），这也符合季风气候的基本特征。

从降水量变化的季节差异来看，山西省降水减少主要集中在夏秋两季，夏季降水减少速率最快，为 5.1 毫米每 10 年，秋季降水略微减少，为 1.9 毫米每 10 年，相比之下，冬春两季降水略有增加，增速分别为 0.49 毫米每 10

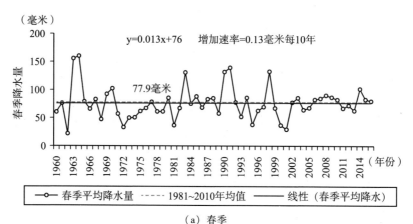

（a）春季

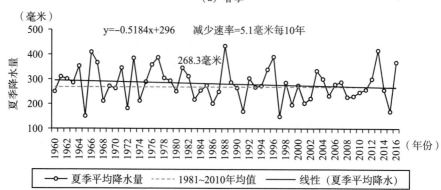

（b）夏季

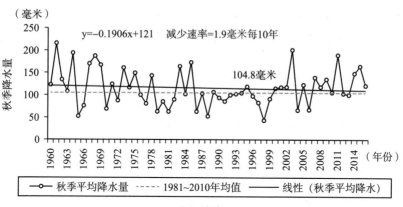

（c）秋季

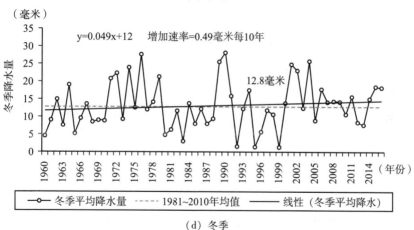

（d）冬季

图 1－10　山西省 1960～2016 年降水量变化的季节差异情况

资料来源：中国气象数据网。

年和 0.13 毫米每 10 年。但 21 世纪以来降水的变化又有微小的差异，春夏两季降水量变化趋势不明显，而秋季降水增加趋势明显，冬季降水减少明显。

　　结合降水变化的区域差异和季节差异，我们进一步分析山西省各区域的降水季节变化情况：山西省春季降水的增加主要集中在晋北和晋东太行山脉一带，其余境降水为减少趋势，运城减少最多；夏季降水除运城以外，山西省降水均为减少趋势，其中阳泉、晋中、临汾和吕梁南部地区减少最多；秋季降水变化也呈现南北分化，晋北地区呈现增加趋势，晋中地区降水微弱减少，晋南降水减少速率最大；冬季降水的表现较为复杂，总体上呈现北减南增的趋势，晋北、晋中两地，除大同盆地和西部吕梁山脉一带略有增加之外，其余部分呈现减少趋势，晋南地区冬季降水略有增加（郭慕萍等，2015）。

4. 山西省降水量变化的趋势

从长周期来看，山西省降水总体呈现微弱下降的趋势，平均每10年下降6.4毫米，但是，降水量的变化存在南北差异：晋北的降水量总体呈现微弱增加，而晋中晋南呈现减少的趋势，晋南降水减少最为严峻，且近年来无改善的迹象。长周期的季节降水量观测显示，山西省降水量的减少主要集中在夏秋两季，冬春两季降水有微弱的增加。短期来看，山西省降水减少的境况有所改变，21世纪以来山西省降水呈现明显上升的趋势，上升的趋势在晋北、晋中表现得最为明显，而晋南的变化趋势不明显，21世纪后山西省降水量的季节变化也有区别于长周期的观测结果，秋季降水增多，冬季降水减少，春夏变化不明显。

综上，我们按照长周期的观测结果，判定山西省降水呈现微弱下降的趋势，适应降水量减少的重点区域在晋南地区，但晋北地区由于本身降水量较少，也是适应干旱型气候的重点区域。此外，夏秋两季是适应降水减少的重点季节。

1.3.4 山西省日照变化事实及趋势

1960～2016年，山西省年日照时数呈明显下降趋势（见图1-11），下降速率为78h每10年，下降的走势与全国保持一致，但下降速度两倍于全国平均水平（33h每10年）。从代际变化来看，几乎所有的年代都呈现下降的趋势。研究期间，山西省常年日照时数为2447.58h，接近全国平均水平（2470h）。

日照百分率的变化趋势（见图1-12）可进一步佐证山西省日照时数下降速度异常于全国平均水平的原因。可以看到，在天文日照时数不变的前提下，日照百分率与日照时数的走势完全一致。山西省1960～2016年阴雨天气或者多云天气明显增多，导致山西省实际日照时数下降较快。

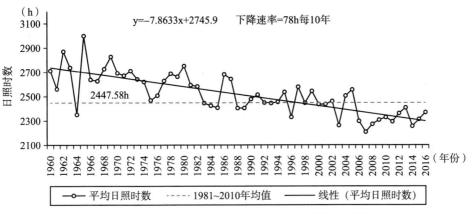

图 1 – 11　山西省 1960～2016 年年均日照时数变化情况

资料来源：中国气象数据网。

图 1 – 12　山西省 1960～2016 年日照百分率变化情况

资料来源：中国气象数据网。

总体来看山西省日照时数的变化呈现下降的趋势，且下降趋势非常明显。

1.3.5　山西省风速变化事实及趋势

通过长周期的观测，山西省年平均风速的变化呈现下降趋势，下降的速率为每 10 年下降 0.04 米/秒，下降速率远小于全国水平（每 10 年下降 0.17

米/秒）的平均速率，说明山西省风能资源减少的幅度不大。从代际表现来看，山西省 1960～2016 年期间年平均风速的变化总体上呈现先加强后减弱最后平稳的趋势。在 20 世纪 60～70 年代左右，山西省平均风速呈现上升的趋势，而在 70～90 年代，山西省风速迅速下降，90 年代后趋于稳定。由图 1－13 可以看到，常年平均风速为 2.0 米/秒，1983 年以前，多数年份平均风速在此之上，而 1983 年之后，多数年份平均风速在此之下。因此，我们判定山西省风速变化的长期趋势是下降的。

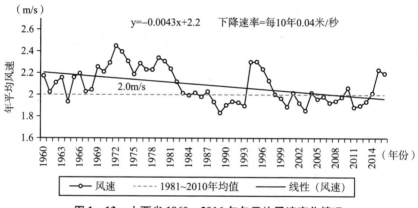

图 1－13　山西省 1960～2016 年年平均风速变化情况

资料来源：中国气象数据网。

1.3.6　山西省相对湿度变化事实及趋势

1960～2016 年，山西省相对湿度总体呈现微弱下降的趋势（见图 1－14），下降的速率为 0.38% 每 10 年，而同期中国的年平均相对湿度无明显上升或下降趋势，这也体现出山西省相对全国更加偏干的气候变化趋势。从代际表现来看，20 世纪 90 年代之前，山西省湿度变化总体上无明显的变化趋势，相对湿度下降主要体现在 90 年代之后，除 2003 年出现湿度偏高之外，这段时期湿度下降比较明显，其间的变化趋势和全国的变化趋势一致。近 10 年来湿度表现相对平稳，但总体处于相对干燥的区间。可以看到，2003 年之后的相对湿度一直处于常年平均湿度（57.5%）之下，而在此之前的相对湿度在常年平均值附近波动变化。

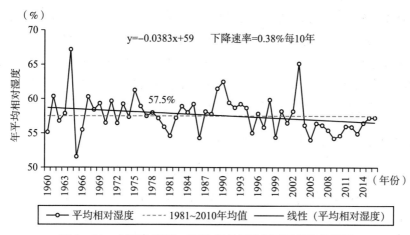

图 1 – 14   山西省 1960 ~ 2016 年年平均相对湿度变化情况

资料来源：中国气象数据网。

综上，山西省相对湿度在长周期的观测结果中表现出了微弱下降的趋势，我们判定山西省相对湿度的变化趋势为下降趋势。

1.4   山西省极端天气气候事件变化趋势

与均态气候相比，极端天气气候对经济社会环境和人类健康与生存的影响强度更大、适应难度更高。因此，了解山西省极端天气气候事件表现及变化趋势，对于认识气候变化对山西省的部门影响和指导山西省转型适应具有重要意义。

1.4.1   极端天气气候事件的定义、主要类型和判定标准

1. 极端天气气候事件的定义

严格来讲，"极端天气事件"和"极端气候事件"是两个不同的概念，前者是指在特定地区所发生的"罕见"天气事件，后者是指某一特定地区和特定时期内许多极端天气事件的平均状况或多年一遇的"极端罕见"气候状

况。基于小概率事件阈值的概念，IPCC - AR4 给出了极端天气气候事件的定义，即对某一特定地点和时间，极端天气事件就是发生概率很小的事件，通常发生概率只占该类天气现象的 10% 或者更低；而极端气候事件就是在给定时期内，大量极端天气事件的平均状况，其平均状态相对于该类天气现象的气候平均态也是极端的。本部分把极端天气气候事件简称极端事件。

2. 极端天气气候事件的主要类型

极端天气气候事件可分为三类：（1）极端的天气和气候变量（温度、降水、风）；（2）影响极端天气或气候变量发生或者其本身是极端的天气和气候现象（季风、厄尔尼诺、其他变率模态、热带气旋、温带气旋）；（3）影响自然环境的天气和气候现象（干旱，洪水，极端高海平面，涌浪，沿海带侵蚀，冰川、地形和地质影响，高纬度变化，沙尘暴），这三类相互关联。第二类极端天气和气候现象会影响大尺度环境，进而影响其他极端事件，如厄尔尼诺事件通常在一些地区引起干旱，同时在其他一些地区造成暴雨和洪水。第三类极端天气和气候事件其本身往往是极端的，它们一般由第一类或第二类极端事件造成，或受到它们的影响。第三类与第一类的区别是，第三类并非是某一个单一"变量"造成的，而通常是几个变量的特定条件，以及地面特性和状态的共同影响的结果，如洪水和干旱都与降水有关，但同时也受到其他大气和地表条件的影响。

3. 极端天气气候事件的判定标准

从统计意义上说，气候变量可视为随机变量，任何区域乃至全球气候所发生的变化，实际上就是表征某一气候变量的概率分布形态发生了变化，而在其概率分布的两端尾部 10% 或 5% 概率以内所对应的小概率事件及其分位数特征的变化正是极端天气气候事件特征的定量变化。因此，极端天气气候事件的描述常用两类方法：一是，定义与极值强度、频率、持续时间有关的极端气候事件指数；二是，极值变量的概率分布及其相关统计特征量。

（1）极端天气气候事件绝对阈值描述。

近 20 年来不少观测与理论研究表明，极端气候事件对于全球气候变化的响应十分敏感，均态气候的微小变化可能引发极端气候值出现频率、强度的较大变化。为此，国际上成立了专家小组，专门研究不受区域影响的、能有效地提取气候变化信息的通用指数，WMO 气候委员会与 CLIVAR 计划联合设立的气候变化检测、监测和指数专家组（ETCCDMI）提出了 27 个监测气候指数（见表 1-2）；欧盟 STARDEX（欧洲地区极值的统计和动力降尺度研究）计划研制了 54 个气候指数，相关的研究成果都被收录在 IPCC 评估报告中。这些极端气候指标都从气候变化的强度、频率和持续时间三个方面反映极端气候事件。

表 1-2　　　　　　　WMO 推荐的极端天气气候事件指数

代码	名称	定义	单位符号
FD	霜冻日数	日最低气温（TN）<0℃ 的日数	d
ID	结冰日数	日最高气温（TX）<0℃ 的日数	d
TXx	最高气温	年、月的最高气温的最大值	℃
TNx	最低气温极大值	年、月的最低气温的最大值	℃
TXn	最高气温极小值	年、月的最高气温的最小值	℃
TNn	最低气温	年、月的最低气温的最小值	℃
TN10p	冷夜日数	日最低气温（TN）<10% 分位数的日数	d
TX10p	冷昼日数	日最高气温（TX）<10% 分位数的日数	d
TN90P	暖夜日数	日最低气温（TN）>90% 分位数的日数	d
TX90p	暖昼日数	日最高气温（TX）>90% 分位数的日数	d
WSDI	暖日持续日数	每日至少连续 6 天最高气温（TX）>90% 分位数的日数	d
CSDI	冷日持续日数	每日至少连续 6 天最高气温（TX）<10% 分位数的日数	d
SU	夏天日数	日最高气温 >25℃ 的天数	d
GSL	生长期长度	至少 6 日平均日平均气温 >5℃ 的初日与 <5℃ 的终日间的日数	d
TR	热夜日数	日最低气温（TN）>20℃ 的日数	d
DTR	日平均温差	日温差的平均值	℃
PRCPTOT	年降水量	≥1 毫米降水日累计量	mm
SDII	降水强度	日降水量/≥1 毫米日数	mm/d
CDD	连续无雨日数	最长连续无降水日数	d
CWD	连续有雨日数	最长连续降水日数	d

续表

代码	名称	定义	单位符号
R25	大雨日数	日降水量≥25 毫米日数	d
R10	中雨日数	日降水量≥10 毫米日数	d
Rx1day	日最大降水量	日最大降水量	mm
Rx5day	5 日最大降水量	连续 5 日最大降水量	mm
R95p	强降水量	日降水量 >95% 分位值的总降水量	mm
R99p	极强降水量	日降水量 >99% 分位值的总降水量	mm
Rnn	自定义雨级日数	日降水量≥nn 毫米日数，nn 自主确定	d

资料来源：WMO 气候委员会与 CLIVAR 计划联合设立的气候变化检测、监测和指数专家组（ETCCDMI）。

（2）极端事件的概率描述。

20 世纪 20 年代，费希尔和蒂皮特（Fisher and Tippett，1928）已明确极值概率分布不外乎 Gumel、Frechet 或 Weibull 三种极值分布类型之一。詹金森（Jenkinson，1955）将三种类型的极值分布经过适当变换，从理论上证明 3 种类型的经典极值分布可以写成一个通式，称为广义极值分布（generalized extreme value distribution，GEV），其中形状参数取零值、负值、正值时分别对应上述极值 I 型分布、II 型和 III 型三种分布。由于经典极值理论以及 GEV 分布极值数据一般采用区组抽样获得，即在每个区组内选取一个极值，显然这种抽样方式忽略了其他具有丰富信息价值的数据。针对此问题，发展了超门限（peaks over threshold，POT）抽样，即选取某门限值以上的数据然后利用广义帕累托分布（generalized pareto distribution，GPD）来拟合这些超越门限数据（《第三次气候变化国家评估报告》编写委员会，2015）。

极端事件阈值的确定：当天气的状态严重偏离其平均态时则认为是不易发生的事件，在统计意义上可称为极端事件。目前国际上在气候极值变化研究中多采用阈值法，且多采用某个百分位值作为极端值的阈值，超过这个阈值的值被认为是极值，该事件可以认为是极端事件，这种方法确定的阈值为相对阈值。

运用百分位值方法，时段的选择很重要，若观测序列按年、季、月排序确定阈值，求得的极端事件会受到趋势变化的影响，如暖日事件，若按年排序，一定出现在夏季，若按季排序，春季 5 月出现的概率最大，秋季 9 月出现的概率较大；冷夜事件相反。若以日排序则可以滤掉趋势的影响。事实上，如果某一天的温度显著高于（或低于）该天的多年平均温度，往往具有一定的灾害特征，可以将该天的温度称为暖日（或低温）（任健美等，2014）。

极值统计的根本目的在于准确地推断极值事件的重现期，这一问题的实质就是概率分布的边缘小概率问题。若记气候极值 x 的极值分布函数为 $F(x)$，则其超过某定值 x 的概率记为 p，称 $T = 1/p$ 为重现期，而称 x（实质为极值分位数）为重现水平或者重现期值。不难看出，重现期 T 反映了小概率的数值大小，重现期 T 愈长，代表了概率愈小，愈是稀有事件。水文、气象方面还经常以 T 年一遇来描述事件概率较小，例如，通常的 100 年一遇即指按年为单位统计，具有至少百分之一的概率。必须注意的是，我们理解重现期并非是指经过 T 时间后该事件必然再现，而它只是概率意义上的"徊转周期"，即极端值在短于 T 时间内也可能出现不止一次，也可能在 T 时间内一次也未出现，这都属于正常（《第三次气候变化国家评估报告》编写委员会，2015）。

（3）本书选用的描述方法。

以上是基于发生概率和基于特定阈值的两种极端事件描述方法。这两种定义方式都具有局限性：来自概率分布最末端的事件有时不一定造成极端的影响，有时则影响巨大；而单一的绝对阈值不能客观反映所有地点和时期的极端事件。

本书描述气候变化更加偏向于描述气候变化的基本事实及影响，既要考虑来自概率分布的最末端事件造成极端的影响，例如，日平均气温 18℃ 在绝对阈值上达不到极端气候的判定标准，但如果持续发生在初春，则可能造成作物提前拔节，后续有可能造成冻灾。同时，也需要基于阈值标准客观地判定特定条件下的极端气候对相关领域的特性影响。因此，本书描述极端事件的变化事实和趋势将采用基于阈值的描述方法。相关的极端事件及其阈值参考 WMO 推荐的极端事件指数进行描述。

1.4.2 山西省极端天气气候事件的表现和趋势

极端气候事件分析应用的数据来源于中国气象科学数据共享服务网的山西省 16 个气象站 1960～2015 年的完整连续的日降水量、日最高温、日最低温时间序列等。按照 WMO 推荐的极端事件指数，我们选取了与本书相关的、描述一般极端气候事件的若干变量，变量的含义和描述如表 1-3 所示。

表 1-3 极端气候变量名称及其释义

变量类型	（灾害）表现形式	缩写	变量名称（单位）	定义
气温变量		SU25	夏日日数（d）	日最高温 >25℃的日数
		TX90P	暖昼日数（d）	日最高温 >90%分位值的日数
		TN90P	暖夜日数（d）	日最低温 >90%分位值的日数
	霜冻	FD0	霜日（霜冻）（d）	一年中日最低温 <0℃的日数
		TX10P	冷昼日数（d）	日最高温 <10%分位值的日数
		TN10P	冷夜日数（d）	日最低温 <10%分位值的日数
	寒潮	CSDI	冷持续（寒潮）（d）	连续 6 日最低温在 10%分位值日数
	热浪	WSDI	热持续（热浪）（d）	连续 6 日最高温在 90%分位值日数
降水变量	洪涝	RX5	5 日最大降水量（mm）	每月内连续 5 日的最大降水量
		R10	强降水日数（d）	每年日降水量≥10 毫米的总日数
		R95PTOT	强降水量（mm）	95%分位值强降水之和
		SDII	普通日降水强度（mm）	降水量≥1 毫米的总量与日数之比
		PRCPTOT	湿天降水总量（mm）	一年中湿天的降水量之和
	干旱	CDD	持续干燥（d）	日降水量 <1 毫米的最长连续日数
	连阴雨	CWD	持续湿润（d）	日降水量≥1 毫米的最大持续日数

资料来源：WMO 气候委员会。

1. 山西省极端温度事件的表现和趋势

本小节的研究结果主要来源于曹永旺和延军平（2015）的研究，研究结果显示，1960 年以来，山西省的极端事件发生频率呈现增加的趋势。图 1-15 显示了山西省极端温度类变量的变化趋势，总体来看，表征高温事件的夏日指数（SU25）、暖昼日数（TX90P）、暖夜日数（TN90P）均呈现上升趋势，表征低温事件的霜日日数（FD0）、冷昼日数（TX10P）、冷夜日数（TN10P）均呈下降趋势。

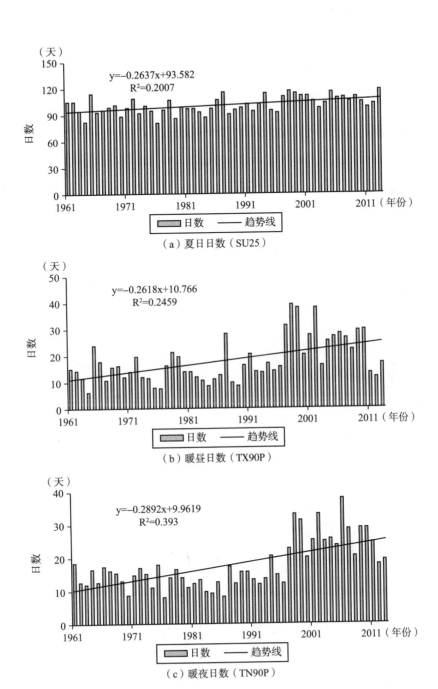

（a）夏日日数（SU25）

（b）暖昼日数（TX90P）

（c）暖夜日数（TN90P）

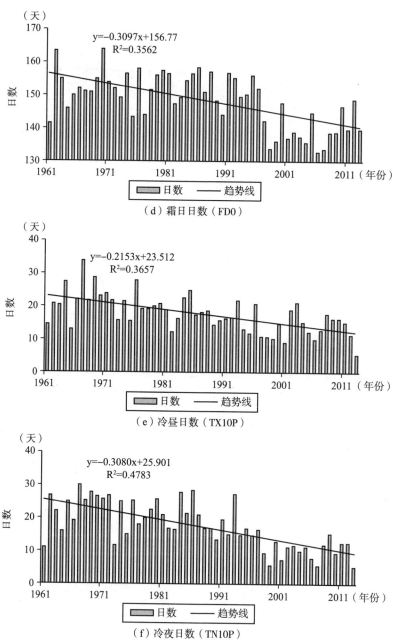

（d）霜日日数（FD0）

（e）冷昼日数（TX10P）

（f）冷夜日数（TN10P）

图 1-15　1961~2013 年山西省极端温度类指数变化趋势

从各个变量的表现趋势来看，夏日日数呈稳定上升的趋势，平均每 10 年增加 2.637 天；与之对应的霜日日数则呈波动下降的趋势，变化率为每 10 年减少 3.1 天，在 21 世纪初下降更为明显。暖昼日数在前 30 年相对稳定，20世纪 90 年代后上升趋势显著，由 60 ~ 80 年代的平均 14 天到 90 年代后的平均 22 天，变化率为每 10 年增加 2.618 天；暖夜日数具有与暖昼日数相似的时间变化特征，虽然均表现为上升趋势，但暖夜日数的变化率相比暖昼日数多 3 天左右。冷昼日数下降趋势剧烈，20 世纪 60 年代、70 年代达到高峰期，从 1967 年最高的 34 天下降到 2001 年最低的 9 天，变化率为每 10 年减少2.153 天；冷夜日数也具有与冷昼日数相似的时间变化特征，变化率相比冷昼日数多 10 天左右。

可见，山西省与高温相关的极端事件上升趋势明显，而与低温相关的极端事件却显著减少。极端高温事件自进入 20 世纪 90 年代后开始持续增加，近些年来的暖昼日数与暖夜日数几乎是 60 ~ 80 年代的 1.5 倍。

2. 山西省强降水/降雪事件的表现和趋势

图 1 - 16 显示了山西省 1960 ~ 2013 年的极端降水类变量的变化趋势（曹永旺、延军平，2015），可以看出，除普通日降水强度变量呈现微弱上升趋势外，其他极端降水变量均表现为下降趋势。

湿天降水总量（PRCPTOT）整体上呈现出下降趋势，变化速率为 -13.310毫米每 10 年，且年代际变化大。最高值出现在 20 世纪 60 年代（531.42 毫米），此后一直下降，到 90 年代到达了最低阶段，仅为 442.05 毫米，21 世纪以来相对来说有所增加。

5 日最大降水量（RX5）具有与湿天降水量相似的变化趋势，同样表现为下降趋势，但变化速率很小，仅为 -2.268 毫米每 10 年。

反映平均降水情况的普通日降水强度（SDII）整体上保持一种稳定的状态，变化速率仅为 0.056 毫米/天每 10 年。年代际变化也较小，最低值出现在 20 世纪 70 年代（8.52 毫米），21 世纪以来相对有所增多，达到了最高阶段（8.76 毫米）。这说明山西省的年有效降水事件的降水量变化较小。强降水量（R95PTOT）和强降水日数（R10）均表现为下降趋势，下降速率分别为 -4.900 毫米每 10 年和 -0.327 天每 10 年，具有较大的年代际差异。20世纪 60 年代形成高值期后便一直下降，直到 21 世纪以来才有所增加。

反映降水强度的极端降水指数（PRCPTOT、RX5、R95PTOT、R10）均有相似的变化趋势和年代际变化特征，这与山西省降水整体呈下降趋势相吻合。

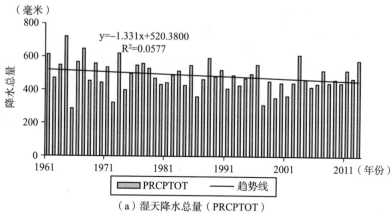

（a）湿天降水总量（PRCPTOT）

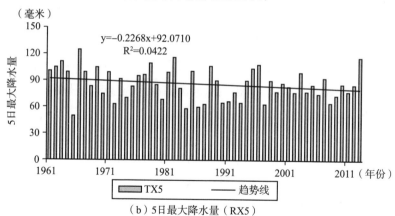

（b）5日最大降水量（RX5）

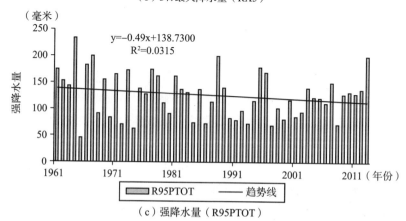

（c）强降水量（R95PTOT）

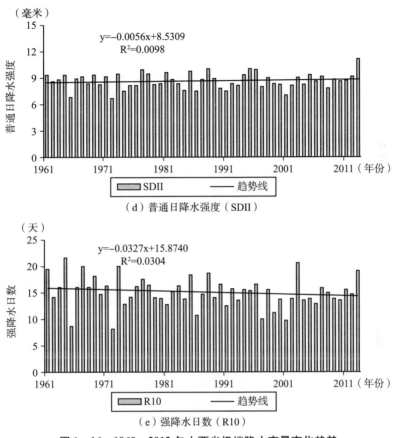

（d）普通日降水强度（SDII）

（e）强降水日数（R10）

图 1 - 16　1960 ~ 2013 年山西省极端降水变量变化趋势

3. 山西省干旱事件的表现和趋势

图 1 – 17 显示的是山西省 1960 ~ 2013 年持续干燥日数的变化趋势。可以看出，1960 年以来，山西省干旱的变化呈现微弱上升的趋势，持续干燥指数（CDD）整体上以 0.270 天每 10 年的速率呈上升趋势，且年代际变化大。20 世纪 60 ~ 70 年代中期，干旱在山西的表现十分不稳定，干旱持续日数的极大值出现在 1999 年，20 世纪以来，山西省干旱气候呈现上升的趋势。代际变化总体表现为一种周期性的波动，没有出现明显的突变。

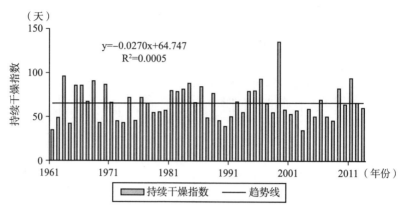

图 1–17　1960～2013 年山西省干旱事件变化趋势

4. 山西省热浪/寒潮事件的表现和趋势

通过分析热持续指数（WSDI）的变化趋势（见图 1–18）可知，山西省 1960 年以来热浪事件有明显的增加趋势，增加的速率约为 1.4 天每 10 年。分代际来看，20 世纪 90 年代中期以前的变化趋势不明显，90 年代中期之后，出现了连续多年热浪频发期。在 21 世纪以来，热浪出现的强度有所下降，但仍处于历史较高水平，热浪对社会经济各个领域的影响不容忽视。

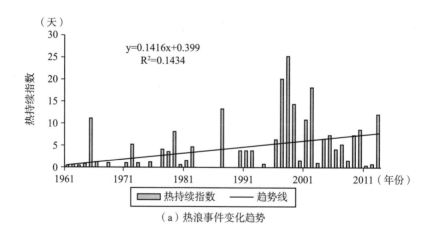

（a）热浪事件变化趋势

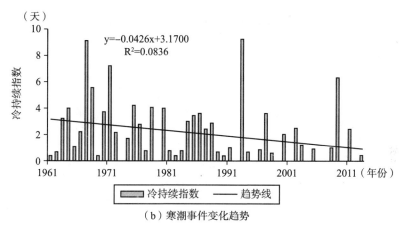

（b）寒潮事件变化趋势

图 1 – 18　1960 ~ 2013 年山西省热浪和寒潮事件变化趋势

寒潮事件的变化趋势则与热浪相反，整体上呈现明显的下降趋势，下降的速率为 0.4 天每 10 年。从代际变化来看，寒潮发生的最高值出现在 20 世纪 60 年代，60 ~ 90 年代呈现平稳下降的趋势，1993 年出现极大值后，继续呈现下降趋势，21 世纪以来，寒潮发生达到历史最低值阶段。

1.5　山西省未来气候变化趋势预估

梳理山西省均态气候和极端天气气候事件实施及趋势后，本节系统分析山西省未来气候变化趋势的相关研究，并基于气候变化相关数据，运用回归方程和重标极差分析方法两种方法预估山西省 2017 ~ 2100 年的气候变化趋势。科学、准确的未来气候变化趋势预估结果，不仅为山西省适应气候变化工作提供科学依据，也有利于促进山西省转型适应和经济高质量发展。

1.5.1　山西省未来气候变化趋势相关研究

为了了解山西省未来的气候变化趋势，我们首先对相关的研究进行总结分析（见表 1 – 4），并利用相关数据及结论对山西省未来的气候变化趋势进行进一步的分析。

表1-4   山西省未来气候变化趋势的相关研究

作者	来源	预测时间段	结论		
			气温	降水	其他
张建新、李芬、王智娟等	《山西省适应气候变化战略研究》（M）	2006～2100年	山西省气温在IPCC第五份评估报告中的四个温室气体浓度情景下（RCP2.6、RCP4.5、RCP6.0、RCP8.5）均保持上升趋势	山西省降水量在不同情景下均呈现上升趋势，但在21世纪后半叶呈下降趋势	
吕哲敏	《PRECIS在黄土高原的适用性评估与订正》（D）	2070～2099年	山西省年均气温呈上升趋势但增温速度较基准时段有所降低	降水将保持西北向东南递增的空间分布特征，但总体呈下降趋势	
翟颖佳	《中国华北地区和西北东部干旱气候变化特征》（D）	2007～2050年	山西大部分地区增温在1℃，山西北部地区增温达到1.3℃	山西省降水将减少，较少幅度多为100～150毫米	山西南部地区湿度增加比较明显，达到150毫米以上
司鹏、罗传军、任雨	《极端温度事件对我国华北农业气候资源的影响》（J）	2015～2099年			山西省在未来极端变暖事件会上升1.8～2.5天每10年；霜冻日数将会减少，减少幅度为-2.3～-1.4天每10年
陈晓晨、徐影、姚遥	《不同升温阈值下中国地区极端气候事件变化预估》（J）	2016～2100年			在未来几十年里，华北地区的连续干旱日数（CDD）会减少；降水的极端性开始增加

续表

作者	来源	预测时间段	结论		
			气温	降水	其他
张冬峰	《CSIRO – Mk 3.6.0 模式及其驱动下 RegCM4.4 模式对中国气候变化的预估》（J）	2017~2035年 2046~2065年 2080~2099年	以1986~2005年作为基准年，山西省2016~2035年平均气温上升了0.8~1℃；2046~2065年较之上升了2.1~2.4℃；2080~2035年较之上升了3.6~3.9℃	与1986~2005年相比，山西省在2016~2035年降水量下降了3毫米；较2046~2065年下降了5毫米；较2080~2099年下降了5~6毫米	2080~2099年山西省的风速相对于1986~2005年夏季风速有所降低，冬季风速有所增大

资料来源：依据中国知网相关论文整理得出。

对上述文献的梳理发现，山西省未来年度气候变化的基本趋势是：气温将会保持不断上升的趋势，但降水的波动性比较大，整体呈现下降的趋势，下降幅度存在时间和地域上的差异。

山西省未来气候变化的趋势，关系到适应策略的科学性和有效性。在以上文献总结基础上，我们进一步利用山西省的气象数据，采用两种定量分析方法，对山西省气候变化的基本趋势进行了预估，以保证结论的严谨性。

1.5.2　山西省未来气候变化趋势预估

结合以上研究以及山西省的气候变化数据，利用两种方法对山西省2017~2100年的气候变化趋势进行预估。

1. 方法一

由于未来气候变化预估是建立在温室气体排放情景的基础之上的。许多专家学者用辐射强迫来反应气候变化，其中，CO_2是对辐射强迫增加效应影响最大的一种温室气体。因此，我们通过回归方程建立气温与CO_2浓度之间的相关关系，借专家学者预测的2100年以前的CO_2浓度来预测未来年平均、极端最高、极端最低气温的变化趋势。

（1）CO_2浓度目标情景。

RCP3.0：辐射强迫在2100年之前达峰，并在2100年下降到3瓦每平方米，CO_2当量峰值百万分比浓度约为490ppm；这个情景将全球平均温度上升限制在2℃的情景。这种情景下，CO_2排放浓度以及辐射强迫都是最低的情景。所以要改变能源消费结构，提倡新能源的使用。这个情景是用全球环境评估综合模式（IMAGE），使用中等排放基准模拟出的结果。

RCP4.5：辐射强迫稳定在4.5瓦每平方米，2100年后CO_2当量百万分比浓度稳定在约650ppm；这个情景是全球变化评估模式（GCAM）模拟的结果，考虑了与全球经济框架相适应的、长期存在的全球温室气体和生存期短的物质的排放。为限制温室气体排放要改变能源体系，开展碳捕获及地质储藏技术，调整能源消费结构。通过降尺度得到模拟的排放结果。

RCP6.0：辐射强迫稳定在6.0瓦每平方米，2100年后CO_2当量百万分比浓度稳定在约850ppm；这个情景反映了生存期长的全球温室气体以及生存期短的物质排放。通过全球碳排放权交易控制CO_2的排放，用生态系统模式估算地球生态系统之间通过光合作用和呼吸的CO_2。

RCP8.5：辐射强迫在2100年上升至8.5瓦每平方米，CO_2当量百万分比浓度达1370ppm。这种情景下人口总量最多，科技水平低，能源改善缓慢，进而引起长时间的能源需求及过高的温室气体排放。

（2）山西省年平均气温预测。

根据IPCC第五次报告中的四种CO_2排放路径，结合过去山西省1960~2016年的气温来分析气温与CO_2浓度之间的关系，得出CO_2对气温的贡献度。有专家学者预测了2100年以前的CO_2浓度情况，借此对山西省2100年的气温进行预测（见表1-5）。

表1-5　　　　CO_2浓度观测值（1960~2016）及四种
情景下的预估值（2017~2100年）　　　　单位：ppm

CO_2浓度	1960年	2000年	2015年	2020年	2050年	2100年
RCP3.0	316.27	368.86	399.41	412.06	442.70	420.89
RCP4.5	316.27	368.86	399.41	411.12	486.53	538.35
RCP6.0	316.27	368.86	399.41	409.36	477.67	669.72
RCP8.5	316.27	368.86	399.41	415.78	540.54	935.87

回归模型建立如下：$y = a + b\ln x$，其中，y 代表气温，x 代表 CO_2 浓度。

回归及预测结果如下：$y = 7.32\ln x - 33.52$。

将 CO_2 浓度预测值带入此回归方程，便可以得出四种情景下山西省 2100 年以前的气温预测值（见图 1-19）。

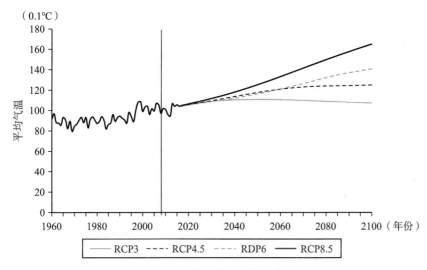

图 1-19　山西省未来平均气温变化预估

RCP3.0 情景下，未来山西省气温变化幅度最小，以 0.021℃ 每 10 年的幅度上升。在 2053 年气温达到最高值，随后开始下降。

RCP4.5 情景下，气温上升幅度为 0.22℃ 每 10 年。

RCP6.0 情景下，气温上升幅度为 0.41℃ 每 10 年。

RCP8.5 情景下，气温上升幅度为 0.69℃ 每 10 年。

2. 方法二

气候倾向率、重标极差分析是目前预测一个地区的气候变化趋势使用较多的两种统计方法。气候倾向率方法能够很好地预测气候变化的趋势，但无法预测未来气候的冷暖转换，而重标极差分析方法可以很好地解决这个问题。

重标极差分析方法使用过去连续的气象数据对一个地区未来的气候变化趋势做出科学合理的预测，是分形理论在气候变化领域的应用。该方法通过

测算分形维数 D，利用小时间尺度范围的变化规律来预测大时间尺度范围的变化。在此基础上，英国水文专家赫斯特提出了 Hurst 指数，用以度量变化趋势的强度。

（1）计算 Hurst 指数与分形维数 D 的步骤。

①设一个时间序列 $\{X_i\}$ 的长度为 M，首先将时间序列 $\{X_i\}$ 等分成 n 个连续的子序列 F_a（$a=1$，2，$\cdots$，W），F_a 的长度是 W，为 M/n 的整数部分，每个子序列中的元素记作 $Q_{r,a}$。

②计算长度为 n 的各子序列 F_a 的均值 G_a：

$$G_a = \frac{1}{n}\sum_{r=1}^{n} Q_{r,a} \tag{1-1}$$

③计算 F_a 偏离子序列均值的累积离差 $X_{t,a}$：

$$X_{t,a} = \sum_{r=1}^{t}(Q_{r,a}-G_a), \ t=1, \ 2, \ \cdots, \ n \tag{1-2}$$

④计算子序列 F_a 的极差 R_a：

$$R_a = \max_{1\leq t\leq n}(X_{t,a}) - \min_{1\leq t\leq n}(X_{t,a}) \tag{1-3}$$

⑤计算每个子序列 F_a 的标准差 S_a：

$$S_a = \left[\frac{1}{n}\sum_{r=1}^{n}(Q_{r,a}-G_a)^2\right]^{\frac{1}{2}} \tag{1-4}$$

⑥用标准差 S_a 除极差 R_a 来对不同类型的时间序列进行比较：

$$(R/S)_a = R_a/S_a \tag{1-5}$$

⑦对式（1-2）~式（1-6）步骤进行重复操作，就可以得到一个重标极差序列，计算其均值：

$$(R/S)_n = \frac{1}{W}\sum_{a=1}^{W}(R/S)_a \tag{1-6}$$

⑧将子序列的时间长度加1，重复上述步骤，直到 $n=M/2$ 结束。

⑨赫斯特建立了如下关系式：

$$(R/S)_n = \rho n^H \tag{1-7}$$

⑩以 $\ln n$ 为解释变量，$\ln(R/S)_n$ 为被解释变量，用最小二乘法进行运算，得出的解释变量的系数即所求的 Hurst 指数 H 值：

$$\ln(R/S)_n = H\ln n + \ln\rho \tag{1-8}$$

⑪Hurst 指数与分维数的关系为：

$$D = 2 - H \qquad (1-9)$$

Hurst 指数与分维数 D 值有四种情况：$H = 0.5$，$D = 1.5$，表明过去的变化趋势与未来的变化趋势不相关；$0.5 < H < 1$，$1 < D < 1.5$，表明过去的变化趋势与未来的变化趋势一致；$0 < H < 0.5$，$1.5 < D < 2$，表明过去的变化趋势与未来的变化趋势相反；$H = 1$，表示所分析的时间序列为完全确定的时间序列。

因此，本研究通过分析山西省近 60 年的气候变化趋势，结合各气候要素的 Hurst 指数来判断未来山西省气候变化的基本趋势。

（2）气候变化基本趋势估计结果。

分析山西省四季和年平均日照时数的 Hurst 指数 H 与分维数 D（见表 1-6）发现：当 $0.5 < H < 1$，$1 < D < 1.5$ 时，四季和年平均日照时数时间序列都存在明显的分形结构，过去的增量与未来的增量呈正相关，表明日照时数时间序列有长期正相关的特征，即未来的趋势和过去正好相同，日照时数变化的整体方向将与过去保持一致，从四季和年平均日照时数的变化来看，都呈上升的趋势，该过程变化具有持续性特征。

表 1-6　　　　　山西省日照时数序列的 Hurst 指数与分维数 D

	春季	夏季	秋季	冬季	年平均
Hurst 指数	0.760	0.750	0.825	0.748	0.748
分维数 D	1.239	1.249	1.174	1.251	1.251

山西省过去各季节和年平均日照时数（见图 1-20、图 1-21）的变化幅度不尽相同：春季日照时数平均下降幅度为 5.8 小时每 10 年，夏季日照时数下降幅度为 11.6 小时每 10 年，秋季日照时数下降幅度为 6.2 小时每 10 年，冬季日照时数下降幅度为 12.6 小时每 10 年，降幅最大，年平均日照时数下降幅度为 8.5 小时每 10 年。由表 1-6 可知秋季的 Hurst 指数最大，表明秋季日照时数下降趋势的持续性最强；分维数 D 值最小说明秋季日照时数在该时间尺度上的变化趋势最明显也最简单。

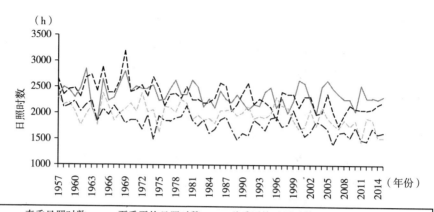

图 1-20 山西省 1957~2015 年四季平均日照时数变化

资料来源：中国气象数据网。

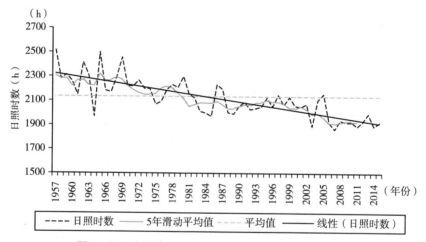

图 1-21 山西省 1957~2015 年年平均日照时数变化

资料来源：中国气象数据网。

当 $0.5 < H < 1$，$1 < D < 1.5$ 时，四季和年平均气温时间序列（见表 1-7）都存在明显的分形结构，过去的增量与未来的增量呈正相关，未来的趋势和过去的趋势正好相同，气温变化的整体方向与过去保持一致，从四季和年平均气温的变化趋势来看，都呈上升的趋势。

表 1－7   山西省气温序列的 Hurst 指数与分维数 *D*

	春季	夏季	秋季	冬季	年平均
Hurst 指数	0.602	0.779	0.643	0.731	0.758
分维数 *D*	1.397	1.22	1.356	1.268	1.241

　　山西省春季气温（见图 1－22）平均上升幅度为 0.3℃ 每 10 年，夏季气温上升幅度为 0.1℃ 每 10 年，秋季气温上升幅度为 0.2℃ 每 10 年，冬季气温上升幅度为 0.4℃ 每 10 年，年平均气温上升幅度为 0.3℃ 每 10 年（见图 1－23）。冬季气温增幅最大。由表 1－7 可知，夏季、冬季的 Hurst 指数大于春、秋季，表明前者的气温上升趋势的持久性要高于后者。夏季分维数 *D* 值最小说明夏季气温在该时间尺度上的变化趋势最明显也最简单。年平均气温的 Hurst 指数仅次于夏季，表明年平均气温升温趋势的持续性相对较强，未来升温的趋势仍将继续。

　　$0.5 < H < 1$，$1 < D < 1.5$ 时，四季和年平均降水时间序列（见表 1－8）都存在明显的分形结构，过去的增量与未来的增量呈正相关，未来的趋势和过去的趋势正好相同，降水变化的整体方向将继承过去的趋势，从四季和年平均降水的变化趋势来看，都呈下降的趋势，该过程变化具有持续性特征。

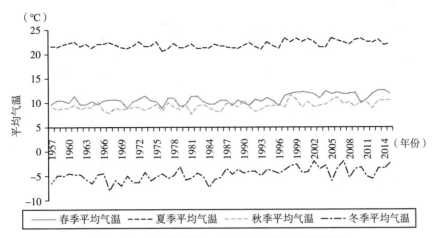

图 1－22　山西省 1957～2015 年四季平均气温变化

资料来源：中国气象数据网。

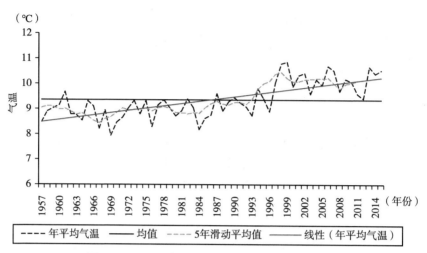

图 1 − 23　山西省 1957 ~ 2015 年年平均气温变化

资料来源：中国气象数据网。

表 1−8　　　　　　　山西省降水序列的 Hurst 指数与分维数 *D*

	春季	夏季	秋季	冬季	年平均
Hurst 指数	0.803	0.738	0.801	0.803	0.648
分维数 *D*	1.196	1.261	1.198	1.196	1.351

　　山西省春季降水（见图 1 − 24）减少幅度为 0.18 毫米每 10 年，夏季降水减少幅度为 3.95 毫米每 10 年，秋季降水减少幅度为 0.22 毫米每 10 年，冬季降水减少幅度为 0.04 毫米每 10 年，年平均降水减少幅度为 1.08 毫米每 10 年（见图 1 − 25）。夏季降水减少幅度最大，冬季降水减少幅度最小。由表 1 − 8 可知冬季的 Hurst 指数最大，表明冬季的降水下降趋势的持久性高于其他季节。夏季分维数 *D* 值最小说明夏季气温在该时间尺度上的变化趋势最明显也最简单。年平均降水的 Hurst 指数最小，表明年平均降水减少趋势的持续性较弱，降水的变化趋势在该时间尺度上较为复杂。

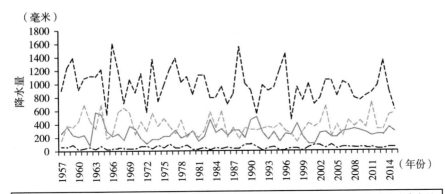

图 1－24　山西省 1957～2015 年四季平均降水量变化

资料来源：中国气象数据网。

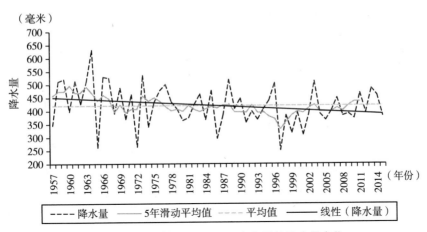

图 1－25　山西省 1957～2015 年年平均降水量变化

资料来源：中国气象数据网。

　　从本书对山西省气候变化预测的实证结果来看，日照时数、气温及降水的 Hurst 指数均位于 0.5～1 的范围，即未来气候变化会保持过去的趋势。其中，降水的 D 值最大，表明其变化趋势较为复杂，虽然整体会保持继续下降的趋势，但波动性较强；气温的 D 值最小，变化简单，继续维持上升的趋势。

1.6 山西省气候变化趋势与适应重点

1.6.1 山西省气候变化趋势总结

1. 山西省气候变化特征

在本书观测的时段内（1960～2016年），山西省气温总体呈上升趋势，上升速度略低于同期全国平均气温的速度，南北平均气温差距将近5℃，升温速度：晋南＞晋中＞晋北，季节增温呈现冬春快、夏秋慢的特点，近年来暖春现象明显。降水总体略微下降，晋北降水略有增加，晋中、晋南降水在减少，晋南的降水减少速度最快，春夏两季降水量变化趋势不明显，秋季降水增加趋势明显，冬季降水减少明显。日照时数呈明显下降趋势，下降速率两倍于全国平均水平。年平均风速的变化呈现下降趋势，下降速率远小于全国的平均速率。相对湿度总体呈现微弱下降的趋势，而同期中国的年平均相对湿度无明显上升或下降趋势。

极端天气气候事件中，山西省与高温相关的极端事件上升趋势明显，而与低温相关的极端事件却显著减少。强降水量和强降水日数均表现为下降趋势，具有较大的年代际差异：20世纪60年代形成高值期后便一直下降，直到21世纪以来才有所增加。1960年以来，山西省干旱的变化呈现微弱上升的趋势，持续干燥指数整体上呈上升趋势，且年代际变化大。热浪事件有明显的增加趋势。寒潮事件的变化趋势则与热浪相反，整体上呈现明显的下降趋势。

2. 山西省气候变化趋势

本书对山西省气候变化趋势预估结果与其他研究基本一致，总体上呈现暖干化趋势。其中，气温会保持一种上升的趋势，时间上冬季增幅最大，夏季相对比较稳定；空间上由北向南上升趋势越趋明显。降水总体上呈现下降的态势，但区域间差异没有明显的差异，代际变化波动较大。日照时数将会一直保持在一个比较稳定的水平。

1.6.2 山西省适应气候变化的策略与重点

基于山西省气候变化事实与预估趋势，本书从适应对象、适应思维、适应领域和区域重点四个方面概括山西省适应气候变化工作的策略与重点。

第一，适应对象。山西省适应气候变化的对象应该包括气候的现状和气候变化的趋势。对现状的适应主要是适应干旱缺水和灾害频发的气候条件，对变化的适应主要是对气候变暖和降水减少带来的一系列影响的适应。

第二，适应思维。气候变化有利有弊，山西省适应气候既包括对气候变化不利影响的处置，也包括对气候变化有利影响的利用和开发。

第三，适应领域。根据山西省经济社会发展和转型发展优先考虑，本书选取农业、水资源、自然生态系统、基础设施、重点产业、人体健康六大领域，讨论这六大领域适应气候变化的现状与对策。

第四，区域重点。山西南部地区（晋南地区）主要是对暖干化趋势的适应，山西中部地区（晋中地区）主要是针对气候过渡地带气候变化的有利和不利影响进行生产生活结构和内容上的调整，山西北部地区（晋北地区）主要是对干旱缺水型气候条件以及气候变暖和风力等气候资源的开发性适应。

概括来说，山西省适应气候变化工作的策略为基于省内各地区气候变化特征和部门影响，因地制宜，聚焦农业牧业、水资源、自然生态系统、基础设施、重点产业、人体健康六大重点领域，处置各领域中对气候现状和变化不利的部分，利用和开发对气候现状和变化有利的部分。

| 第 2 章 |

气候变化对山西省重点领域的影响机制

人类经济社会活动和生产生活的各个领域都与气候系统紧密相连，而气候系统对人类生产生活的影响又是一个系统的、复杂的机制，只有把握和厘清适应气候变化中的复杂机制，才能有针对性地提出转型和适应的策略。本书根据气候变化影响的主要领域以及山西省资源型经济转型发展的重点领域，选取了农林牧业、水资源、自然生态系统、基础设施、重点产业、人体健康六个领域分析气候变化对山西省重点领域的影响。本章的主要目的是从理论上梳理出气候变化对这些领域的一般影响机制及可能的影响效果。从状态上，分为敏感性、暴露性、自适应性；从影响方式分析，分为直接影响和间接影响；从具体内容分析，气候变化对各领域有多种具体影响。

2.1 气候变化对山西省重点领域的影响：三种状态

气候变化会对重点领域的运行方式和结果产生影响，重点领域在气候变化下的响应则会反作用于气候变化，二者相互影响，彼此响应。气候变化一方面直接对重点领域造成影响，另一方面，重点领域对气候变化的响应实际上也是气候变化影响的结果。因此，在本书中，气候变化对重点领域的影响不仅包含一般意义上气候变化对重点领域的影响，还包含了重点领域对气候变化的响应结果。

在气候变化影响研究中，敏感性和暴露性是衡量各个重点领域在气候变化下的影响大小或脆弱程度的两个重要方面。适应性则表示气候变化下各个重点领域对气候变化的响应。因此，本书将采用敏感性、暴露性和适应性作为梳理气候变化影响的三个方面。其中，敏感性是指某个系统受气候变率或变化影响的程度，包括不利的和有利的影响。暴露性是指某个系统易受到气候变化（包括气候变率和极端气候事件）的不利影响，但却没有能力应对不利影响的程度。暴露性随系统所面临的气候变化和变异的特征、幅度和变化速率而变化，并随着系统的敏感性和适应能力而改变。适应性是指某个系统对气候变化（包括气候变异和极端事件）进行自我调节、缓和潜在损失、利用有利机遇或应付后果的能力。包括自然或人类系统为应对实际的或预期的气候刺激因素或其影响而做出的趋利避害的调整。适应的主要类型包括预先适应、自发适应和有计划的适应（丁一汇，2010）。

2.1.1 气候变化下的敏感性

1. 气候变化下山西省农林牧业的敏感性

农林牧业对气候变化的脆弱性是指农林牧业相关主体在面对气候变化时易受到不利影响的倾向或习性，包含对气候变化风险的敏感性或易感性等概念或要素。其中敏感性是指其生产活动对气候变化情景的响应程度（IPCC，2007），在相同的气候情景下，响应程度越大则敏感性越高。而在极端事件下，农林牧业相关主体直接暴露于危害之下，表现出更大的易感性。

（1）常规（均态）气候变化下山西省农林牧业的敏感性。

农林牧业对气候变化的敏感性的表现因地理位置、自然环境、社会经济和时间的不同而不同。特别地，农作物和家畜家禽等农林牧培育对象，因在长期的驯化和改良过程中，虽然也针对气候变化的不良影响进行了改良，但多数改良是为了提高农产品产量和品质，农作物和家禽家畜对气候变化的适应能力远远低于野生动植物，敏感性高于野生动植物。农业种植和养殖对气候变化的敏感性主要体现在生育期、产量、品质、种植制度等方面。

①种植作物的生育期对平均气温的敏感性。气候变暖将延长作物的适宜生长季，缩短作物的实际生育期。不同作物对温度变化的敏感性不同：在增温1℃、2℃和3℃的情景下，玉米生育期将缩短 4.3% ~ 13%、10.8% ~ 22.5% 和 2.3% ~ 30.3%（Tao and Zhang，2011）；小麦生育期将缩短

3.94%、6.90% 和 9.67%（Liu and Tao，2013）。根据田间增温试验夜间增温2.5℃，导致小麦乳熟期提前 4 天，成熟期提前 5 天，其他各物候期提前 1~2天，灌浆过程缩短 5 天（房世波等，2010），夜间增温 2~2.5℃ 使冬小麦自越冬期开始至各发育期均有不同程度的提前，越冬期缩短，冬前生育期延长，冬后各生育阶段有不同程度前移（Fang et al.，2012）。总体估算，气温每升高 1℃，冬小麦生长期平均缩短 17 天（鲜天真等，2011）。

②种植作物产量对气候变化的敏感性。作物产量和品质是反映粮食生产系统质量的核心指标。当前气候变化对作物产量的影响存在不确定性，但毋庸置疑的是，气候变化对作物产量的稳定性造成了一定的影响（谢立勇等，2014）。20 世纪 80 年代以来的气候变暖对东北地区粮食总产量增加有明显的促进作用（方修琦等，2004），但是对华北、西北和西南地区的粮食总产量增加有一定抑制作用（Liu et al.，2010）。由于生长季内积温增加，促进了作物产量提高。1951~2002 年间全国粮食总产量每 10 年大约增长 $3.2 \times 10^5 t$，其中小麦、玉米表现出对气候变化的敏感性更为显著（Tao et al.，2008），而小麦和玉米正是山西种植业的主要作物。

③种植作物品质对温度变化和 CO_2 浓度的敏感性。温度升高及昼夜温差缩小不利于作物品质形成，大气中 CO_2 浓度增高也对品质造成负面影响。二者的交互作用对不同作物品质的影响尽管不同，但负面影响居多，并直接影响营养品质。比如大气中 CO_2 浓度增加，冬小麦和玉米品质均有所下降（王春乙等，2000）。CO_2 浓度倍增环境下，冬小麦籽粒粗淀粉含量增加 2.2%，而蛋白质和赖氨酸含量却分别下降 12.8% 和 4%；玉米籽粒氨基酸、直链淀粉、粗蛋白、粗纤维和总糖含量均呈下降趋势；大豆籽粒粗蛋白含量下降0.83%。

④畜牧养殖业对气候变化的敏感性。从温度变化的敏感性来看，全球气候变暖下，放养的家畜和家禽将会因暖冬而受益，集中养殖也将减少采暖成本；但夏季高温将增加家畜和家禽的热胁迫，一方面增加了中暑等疾病的风险，另一方面，高温将导致家畜和家禽食欲下降，呼吸急促，养分消耗加大，降低家畜家禽的产量、品质和繁殖能力。家畜生长和繁殖能力与气温密切相关。对于猪来说，气温超过最适温度 1℃ 时，采食量下降 5%，活动量下降7.5%；对于奶牛来说，奶牛的热平衡区间为 -4~18.5℃，外界温度超过27℃ 时，奶牛难以排泄蓄积的热量，从而发生热胁迫，使得奶牛发情周期延

长，发情症状减轻，发情期缩短，妊娠率降低，死胎率升高（Forman et al.，2012）。气候变暖也将使得温带丰雨区域热量条件提高，牧草生长热量条件提高，生长周期缩短，从而可以增加该地区的畜牧承载力，增加该地区的畜牧养殖量。

从对降水变化的敏感性来看，降水减少或干旱将增加畜牧养殖业供水成本，鸡、鸭、鹅等家禽还会因干旱而减少产蛋量（张蛟莉，2016）；而降水增加特别是连阴雨增加的情形下，散养或室外养殖的家禽或家畜在连阴雨期间活动场所变小，增加喂养密度和成本，湿润的环境也有利于病菌生长，增加家禽和家畜感染疾病的风险。

⑤经济林对气候变化的敏感性。刘天军等（2012）利用陕西省 6 个苹果生产基地数据与气温降水相关数据，发现温度升高和降雨量减少会对苹果生长产生正向影响。温度每上升 1℃，苹果户均年产量增加 7.56% ~ 11.26%；降雨量每减少 10 毫米，苹果户均年产量增加 8.33% ~ 14.17%（刘天军等，2012），但气候变化对产量影响的贡献率仅为 3.15%。但是，该项研究未考虑到期后要素与化肥等其他要素的投入的交互作用，若将交互作用考虑在内，气候变化对苹果产量影响的贡献率将会更大。王健等的研究结果表明，对核桃生长较为敏感的气候要素有制生长期的热量条件、越冬期低温、果实生长期高温以及核桃展叶、开花期的霜冻，而光照和自然降水对核桃基本无制约作用，适宜核桃种植的年均气温是 8 ~ 15℃，优质产区年均气温是 9 ~ 12℃（王健等，2002）。春季暖干气候造成核桃发芽不整齐，花果期大量落花落果，开花坐果率低，同时新梢生长受阻，叶片小，树体弱（杨红雁等，2013）。

气候变化对经济作物的影响体现在其生长周期的每个阶段。研究表明，暖春现象频发将导致苹果、梨等经济林花期提前，但春季气候不稳定，倒春寒时有发生，导致作物花蕾冻死，造成当年绝收；当春旱发生时，会造成果树延迟萌芽或萌芽不整齐，常常引起落花、落果；空气相对湿度偏小可缩短花期，并影响授粉、受精，果树新梢生长期则削弱生长，以致提前停止生长；幼果期缺水，影响果实膨大，引起落果，影响果实产量。夏季干旱将导致果树叶片蒸腾作用加速，出现叶片和果实争夺水分的现象，导致果实萎蔫变软，甚至造成大规模落果现象；夏季高温干旱天气增加，将使果面受到阳光强烈照射，当气温超过 35℃ 会停止生长；强烈的阳光照射还会发生日灼现象，向阳面的果皮细胞生长受到抑制甚至停止生长，背阴面细胞生长受影响较小，造成皮层细胞向阳面和背阴面的发育不平衡，向阳面果皮细胞的细胞壁老化，表皮木栓化失去弹性。果实进入白熟期（近成熟期）后，出现连续降水或遇暴雨天气，由于果实的低渗透势，造成果皮和根系以及附近枝叶过量吸收水分，果实膨压增加，导致表皮细胞吸水过度，细胞壁胀裂，形成裂果（李瑞华和李开森，2015）。另外，秋季降水增多还容易造成苹果、枣类等作物烂浆的风险。冬季干旱，常使幼树枝条因失水而干枯，发生越冬"抽条"现象（朱德兰、吴发启，2004）。

（2）极端事件下山西省农林牧业的易感性。

近年来，在全球气候变化的背景下，山西省气候变化也呈现出较大的波动和不稳定性，极端气候事件频发，增加了山西省农林牧业在极端气候下的易感性。农林牧业在干旱、洪涝、高温热浪、低温寒潮等极端气候事件下的脆弱性将骤增。

①干旱事件下农林牧业的易感性。根据房世波的研究，20 世纪 60 年代以来，以华北为中心的冬麦区冬春气象干旱呈加剧趋势，冬、春两季降水均呈减少趋势，且无降水日数均呈增加趋势，其中心区域的山西、河北和山东西北部冬春两季极端干旱的频次呈现增加趋势。山西省素有"十年九旱"之说，干旱是山西省农林牧业发展面临的主要极端事件。与其他极端事件相比，农业干旱由于其发生频率高、分布广、面积大、持续时间长、损失影响大成为各类农业气象灾害的重中之重（王春乙，2007）。

种植业方面，土壤水分胁迫显著影响不同品种作物幼苗形态、生育性状、光合性能等生理代谢和产量（刘彬彬，2008），作物生长的不同阶段在干旱事件下也具有不同的易感性，干旱发生时段与程度不同，造成作物的减产率也不尽相同，多个发育期干旱导致的减产率往往大于单一发育期干旱相叠加的效应。

干旱事件主要对玉米植株形态、物质积累、生理作用、性器官发育等方面产生影响，最终降低穗粒数、粒重，导致产量降低。玉米开花前遭遇干旱，延缓雌雄穗发育进程，减少分化小花数，增加籽粒败育，导致穗粒数降低；抽雄吐丝期间遭遇干旱，导致雄穗抽出困难、吐丝延迟，使开花吐丝间隔期拉长，严重时导致花粉、花丝超微结构发生改变，影响玉米授粉、受精过程，最终导致秃尖形成，穗粒数降低；灌浆期遭遇干旱导致叶片早衰，光合产物积累不足，籽粒灌浆受阻，粒重降低，最终均会导致产量下降。从源库关系角度分析，玉米灌浆期前干旱导致玉米产量降低的主要原因是穗粒数降低导致的库强不足；而灌浆期干旱主要是叶片早衰等营养器官发育受阻，限制同化物的积累及转运，此时源不足限制了产量的增加（李叶蓓等，2015）。董朝阳等利用作物水分亏缺指数以及验证后的 APSIM – Maize 模型，分析了北方地区干旱对春玉米产量的影响发现，春玉米拔节至抽雄阶段发生特旱、重旱、中旱、轻旱四个等级的干旱，将分别造成玉米减产 27.5%、16.2%、11.1%、8.7%，而抽雄至成熟阶段，4 个等级干旱造成春玉米的减产率的多年平均值为轻旱（5.7%）<中旱（8.7%）<重旱（15.0%）<特旱（30.8%）（董朝阳等，2015）。

小麦花后高温或干旱往往使小麦籽粒蛋白质含量增加（戴廷波等，2006），但通过削弱植株光合性能，降低籽粒淀粉合成关键酶活性，抑制淀粉积累并降低粒重，从而导致小麦减产（闫素辉等，2008）。干旱胁迫使强筋和弱筋小麦蛋白质产量分别下降 16.2% 和 11.9%，粒重下降 18.0% 和 16.0%（卢红芳等，2014）。张建平等的研究表明，当单一发育期供水减少 10~30 毫米时，干旱导致小麦灌浆强度在正常灌浆后的第 14~18 天下降，可使小麦减产 1.34%~12.5%，且以抽穗期干旱影响最大，其次是灌浆期干旱，拔节期干旱影响最小，多个发育期叠加干旱的减产率更大。除产量上的影响之外，干旱还会带来小麦品质下降的风险。如，干旱胁迫使强劲小麦多数黏度参数增大（面条弹性、韧性和食用品质增加），而使弱筋小麦峰值黏度下降（面条弹性、韧性和食用品质下降）、稀懈值下降（面条的爽滑性下降），其低谷黏度和最终黏度在灌浆前期和中期干旱胁迫下增大，后期干旱胁迫则明显下降。

在经济林方面，干旱主要影响果木生长、坐果率和果实品质等内容。重度干旱情形下，薄皮核桃无法进行正常生长，有大量落叶现象发生，核桃减产 65.2%，单位重量蛋白质含量下降 8.9%，单位重量脂肪含量下降 18.5%（牛选明，2018）。适度干旱有利于提高和强化苹果幼苗适应逆境干旱生理基础，但严重干旱不利于苹果幼苗生长（刘忠霞等，2013）；干旱不仅影响苹果幼苗生产，重度干旱将使苹果叶片相关酶的活性，使 ASA-GSH 循环系统的防御机能下降（马玉华等，2008），发生细胞程序性死亡（谭冬梅，2007），影响光合作用，导致果木无法正常生长。气温升高伴随干旱将减少部分品种枣的产量，干旱高温下，枣果实的着色率、坐果率以及枣吊的吊果量有下降趋势，但单果品质有所上升，单果重呈现上升趋势，果实中糖酸比增加（宋丽华等，2015）。

干旱事件对作物的影响不仅体现在干旱事件本身，而且还体现在其伴生的间接影响上，如干旱现象已经使有些地区出现了土壤盐渍、荒漠化象，降低了农业生产环境质量，但是干旱事件下，作物的某些喜湿热病虫害会因此减轻。

②洪涝事件下农林牧的易感性。相对于干旱来说，山西省洪涝发生的范围和频率较小，但是洪涝带来的损失经常是毁灭性的。洪涝导致农田积水被淹，作物根系土壤郁闭程度加大，致使在田农作物根系吸收营养物质受抑制，大大削弱作物长势，出现叶片枯黄、落花、落铃落荚甚至作物植株萎蔫死亡，形成严重的产质量损失（江志新、赵永根，2009）。

③高温热浪事件下农林牧的易感性。极端高温将影响作物自身的生长、果实产量和品质：玉米生长前期，高温使玉米单株干重和叶面积变小，比叶重增大，叶片伸长速率减慢，影响玉米长势（Karim and Björkman.，2000）。高温会影响玉米光合作用，且光合作用被认为是对高温最敏感的过程之一（Berry et al.，1980）。玉米花期，36℃以上的高温会使玉米的受精率急剧下降（Isabelle and Christain，1990），还将导致玉米籽粒淀粉含量、蛋白质含量和含油量均降低（Wilhelm et al.，2000）。玉米灌浆结实期的极端高温将使玉米籽粒灌浆速率加快，但灌浆持续期缩短，灌浆速率加快对产量提高的正效应不能弥补灌浆持续期缩短对产量的负效应，因而最终产量降低（Keeling et al.，1994），异常高温造成的热胁迫往往造成玉米籽粒败育，产量降低和品质变劣（张保仁等，2006）。高温对玉米籽粒发育的影响一般也使其品质性状发生改变，因高温导致的粒重下降会使籽粒蛋白质相对含量提高，但是绝对量基本没有变化（王春乙等，2000）。高温更有利于强筋小麦品质的形成，而不利于弱筋小麦品质的形成。如38℃高温胁迫下强筋小麦品种豫麦34的黏度参数和反弹值显著增大（面条弹性、韧性和食用品质增加），而弱筋小麦品种豫麦50低谷黏度和最终黏度则显著下降（王晨阳等，2014）。35℃以上短暂高温可以提高籽粒蛋白质及组分含量，但会降低面团强度（Randall and Moss，1990），35℃高温下，强筋和弱筋小麦蛋白质产量分别下降20.7%和12.4%，粒重下降23.2%和24.0%（卢红芳等，2014）。斯通和尼古拉斯

将 75 个温室种植的小麦品种进行 40℃高温处理 3 天，结果发现 64%的小麦品种直链淀粉含量下降，33%没有变化，1%直链淀粉含量增加（直链淀粉经熬煮不易成糊冷却后呈凝胶体）（Stone and Nicolas，1995），高蛋白含量品种的支链淀粉（支链淀粉易成糊其黏性较大，但冷却后不能呈凝胶体）合成更易受高温的影响。高温还会影响部分品种小麦的淀粉合成与积累，在极端高温胁迫下籽粒总淀粉含量（绝对值）下降 4% ~ 19%（Hurkman et al.，2003）。

高温影响家畜生产性能。热胁迫一方面导致家畜采食量明显下降，另一方面导致家畜呼吸和其他生理活动加快，从而显著减轻家畜体重和其他生产能力。如，热胁迫下奶牛泌乳性能下降 26.5% ~ 33.5%，还会造成生殖内分泌紊乱，受胎率下降，疾病增加（魏学良等，2005）。在极端高温和持续高温下，家禽家畜中暑风险将骤增。

④低温寒潮事件下农林牧的易感性。低温寒潮事件一般发生在冬季或是早春，与干旱、洪涝等极端事件相比，其影响的范围相对较小，主要对畜牧养殖、经济林和冬小麦产生影响。

在种植业方面，低温寒潮主要影响粮食种植中的冬小麦种植。冬季极端低温不利于冬小麦安全越冬，春季寒潮也容易造成刚刚拔节的小麦被冻死。在经济林方面，由于近年来，诸如核桃等一些政策性经济林大面积种植，种植时对经济效益考虑较多而对气候适应性考虑较少，导致一些经济林种植在了较不适宜的地区，冬季极端低温将导致果木冻伤甚至冻死。而随着近年来暖春现象越来越普遍，果木花期提前，春季寒潮或者极端低温事件容易对花期或者坐果时期的果木造成重大损失。如，核桃等果木在 −3℃下，新梢存活率明显下降（孙红梅，2012）。在畜牧养殖业方面，低温将使家畜肾上腺皮质激素分泌加强，而胰岛素浓度下降，促进糖原分解，这将消耗体脂。低温条件下，草食家畜饲料干物质消化率降低，并伴随有寒颤现象（王兴州等，1985），当畜禽机体受到骤冷应激时，自身的免疫系统就会受到损害，从而增加疫病易感性。低温还会造成家畜繁殖性能下降，从而减少产出。极端低温下，家畜冻死的风险加大，水管容易冻裂，导致家畜饮水无法正常供应，低温伴随的暴雪还有可能压塌圈舍，造成间接损失。

2. 气候变化下山西省水资源的敏感性

水资源对气候变化的敏感性是指水资源系统在受到相关气候要素变化影响后的响应程度，包括不利和有利的影响和响应。其中，对水资源系统影响较大的气象要素主要包括降水、气温、蒸发量和辐射量等，而水资源系统对气候变化的敏感性通常体现在水量、水质和水资源的供需关系等方面。

（1）气候变化下水资源水量的敏感性。

地表径流和地下水资源是水资源的主要组成部分，降水、高山融雪、地下水是地表径流的主要补给项，降水下渗、地表径流下渗是地下水资源的主要补给项，蒸发和人类活动是地表水和地下水资源的共同排泄项，气候变化正是通过影响供给项和排泄项来影响地表和地下水资源储量的。

①地表水资源对气候变化的敏感性。气候变化对于不同来水补给类型的地表径流影响不同：对于以降水和地下水为主要补给的河流来说，降水变化带来的影响要大于气温变化，对于以冰川融雪为主要补给的河流来说，随着全球变暖，北半球降雪季节明显缩短，融雪季节明显提前，地表径流量对气温变化的敏感性要大于降水变化。如，李宝富（2012）等的研究表明，西北干旱区山区河流径流量对融雪期气候变化敏感，降水增加和气温上升分别诱发年径流量增加了7.69%和14.15%。对于同一地表径流的不同节段，径流量对气候要素变化的敏感性也不同。例如，黄河源头区域主要以高山融雪作为补给，对气温变化的敏感性较为明显，而中下游则主要以降水和地下水为补给，流量变化对降水变化的敏感性较强。由于山西地处黄土高原，海拔相对不高，仅有五台山海拔超过3000米，高山融雪对河川径流的补给可以忽略不计。因此，下述内容中只包含以降水和地下水为主要补给河段的敏感性分析，对以高山融雪为主要补给的河流和河段在此不展开论述。

从国外的研究来看，琼斯等（Jones et al.，2006）利用了SIMHYD模型、AWBM模型和水文模型估计了澳大利亚22个流域的年径流对降水和潜在蒸发变化的敏感性，结果表明降水变化1%会导致径流变化2.1%~2.5%，而潜在蒸发变化1%会引起径流变化0.5%~1.0%。莱盖塞等（Legesse et al.，2010）利用美国地质调查局的降水径流模拟系统分析了埃塞俄比亚Meki河的径流对气温和降水的敏感性。结果表明降水增加或者减少20%，会导致径流增加80%或者减少60%；而气温增加1.5℃会引起蒸散发增加6%，径流减

少 13；马诺伊等（Manoj et al.，2003）采用分辨率为 50km 的区域气候模型
与土壤、水估算工具（SWAT）模型耦合研究了气候变化对密西西比河上游
流量的影响，发现当未来降水增加 21%，降雪增加 18% 的条件下，地表径流
增加 51%，地下水补给增加 43%，密西西比河上游总产水量增加 50%。

从国内的研究来看，国内学者分气候区、分流域、分地域对气候变化下
地表径流量对气候变化的敏感性。分气候区的研究表明，黄河以北干旱、半
干旱地区的径流量对气温和降水变化最敏感，其次为华中、华南半湿润区和
湿润区，而西部高寒山区径流对气候变化的响应最弱（王国庆等，2011）。
分流域的研究表明，黄河流域黄河源地区气温升高会导致年径流减少，尤其
以 5~10 月份最明显，但是 11 月至次年的 4 月份由于融雪的影响，径流会增
加，同时由降水变化引起的径流变化幅度大于降水本身变化的幅度（贾仰文
等，2008）。1960~2000 年，黄河流域地表径流呈现减少趋势，同时该流域
夏季和秋季降水减少 12%（IPCC，2013）。研究气候变化对淮河流域水量的
影响发现，21 世纪以来全流域年平均降水量为 830.9 毫米，平均温度为
16.6℃。与基准年相比，降水量减少 19.9%，而气温升高 1.9℃。由此导致
出口断面月径流量减少，减幅在 32.9%~61.2% 之间，其中仅汛前 4~6 月
影响较小。而相对基准年平均径流量，减幅为 48.3%，受气候变化影响适中
（张永勇等，2017）。海河流域的气候暖化已经造成了地表水资源大量的减
少，平均每 10 年减少 18%。与其他流域相比，海河流域水资源对气候变化
的敏感性更强，也更为脆弱。据研究，在海河流域，一定的气温下 10% 的降
水减少量可以引起径流量减少 26%；降水量保持不变时，气温每增加 1℃径
流减少 8%；而当气温升高 1℃同时降水减少 10%，则径流会减少 30%~
35%（刘九夫、郭方，2011）。在年平均气温升高 2℃时，海河流域的径流量
将减少 6.5%；当年降水量增加或者减少 10% 时，海河流域的径流量将分别
增加 26% 和减少 23%；当汛期降水占年降水量的比例分别增加或者减少 10%
时，全流域的径流量将会增加 12% 或者减少 7%；在空间上，在年平均气温
升高和年降水量变化的情景下，海河流域西北部的河川径流比东南部更敏感；
在降水年内分配变化的情景下，海河流域东南部的河川径流比西北部更敏感
（贺瑞敏等，2015）。在分地域的研究上，丹等（Dan et al.，2012）利用 VIC
模型分析了黄淮海平原区径流、蒸散发和土壤含水量对平均气温和降水变化
的响应，结果表明气温升高导致径流下降的程度从南到北依次递减，并且当

地水文循环要素对降水增加15%～30%的响应要大于气温增加2～5℃。华北地区夏季受气温变化影响最大的是地表径流量。当气温升高1℃时，地表径流量将减少69.2%；气温降低1℃时，地表径流量将增加30.8%。华北地区受降水变化影响最大的是地表径流量，当降水减少20%时，地表径流量减少56.1%；降水量增加20%时，地表径流量增加65.6%（范广洲等，2012）。

②地下水资源对气候变化的敏感性。气温变化对地下水资源的影响主要是通过影响区域降水和蒸发而影响地下水资源的补排量（李鹏等，2017）。一般情况下，气温与水资源量基本呈反比关系，气温升高导致用水需求加大，既暖又干的气候必将加剧地下水资源短缺状态（丹利等，2011）。降水变化对地下水储水量的影响体现为：当降水量高于多年平均降水量时，地下水储存变化量为正，反之为负。例如，受降水减少和需水增加影响，1961～2013年，北京平原区第四系地下水储存量累计亏损101.78亿m^3，1999～2013年，第四系地下水累计亏损量就达65.82亿m^3，年均亏损量4.39亿m^3。蒸发对地下水的影响：水分蒸发是地球水文循环的必不可少的一环，地表蒸发量的减少致使大气中湿度变小，同样也影响着地区降水量，进而间接影响地下水的补给量。水面蒸发量减小，地下水位持续下降，双重作用下潜水蒸发量也呈逐渐减小趋势（李鹏等，2017）。

（2）气候变化下水资源水质的敏感性。

IPCC第三次评估报告首次定性分析了气候变化对水质的可能影响（IPCC，2001），随后在第四次报告中做了详细阐述（IPCC，2007）。从理论上来看，一方面气候变化引起径流情势的变化，直接影响水体中污染物的来源和迁移转化行为；另一方面气候变化影响水的物理化学性质、生物化学反应的速度、光合作用等，从而对水环境造成高阶影响；此外，气候变化引起的降水频率和强度的变化，将引起非点源入河污染负荷的改变（夏星辉等，2012）。

①水资源水质对降水变化的敏感性。一方面，降水量是驱动面源污染物入湖的最重要因素之一，雨水所形成的径流经过地面，尤其是农田、工业用地附近，地面积聚的污染物被冲刷进入河流或湖泊，会形成严重的非点源污染（Kaster et al.，2006）；而水体中的磷主要来自土壤颗粒，通过降水、排水产生的径流流入河湖（许梅等，2007），使水体中有机物、无机还原性物质、氮、磷等浓度增加；降水形成的大气湿沉降使大气中污染物随降水落入

河流或湖泊。另一方面，降水量流入河湖，可以稀释水体中污染物浓度，降水强度决定着淋洗和冲刷地表污染物质能量的大小，降水频率和数量决定着稀释污染物的程度，直接影响水环境质量。尤其是连续性大的降水量，能降低水体中有机物、无机还原性物质、氨氮和总氮等的浓度。怀特黑德等（Whitehead et al.，2008）采用水质模型模拟气候变化条件下英国 6 条位于不同地理位置的主要河流的水质，模拟条件选择了 B1，B2，A2 和 A1F1 四种不同气候变化情景，其中 A1F1 情景为化石燃料密集型的高排放情景，时间段分别为 21 世纪 10 年代、20 年代和 50 年代。6 条不同河流得到的模拟结果基本相同，在气候变化影响下，英国主要表现出夏季降水减少，冬季降水增多的现象，由于夏季河流径流量降低，稀释作用减弱而使得溶解性活性磷，硝酸盐等离子浓度升高；冬季部分河流上游因稀释作用较强而使溶解性活性磷，硝酸盐等离子浓度降低，而河流下游因为暴雨冲刷地表使得硝酸盐等随雨水进入河流导致硝酸盐浓度升高；且在所研究的 6 条河流中，兰伯恩河（Lambourn）由于初春和夏季末的暴雨频率升高导致河流出现泥沙含量增高的现象。张德林等（2016）研究气候变化对上海淀山湖水质发现，降水对水体中高锰酸盐指数、氨氮和总氮等浓度有稀释作用，降水量多的月份其浓度偏低，相反降水量少的月份其浓度偏高。盛海燕等（2015）分析新安江水库近 10 年水质演变趋势及与水文气象因子的关系，表明降水量与溶解氧、总磷、氨氮浓度呈显著正相关；许梅等（2007）对位于太湖西部宜兴市的一条入湖河流水质的年变化规律进行分析，降雨量与水体总磷浓度呈显著正相关，但对其他水质指标影响较小。

②水资源水质对气温变化的敏感性。全球气候变化最直接的反映是气温的升高，而水体温度基本会与附近的空气温度相一致，随着气温的上升，河流湖泊等水体的水温也会升高（Hammond and Prycear，2007）。通常温度升高可以影响水体的密度、表面张力、黏性和存在形态，还可以改变水温层分布（雒文生、宋星原，2004）和加速水体中化学反应和生物降解速率等（董悦安，2008）。

水温分层和底泥中污染物释放对气温升高的敏感性：根据温度的变化，较深的水体在垂向上可分为湖上层、温跃层、湖下层。随着气温升高，湖水表层温度也会升高，导致水体中上、下层水温差增大，温跃层变大。水温分层不仅会影响水体物理化学特性，而且还会影响水体中的生化反应。由于密度梯度的存在，水体上、下层的交换受阻，致使下层水体无法得到充足的溶解氧，同时，深水层 CO_2 浓度增加，易形成还原环境，氧化态物质易被还原，在底层积累，并且在一定条件下可能随着水体垂向交换而释放到表层水体（雒文生、宋星原，2004），导致表层水体污染事件的发生。如沉积物的再悬浮作用、暴风雨甚至鱼类捕捞和生物扰动等过程都会使底层污染物释放到上覆水中，形成更严重的二次污染（Beutel，2006）。而且，底部的还原环境易使得氧化还原比较敏感的元素，如铁、锰等重金属元素被还原，还原后的离子具有更强的迁移活性和生物毒性，如将三价铁还原为二价铁，同时可以形成大量硫化氢等厌氧代谢产物。

温跃层的存在会导致河流或湖泊等水环境底层形成缺氧层。大量模拟实验（Beutel，2006）表明在底层水体缺氧的还原环境中，氮、磷等营养盐易从底泥向底层水体释放，同时也会导致表层水体氮、磷浓度升高（Wang et al.，2008）。一般认为厌氧条件可以加速沉积物内源磷的释放，而好氧条件可以抑制磷的释放，两者相差一个数量级（Komatsu et al.，2007）。许多研究表明，除随地面径流进入水环境中的氮、磷外，由厌氧环境导致的底泥内源氮、磷的释放也是水体中氮、磷浓度升高的主要原因（Hilscherova et al.，2007）。科马特等（Komatsu et al.，2007）在考虑非点源负荷没有发生变化的情况下，联合运用水动力模型、水质模型和水－底泥模型，模拟分析气候变化对日本西部的岛地川坝水库内氮、磷迁移转化的响应，得到在 A2 的气候变化情景下，2091~2100 年与 1991~2001 年相比水体表面温度将升高3.8℃，厌氧层加深6.6米，同时厌氧层的加深将促进磷从底泥环境释放到下层水体，最终将导致表层水体磷酸盐浓度由 1.7 克每升增加到 5.6 克每升，藻类的生物量由 7.8 微克每升增加到 16.5 微克每升。

水体富营养化对气温升高的敏感性：大量研究表明，温度对水体富营养化是决定性影响因素。大部分水华暴发都出现在高温、强光时节（Trolle et al.，2011）。全球气候变化导致每年温度提前升高的地区都会使藻类提前生长，且水体中较高的营养盐浓度会引起藻类的过度繁殖。当水体营养盐浓度达到一定水平时，只要水温、光照等环境条件满足要求，富营养化现象就会加剧（Voge et al.，1999）。

除营养盐浓度外，从生态学的角度来看，水环境中的植物作为初级生产者对于维持生态系统平衡有着决定性意义，大型沉水植物在水环境中可以起到拦截和扣留底泥中释放出来的氮、磷等营养物质的作用。略雷特等（Lloret et al.，2008）研究证明气候变化致使水环境变得更适于浮游植物生长，导致水体底部的光照强度减弱和沉水植物种类和数目减少，由于没有沉水植物对底泥释放营养盐的拦截作用，营养盐将直接进入上层水体，进一步促进浮游植物的繁殖，加剧了富营养化现象。爱德华兹等（Edwards et al.，2004）通过生物实验定量分析气候变化对 66 种不同种类的浮游植物的影响发现不仅浮游生物种群对气候变化有响应，而且不同的营养级和功能群对气候变化的响应存在差异，如作为初级生产者的鞭毛藻类种群数量的夏季高峰期提前了 23 天，而次级生产者的桡足动物高峰期只提前了 10 天。一些研究指出在河口地区，温度升高导致了浮游植物生物量随之升高（Whitehead et al.，2009），如米勒等（Miller et al.，2007）对美国切萨皮克湾的研究发现，温度升高 0.8~1.1℃，藻类生物量升高且提前至春末达到峰值。高伟等研究了抚仙湖高锰酸盐、总磷、总氮、叶绿素 a、透明度和浮游植物丰度等水质指标的变化，认为水温是水质变化的主要驱动因子之一（高伟等，2013）；刘梅等研究认为，因气温上升导致水体温度升高，增强了微生物的活性，进而促进底泥中内源氮、磷的释放（刘梅和吕军，2015）。对上海淀山湖的研究发现，平均气温高、日照时数多，氨氮、总氮浓度降低，相反平均气温低、日照时数少，氨氮、总氮浓度升高；平均气温高，也会使总磷浓度上升，平均气温低，总磷浓度降低（张德林等，2016）。对新安江水库的研究发现，气温与水温、pH 值、高锰酸盐指数、五日生化需氧量、总磷和叶绿素 a 浓度呈显著正相关（盛海燕等，2015）。

水体生物化学反应速率对气温升高的敏感性：温度对水生生物的酶活性和生物量净积累都具有一定的影响，底泥中微生物酶活性不仅可以表征其生理活性，又可指示水体的污染情况以及有机污染物的生物可降解性。气候变化导致的水体温度升高，微生物酶活性增加，有助于污染物质的去除，对水体的自净能力有重要意义（杨磊等，2005）。而同时水温升高导致的厌氧环境也可对水体中的生化反应产生影响，普拉希等（Prasch et al.，2004）通过实验证实厌氧条件会导致生物体蛋白质氨基酸发生不可逆的羰基化作用，进而致使蛋白质的聚集、失活或者毁坏，进一步影响生物酶活性。另有研究指出水体温度升高促进生物的新陈代谢速率，增加污染物的毒性效应（Costa et al.，2002）。加涅（Gagne，2007）等利用主成分分析法对 10 种生物化学标志物进行分析得出野生蛤在温度升高的条件下对污染物更加敏感。希根斯等（Heugens et al.，2002）通过实验也证明当有机生物体生存在接近它们耐受温度范围的环境中时，会对化学污染物表现出更强的敏感性和脆弱性。水体温度升高也会增强微生物的活性进而促进底泥中内源氮和磷的释放（Bryan et al.，2006），还有研究发现当水体温度从25℃升高到35℃时水环境中细菌的数量可能升高50~70倍，进而促进内源磷的释放（Jiang et al.，2008）。

水体主要离子浓度对气温升高和降水减少的敏感性：已有研究表明全球气候变化引起的气温升高和降水变化将对地表水环境中的主要离子浓度产生影响，可能导致湖泊的盐化和矿化作用。温度升高通常会导致水面潜在蒸散发增加（Mccarthy et al.，2001），加之降水稀少，湖泊容易出现盐分浓缩，矿化度升高的现象。刘蔚等（2004）对黑河流域居延泽、居延海两个湖泊的研究结果表明近30年来气候变暖和入湖水量降低是导致湖水矿化度升高的主要原因之一。中国新疆的柴窝堡湖和红碱淖等湖泊发生的严重矿化现象也与全球变暖相关（曾海鳌、吴敬禄，2010）。马提吉斯等（Matthijs et al.，2010）模拟研究了气温升高背景下荷兰艾瑟尔（Ijsselmeer）湖和马克尔（Markermeer）湖主要离子浓度变化趋势，当温度升高2℃时，艾瑟尔湖氯离子浓度将增加108毫克每升，马克尔湖氯离子浓度将增加15毫克每升，这是因为在温度升高的影响下，径流量降低和蒸发作用加强将减少河流的稀释作用，同时海平面升高引起的海水倒灌也会增加氯离子的浓度。普拉图姆拉塔纳等（Prathumratana et al.，2008）通过对湄公河的气象、水质和水文数据进行对比和分析发现主要离子浓度与径流量呈显著负相关关系。有研究对黄河流域的天然径流量与离子总量、钙、镁等离子含量进行分析，发现在过去的50年中，离子含量存在升高的趋势，除了人为作用外，由于气候变化引起的降水减少、天然径流量降低对离子浓度起到了一定的浓缩作用；另外，可能由于气温升高，岩石的溶蚀、风化作用加强，其溶解的钙、镁等离子进入水环境中增加了离子浓度（Xia et al.，2009）。

③水资源水质对其他气候要素变化的敏感性。光是主要的生态因子之一，对沉水植物的生长具有重要意义（刘建康，1999）。随着气候变化，光照时间和强度也会发生变化，并且通过影响水生生物的光合作用将间接对水质产生影响。入射光强度的增加会促进表层水体中浮游植物的光合作用（Cleuver-saleuversa and Ratte，2002），但浮游植物的大量繁殖会降低水体的可见度，

影响沉水植被的生长，当水下光照强度低于水生植物的光补偿点时，就会影响水生植物的生长和光合作用（Van et al.，1976）。气候变化可能会导致紫外辐射增加，尤其在极地地区较为明显（Corell，2004）。大量微观实验表明辐射量的改变会影响水体污染物的毒性，当污染物如多环芳烃类物质暴露在紫外辐射的条件下，可以诱发对水生生物的光毒性（Macdonald et al.，2005）。当苯并芘含量为 1 微克每升时，有紫外辐射时海洋无脊椎动物牡蛎胚胎发育的不正常率由无紫外照射时的 20% 增加到 85%（Lyons，2002）。而风作为大型湖泊湖流运动的主要驱动力，不仅决定了湖泊环流结构及流速大小，同时通过水流运动的载体作用影响入湖污染物的迁移扩散，风速的变化也会影响湖泊水体的自净能力（马巍等，2009）。恩等（Eu et al.，2009）通过模型模拟富营养化严重的索尔顿（Salton）海发现受风扰动引起的沉积物再悬浮作用是水体营养盐输移的主要过程。同时风型与海平面压力一并构成控制气旋和反气旋现象的重要因素，大尺度的风向改变亦会影响海洋污染物的循环形式（Wilby et al.，2006）；此外，风速增大可能加强水体垂向的物质交换，一定程度上促进了底泥营养盐的释放，风速增大促进水气交换，提高溶解氧浓度。

（3）气候变化下水资源供需状况的敏感性。

①供水量对气候变化的敏感性。供水量是指各种水源工程为用户提供的包括输水损失在内的毛水量，其主要受来水条件、工程状况、需水因素影响。其中，对来水条件影响较大的气候要素是降水。降水变化对供水影响分析，主要基于降水与产水关系，对比分析不同时段降水变化对水资源、供水量的影响。研究海河流域水资源量的影响因素发现，水资源的减少主要由两方面原因造成，一是降水量的变化，二是产汇流条件的变化。近 30 多年来区域人类活动，如大规模城市化等导致下垫面变化，引起了流域产水机制的变化。同样降水情况下，降水产生的水资源量减少。对海河流域的研究发现，在气温升高 1℃ 情况下，海河流域水面蒸发量将增加 1.00%，地表水资源量减小 4.26%，不重复地下水资源量减小 18.91%，水资源量减小 8.48%，见表 2-1（秦大庸等，2010；王建华等，2014）。

表 2 - 1   气候变化对海河流域水资源量的影响

情景	气温升高 1℃	气温升高 2.5℃
蒸发量	1	2.36
地表水资源量	-4.26	-6.29
不重复地下水资源量	-18.91	-31.33
水资源量	-8.48	-20.08

注：数值为正表示增大，为负表示减少。

　　黄河流域与海河流域水文、气象条件相近，若参照表 2 - 1 并按每 20 年气温升高 1℃ 测算，2030 年黄河流域水资源量减小 41.6 亿 m^3，其中：地表水资源量减小 21.4 亿 m^3，不重复地下水资源量减小 20.2 亿 m^3（何霄嘉，2017）。黄河可供水量是黄河径流量扣除河道内生态环境需水量以及不可控制的洪水量，因此在气温升高、径流减小的情况下，黄河可供水量也必然减小。在气候变化影响下，洪水发生规律也将出现变化，导致洪水调控难度加大，也将影响黄河可供水量（何霄嘉，2017）。对华北地区供水量的敏感性分析发现，华北地区可供水量在 1994 年为 136.1 亿 m^3，在低湿方案条件（气温上升 1.08℃，降水减少 0.24%）下逐年增长，到 2050 年增长为 145 亿 m^3；在中方案条件（气温上升 1.44℃，降水减少 0.24%）下，可供水量略有减少，到 2050 年减少为 131.6 亿 m^3；在暖干方案条件（气温上升 1.80℃，降水减少 0.24%）下，可供水量减少幅度较大，到 2050 年减少到 121.0 亿 m^3。在不同的气候情景下，经济发展受到水资源的约束程度也不相同。工业产值增长速度在 1994 年为 6.42%，到 2050 年，在低湿方案条件下降低为 3.33%，平均年递增率为 4.2%；中方案条件下降低到 2.87%，平均年递增率为 3.7%；暖干方案条件下降低到 1.87%，平均年递增率为 3.0%。但在气温 1.8℃、降水 -0.24% 的变化幅度下，气候变化不会改变水资源系统运行基本规律（高彦春等，2002）。

　　②需水量对气候变化的敏感性。需水量是指满足一个地区生产、生活、生态环境所需要的水资源量，影响需水的因素包括经济社会发展、供水能力、生态环境、气候变化等（曹建廷等，2015）。在影响需水量的气候要素中，降水和气温是主要因素。

研究海河流域需水量对降水的敏感性发现，随着降水量的增加，海河流域的需水量减少，特别是在降水量为 400~600 毫米时，需水量随着降水量变化的响应关系明显。而在降水减少的情况下，需水量也会有相应的增加。根据统计分析结果，在接近平水年的降水状态下，降水每减少 10 毫米，需水量约增加 3.4 亿 m^3（曹建廷等，2015）。

气温对需水量的影响较为广泛，对于农业来说，农业是用水大户，如在黄河流域，农业年均用水量在 360 亿 m^3 左右，占流域总用水量的 75% 以上。气候变化对于农业需水的影响主要体现在气温升高带来的作物需水变化以及降水变化导致的作物利用有效降水的变化两方面。研究表明，气温升高将导致农业需水量增加。气温升高 1℃，我国北方地区农业需水量大致增加 5%~10%（周曙东等，2013）；西北和华北地区温度升高 1~4℃，冬小麦的需水量将增加 2.6%~28.2%，夏玉米需水量将增加 1.7%~18.1%，棉花需水量将增加 1.7%~18.3%。不考虑种植结构变化的情况下，整个华北地区净灌溉水量将增加 21.9 亿~276.1 亿 m^3。按照气温升高 1℃ 农业需水量增加 2% 测算，黄河流域农业需水量将增加 7.2 亿 m^3（何霄嘉，2017）。

对于工业来说，工业需水主要包括参加工业加工过程的工艺需水，调节室内温度、湿度的空调水以及用水设备降温的冷却水（王浩等，2016）。冷却水约占工业需水量的 60%，气温升高会导致进入冷却系统的原水水温升高，降低冷却效率，增大冷却用水的需求量。据有关资料，基于我国现有的冷却效率，初步估计气温每升高 1℃，全国工业冷却需水量约增加 1%~2%。按照气温升高 1℃ 工业需水量增加 1.5% 测算，黄河流域工业需水量将增加 1.8 亿 m^3（何霄嘉，2017）。对于生活需水来说，随着气温升高，居民生活需水中饮用水、洗衣、洗澡等需水量都会有所增加。通过典型地区气温与月需水量的关系，初步分析气温变化对于生活需水的影响。按气温每升高 1℃ 生活需水量增加 3% 测算，黄河流域生活需水量将增加 1.3 亿 m^3（何霄嘉，2017）。

对于生态环境需水来说，黄河流域河道外生态环境需水主要指农村和城镇的生态环境建设需水量，因此气温升高对河道外生态环境需水的影响可参照对农业的影响测算，气温升高 1℃ 黄河流域河道外生态环境需水量将增加 0.3 亿 m^3。综合以上气候变化对黄河流域需水的影响分析，按照黄河流域每 20 年气温升高 1℃ 测算，2030 年黄河流域需水量将增加 10.6 亿 m^3 左右（何霄嘉，2017）。

3. 气候变化下山西省自然生态系统的敏感性

（1）气候变化影响植被生长，进而影响生态系统生产力。

气候变化会造成草原植物光合生理特征变化。中国北方草原典型植物羊草和大针茅的生物量、光合性能和气孔导度对水分状况的响应呈现一个共同的特征（Xu and Zhou，2008，2011）：随着水分条件的改善而快速增加，水分条件改善到一定水平时，其增加的幅度降低甚至停止乃至受抑（Knapp et al.，2002），显示了北方草原在叶片、个体和生态系统乃至区域尺度对水分变化响应的相似性（Knapp and Smith，2001；Xu and Zhou，2011）。植物的生长和生理活性存在一个最适温度或最适区间，温度过低过高都限制了植物的代谢活性。研究表明，32℃高温对羊草的光合性能和氮素合成代谢活性存在抑制作用（Xu and Zhou，2006）。

在一定范围内，草原生态系统生产力与温度成反比，而与降水呈正比。未来温度增高2℃，将导致半干旱草原年初级生产力减少约24%、生物量减少30%、地下生物量减少15%左右；降水对草原的影响程度较大，降水增多有利于草地生物量的增加，降水量增加50%，年初级生产力增加37%、地上生物量改变近30%、地下生物量增加15%左右（季劲钧等，2005）。同时考虑气温和降水的变化，未来气候变化对草原生态系统的不利影响更为显著：草原植被生产力显著降低，生物多样性丧失，植被类型发生不可逆的改变、生态系统稳定性降低（Bai et al.，2004；Thomey et al.，2011），严重限制北方草原的生态服务功能，进而威胁到生态安全。

气候变暖加剧草地水分的散失，如果降水出现减少趋势，或少量增加，但不足以抵消温度上升带来的水分散失，则导致牧草产草量下降，植被覆盖率降低。同时，优良牧草在草场中的比例下降，杂草类的数量和比例上升，呈现退化趋势。

气温升高使得植物生长期一定程度上延长，加上大气 CO_2 浓度增加形成的"施肥效应"，森林生态系统的生产力总体上呈增加趋势。

降水方面，由于降水具有很强的季节性和很大的年际变化，导致干旱半干旱地区草原植物生长不稳定。对草原植被生长非常重要的春季降水和夏季降水减少30%，会导致牧草产量降低一半以上。因此，春夏降水的变化率大于 30% 时，导致草原生态系统具有非平衡生态系统的特点。

气候变化和温室气体的施肥作用会导致温带森林初级生产力增加（Peng et al.，2009；范敏锐等，2010），到 21 世纪 30 年代（短期，30～40 年）增加到 10%～20%，到 21 世纪 90 年代（长期，90～100 年）增加 28%～37% （Peng et al.，2009），使得森林植被的光合固碳作用更为明显，直接促进森林的生长，森林生产力提高。

未来森林生产力总体有所增加，但受极端气候事件影响风险加剧。受气候变化和 CO_2 浓度增加的影响，未来中国森林生产力将有所增加，增加的幅度因地区不同而异。未来中国森林生产力的增加幅度随纬度增加而增大，湿润的地区增加幅度较大。不过，极端气候事件的发生，如温度升高导致夏季干旱，因干旱发生火灾等，使得森林生态系统生产力存在下降的风险。

（2）气候变化改变生物生存的气候条件。

不同物种的生存和繁衍对气候条件的要求范围不同，包括各种动植物与微生物，且适应能力不同。新的气候条件可能不适合原有物种生存，而适合新的物种，导致原有植物类生物生长受阻乃至消失，动物类生物更换栖息地或者灭绝，同时吸引新的物种在本地生长繁衍。另外由于生态链的复杂性，不同物种之间存在着广泛的关联性，一类物种生存情况的变化将对其他物种产生影响。

湖湿地生物多样性受气候变化影响较大，且气候暖干化会影响到物种的分布和繁殖。在气温升高、水位降低的趋势下，湿地植被由沉水植被逐渐向腹水和挺水植被演替，水生植被向沼泽化和草甸化方向演替（刘俊威、吕惠进，2012）。

模拟增温实验表明，连续升温情况下，长期生长在温度升高环境下，芦苇光合过程受到抑制，不利于芦苇的生长，使其更易倒伏。短期的温度升高能够促进芦苇地上生物量的积累，但是随着升温时间的延长，升温则不利于芦苇植株地上部分生物量的积累（祁秋艳，2012）。

气候变化对山西省湿地能量和水分收支平衡产生了一定影响。气候变化会影响湿地水文、生物地球化学过程、植物群落及湿地生态功能等，并通过改变水文循环的现状而引起水资源在时空上的重新分布。

（3）气候变化改变生物物候期。

由于气候变暖，草原、森林植被的物候期随着温度升高普遍提前，但空间差异较为明显，我国西南东部、长江中游等地区的物候期呈现推迟趋势，同时物候期随着纬度变化的幅度减小。高温提前以及降水的不规律使得生物节律被打乱，影响鸟类迁徙、动物产卵、孵化和冬眠等。

（4）气候变化对草地土壤产生影响。

由于气候变暖、草原区干旱持续时间变长，草地土壤含水率降低，受侵蚀危害严重，土壤肥力降低。草地在干旱气候、荒漠化、盐碱化及大风的作用下，初级生产力下降，草地景观呈现荒漠化趋势。

4. 气候变化下山西省基础设施的敏感性

气候变化影响交通设施的耐久性。气候变化导致暴雨等极端天气气候事件时常发生，进而导致地表雨水径流大量增加，在自然地表被大量人工道路所取代的情况下，人工道路即使提高雨水的深层渗透系数依然无法有效降低地表径流，使得道路长时间的处在被雨水覆盖的环境中，受潮程度大大增加，影响其耐久性；极端长期高温的天气会导致铁路轨道变形和路面的过度热膨胀；等等。

气候变化影响房屋建筑的牢固性。气候变化带来的环境温湿度变化、大气中 CO_2 浓度增加，将会导致混凝土内部含水率改变，并加快混凝土的碳化速度，还会导致塑料、石材、金属、砖瓦和木材等建筑材料的脆弱性增强，从而降低建筑的抗压强度，给建筑工程的牢固性带来影响。在正常情况下，一般建筑可使用 50 年，重要建筑工程可使用 100 年甚至更久，牢固性受到影响后建筑的使用年限将大大缩短。

气候变化影响房屋建筑的经济性。山西属寒冷地区，冬季的采暖和保温成了最基本的要求。气候变暖会导致室外及室内温度上升，对锅炉采暖设施来说，会造成煤等燃料的大量浪费；对空调采暖系统来说，空调设计负荷偏大，也会使设备容量偏大，在空调系统自动控制不到位的情况下会造成设备运行效率低。两者都会导致能耗比实际需求偏高，不利于建筑节能，其经济性受到影响。

高温对垃圾处理提出更高要求。垃圾长时间的堆放会对周围环境产生影响，在气候变化导致温度升高的条件下，垃圾腐烂的速度会加快，这就要求加快垃圾的处理效率。高温暴晒还会加快塑料垃圾桶的褪色、老化和变形，这使得对垃圾桶的材质也需要进一步改进。此外，高温导致垃圾腐烂变质可能会释放出有害气体，危害环卫人员的身体健康。因此为适应气候变化在垃圾处理方面的要求会越来越高。

极端高温导致绿地干燥，破坏已有的绿化成果。绿地是环境基础设施中的一部分，气候变化导致的极端高温天气，使绿地植物过度蒸腾失水，影响其生长。在此基础上如果灌溉不及时，绿地会变得干燥、枯萎，其防止土地沙化、涵养水土、产生氧气、净化空气等效用可能会减弱。此外，绿地建设与管护不到位，还会影响人居环境的改善，对农村来说，不利于山西省"绿色村庄"的创建。

气候变暖使基础设施成为热源。目前，山西省基础设施空间布局的集中性以及硬质材料选择上的单一性使其储热较高，伴随着气候的变暖，城市中的人工热源将增多，呈现出消耗大、成效低、污染多的特征。同时，传统的灰色基础设施在应对城市热能、电能等生活用能的生产、消耗、释放方面存在较大的缺陷，也在一定程度上造成气温的升高，导致"城市热岛"的形成。

5. 气候变化下山西省重点产业的敏感性

（1）常规气候变化下山西省旅游业的敏感性。

我国幅员辽阔，气候条件复杂，旅游资源类型丰富，但很多旅游地的生态环境脆弱，极易受气候变化的影响。

①常规气候变化下水文类旅游资源的敏感性。气候变化会对河流、湖泊、温泉、瀑布等水文类旅游资源的格局变迁产生影响。根据资料推断，黄河及一些内陆河在未来存在季节性断流的可能性会给黄河壶口瀑布的旅游景观带来周期性的负面影响，导致观赏价值的降低。

②常规气候变化下人文类旅游资源的敏感性。气候变化会对现代和未来的包含建筑设计、建筑维护、建筑施工、建筑材料等因素在内的建筑环境产生显著影响。例如：风速每提高6%将导致100万座建筑不同程度的损坏，损失高达20亿元（解会兵等，2009）。

（2）常规气候变化下山西省能源产业的敏感性。

山西省矿产资源丰富，是我国著名的能源大省，随着近年来全球气候变暖等气候变化的发生，能源产业的发展受到一定的影响，对能源的安全性、能源结构等方面造成影响。

气温变化影响矿产资源的安全性。山西省煤炭资源丰富，由于山西省气温普遍上升，煤炭在地下开采时，由于温度升高，地下瓦斯气体浓度可能会上升，瓦斯气体爆炸的危险加大；裸露在地表的煤炭堆放在空地上时，温度过高，容易发生自燃，煤炭不充分燃烧还会释放一氧化碳，危害财产安全和生命安全。天然气运输过程中，由于温度上升，气体膨胀，容易发生爆炸。

气候变化改变能源生产结构。水电产业的基础是水资源，山西省的降水呈略微下降趋势，从预估结果上来看，未来 30 年山西省大部分地区呈减少趋势，会造成径流量的减少，对水力发电产生负面影响。风能资源取决于风能密度和可利用的风能年累积小时数。据统计，风能资源也逐渐呈下降趋势，风力发电减少。太阳能资源主要依赖于太阳光照射，近年来，雾霾增加，阴天增加，造成阳光照射时长减少、强度减弱，太阳能产业发展受到威胁。

6. 气候变化下山西省人体健康的敏感性

气候作为人类赖以生存的自然环境和自然资源的一个重要组成部分，与人类生存和社会活动有着息息相关、密不可分的联系，它以不同的方式和程度对人类健康产生影响。气候变化是长时期大气状态变化的一种反映，是一个多变的、复杂的过程，而在各种不同的气象条件中，对人类健康影响最为敏感的是气温，其次为气候变化所带来的环境湿度问题。

（1）人体健康对气温的敏感性。

人体的正常体温通常在 36.6～37.6℃。如果人体长时间暴露在低温环境中，会使人体的核心温度降低到 30℃。如果外界温度过低，就会使人体散热量高于人体的产热量，从而造成人体产热和散热机制失去平衡，如果人们没有及时采取保暖措施，一段时间之后就会造成机体损伤。当人体温度下降到 34℃时，人体的中枢神经系统开始兴奋，机体需要调节，此时人们通常表现为寒颤；当人体温度下降到 31℃，人们的呼吸速率以及心跳速率都开始降低，人体已完全丧失对痛觉的感受能力；当人体温度下降到 20℃时，人体的呼吸速率和脉搏跳动速率都开始降低，人体的反射性能开始消失，很容易出现昏迷症状，若不及时治疗，很容易出现死亡现象。如果人体长时间在高温环境中停留，由于热传导的作用，体温会逐渐升高。当体温高达 38℃以上时，人就会产生高温不适反应。人的深部体温是以肛温为代表的，人体可耐受的肛温为 38.4～38.6℃。高温极端不适应的临界值为 39.1～39.5℃。当高温环境温度超过这一限值时，汗液和皮肤表面的热蒸发就都不足以满足人体和周围环境之间热交换的需要，从而不能将体内的热及时释放到环境中去，人体对高温的适应能力达到极限，将会产生高温生理反应现象。体内温度超过正常体温（37℃）2℃，人体的机能就开始丧失。体温升高到43℃以上，只需要几分钟就会导致人死亡。

（2）人体健康对环境湿度的敏感性。

湿度过大时，人体中的松果激素量也较大，使得体内甲状腺及肾上腺素的浓度相对较低，人就会感到无精打采，萎靡不振。长时间在湿度较大的地方工作、生活，还容易患风湿性、类风湿性关节炎等疾病。湿度过小时，蒸发加快，使人皮肤干裂，口腔、鼻腔黏膜受到刺激，出现口渴、干咳、声哑、喉痛等症状。所以，在秋冬季干冷空气侵入时，极易诱发咽炎、气管炎、肺炎等症状。实验表明，空气的相对湿度为50%～60%时人体感觉最为舒适，也不容易引起疾病。当空气湿度高于65%或低于38%时，微生物繁殖滋生最快。

2.1.2　气候变化下的暴露性

1. 气候变化下山西省农林牧业的暴露性

农林牧业在气候变化下的暴露性（exposure）是指农林牧业相关主体和事物处在气候变化风险之下，可能受到不利影响的环境和位置。由于农林牧业（特别是作物种植和经济林种植）生产以利用自然力为主，作物和畜禽生长过程几乎完全暴露于气候系统之下，因此农林牧业是除自然生态系统之外，对气候变化风险暴露度最高的领域。

在研究中，农业生产的暴露性一般被理解为"在气候变化和气象灾害发生过程中可能受到影响的范围"，一般以作物播种面积与行政面积之比表示。例如，杨晓静等（2018）以作物种植面积占对应行政区域总面积比例研究了东北农业对干旱的暴露性，王春乙等（2016）用冬小麦种植面积占行政面积的比例（百分比）来表示华北地区气象暴露性。也有文献使用作物播种面积与耕地面积之比作为衡量暴露性的指标，如薛昌颖等选取夏玉米播种面积占耕地面积比例作为承灾体暴露性评价指标（薛昌颖等，2016）。还有文献使用农业用地的绝对面积大小来表示农业的气象灾害暴露度，如陈静等用格点农业用地面积之和表示华北地区农业对干旱的暴露性（陈静等，2016）。

为了便于权衡山西省农业暴露性在全国农业暴露性中的相对水平，本书选取一般性的暴露性衡量范式，即采用农作物播种面积与行政面积之比表示省级农业暴露性。而鉴于不同省份（尤其是南方省份与北方省份）的农作物种植的主要品种存在差异，不同作物的暴露性在省际层面不具备可比性，因此本书采用山西省各种作物的播种面积的绝对大小来表示其暴露性的大小。

（1）山西省农业的暴露性。

由于各省份农作物播种面积年际变化不大，因此本书采用近十年（2007 ~ 2016 年）省级（香港、澳门、台湾数据缺失）农作物播种总面积数据和省级行政面积数据，构建了农业暴露性指数（I），计算公式如下：

$$I_r = \frac{1}{n} \sum_{i=1}^{n} (d_{ir}/D_r)$$

其中，$n = 10$，d_{ir} 为第 i 年 r 省农作物播种总面积，D_r 为 r 省行政面积。计算结果如图 2 - 1 所示。

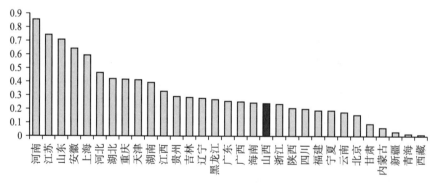

图 2 - 1 省级农业暴露性图示

资料来源：根据各省统计年鉴整理计算而得。

通过比较可知，山西省暴露性指数为 0.24，农业暴露性在各省份中处于中下水平，暴露性相对不高。暴露性最高的省份是河南省，其暴露性指数高达 0.86，这与河南作为农业大省的事实相符，暴露性最低的是西藏、青海等农业规模极小的省份，符合常识。

（2）山西省农业分作物品种的暴露性。

由于省内气候和市场原因，在农作物种植面积相对稳定的情况下，种植结构一直在变化，不宜选取较长的时间期限作为考察农业分作物品种的暴露性，因此本书选取山西省近五年分作物品种种植面积数据，来衡量山西省分作物品种的暴露性。

由表 2-2 可知，山西省农作物中，暴露性最大的前五类作物依次为：玉米、冬小麦、蔬菜、谷子、大豆，果木类作物中，苹果种植面积最大，气候变化的暴露性也最强。近年来，核桃、大枣等经济林种植面积逐渐扩大，其暴露性也在不断增加。

表 2-2　　　　　　　　山西省分作物品种暴露性列示

作物名称	年均播种面积（千公顷）	作物名称	年均播种面积（千公顷）
玉米	1663.43	梨园	36.20
冬小麦	677.35	药材	33.52
蔬菜	254.26	向日葵	31.80
谷子	215.53	高粱	26.80
大豆	194.39	青饲料	20.54
其他谷物	177.47	棉花	19.44
马铃薯	171.11	葡萄园	11.40
苹果园	152.94	红小豆	10.53
绿豆	57.90	花生	7.48
胡麻籽	56.64	油菜籽	4.37

资料来源：《山西统计年鉴（2017）》。

（3）山西省畜牧业的暴露性。

山西省畜牧业以牧牛、牧羊、养猪为主，2016 年末，山西省有牛存栏106.55 万头，猪存栏449.68 万头，羊存栏910.41 万头，其中绵羊546.85 万头，山羊363.56 万头。与种植业相比，畜牧业对气候变化的暴露性相对较低。成规模的生猪养殖一般采用集中圈舍养殖的方式，且在极端天气和低温高温条件下，饲养的生猪将得到人为的温度干预和湿度干预，对气候变化的暴露度最低。对于牛羊养殖来说，羊的饲养一般也有固定圈舍，但在各种规模的羊养殖业中，均存在白天放养、晚上归圈的模式，白天羊群对高温和低温的暴露度较高，晚上在圈舍中的暴露性则较低，总体来看，羊养殖业的暴露性略大于生猪养殖。山西省牛养殖除大规模的圈舍养殖之外，有相当数量的野外散养的牛群，该类牛群由于没有固定圈舍，也没有人为的气候干预措施，对气候变化的暴露性较高。山西省还有少量的马、驴、骡子等大牲畜的养殖，多为农民耕作之用，或为观光旅游之用，人为照料较多，对气候变化的暴露性相对较低。

2. 气候变化下山西省水资源的暴露性

水资源在极端气候下的暴露性是指水资源系统在面对极端气候事件带来的不利影响时，自身无法应对不利影响的程度。对水资源领域影响较大的极端气候事件包括干旱、洪涝、高温热浪等，水资源水量、水质和供需状况依然是响应极端气候事件的三个主要方面。

（1）极端气候事件下水资源水量的暴露性。

①河川径流量对极端气候事件的暴露性。降水总量变化不明显、极端降水量占总降水量的比率趋于增大、旱涝不均是气候变化在降水方面的突出表现。极端降水往往对河流径流量的影响较为显著，而对地下水补给的作用较小。暴雨洪涝事件下，出现短时大量降水，降水通过地表迅速排泄到河道而减少了地表下渗的过程，从而不利于地下水的补给，而在短时间内加大了河川径流量。在上游或中游地区，该径流量会排泄到下游地区，减少本地区的水资源补给。

干旱对河川径流量的影响不仅体现为降水补给的减少，而且由于干旱条件下地下水位下降、人类活动需水量增加，会加剧地表径流的下渗和人为抽取，加快地表径流量的减少。当出现连续叠加的干旱时，径流量的暴露性将大大增加。赵桂香（2008）通过构建标准化降水指数（SPI）并分析其变化对山西省水资源的影响发现：山西省 SPI 绝对值呈逐年上升趋势，即山西省有干旱化趋势，而水资源总量以每 10 年 1 个台阶快速减少。20 世纪 80 年代前后相比，干旱化指数绝对值增加 0.021，而水资源总量减少了 39.83 亿 m^3，河川径流量减少了 50.7 亿 m^3，平均 SPI 的绝对值每增加千分之一个单位，水资源总量就减少 1.90 亿 m^3，河川径流量减少 2.4 亿 m^3。进入 80 年代中期以后，标准化降水指数绝对值处于平均值以上，水资源总量迅速减少，减少量和减少幅度均显著高于 80 年代中期以前。与 50～60 年代相比，进入 90 年代以后，水资源量减少了 58.08 亿 m³，减少幅度高达 37.10%，河川径流量减少了 63.22 亿 m³，减少幅度高达 49.43%，而标准化降水指数绝对值增加幅度却达到 3.84%。随着干旱化趋势的加剧，山西省水资源总量和河川径流量均显著减少，尤其是 20 世纪 90 年代中后期以后，这种趋势尤为显著。王琦等（2004）研究发现，20 世纪 80 年代中期至 21 世纪初，干旱化趋势对于黄河中游径流影响十分显著，其影响量基本上与人类活动的影响量相当，且下半年影响更为显著，1986 年以来的影响量达到 52.2 亿 m³，占到总变化量的 54.9%，较人类活动影响量高出近 10 个百分点。黄朝迎（1994）研究京津冀晋地区 80 年代的干旱对水资源的影响发现，1980～1984 年间的均值比比前 30 年的均值比是急速地减少，其减小程度与降水量减少有密切关系。北京和河北降水量减少大，径流均值减少亦大。北京降水量均值比由 50 年代的 1.26 减小到 80 年代的 0.71，径流均值比则由 2.06 减小到 0.53；河北降水量均值比由 50 年代的 1.05 减少到 80 年代的 0.82，径流比相应地由 1.54 减小到 0.46。各地径流均值比与降水量均值比的变化机制尽管不同，但对同一地区来说，两者的变化机制非常一致的，即随着降水量均值比的减小，径流均值比在急剧地减小。这说明，降水量的变化可引起径流量的更大变化。也就是说在半湿润、半干旱地区，径流量在降水量变化下暴露性较大。

②地下水量对极端气候事件的暴露性。

随着气候变化的影响，干旱等极端事件频繁发生，气候变化对地下水的影响也日益明显，一方面气候变化导致地下水的补给与循环交替发生变化，另一方面对地下水资源的需求发生变化，进一步增加了实现地下水可持续开发利用的难度（赵耀东等，2014）。对于地下水资源来说，降水是补给项，而蒸发则是排泄项。地下水主要接受大气降水、河流、灌溉等入渗补给，以及山区侧向补给、城区管网渗漏等的补给，但由于地表水随着降水偏少以及水库修建，上游来水量逐年减少。大气降水成为地下水补给的主要来源。天然条件下地下水排泄以蒸发和向河流排泄为主。目前人工开采已成为地下水的主要排泄方式。

王丽亚等（2015）研究连续干旱对北京平原区地下水的影响发现，在干旱直接影响下，北京平原区地下水天然补给量的减少直接导致地下水储量持续消耗。同时，干旱间接引起了地下水开采量增加，加速了地下水储量的消耗。因此，干旱整体影响下地下水储量消耗远大于干旱直接影响下的储量消耗。地下水储量的消耗同时导致了地下水位的快速下降。在1999~2011年干旱整体影响下，潮白河冲洪积扇地区水位下降幅度较大，水位下降范围为20~30m，永定河冲洪积扇地区水位累计下降幅度5~25m。

（2）极端气候事件下水资源水质的暴露性。

①干旱事件下水资源水质的暴露性。气候变化导致的降水形式变化会进一步引起干旱、洪涝等极端水文事件发生的频率增加。有研究表明在一些流域或地区，由于气候变化导致降水量的增加不及蒸散量的增加幅度大，加上较大幅度的升温导致径流减少干旱事件发生的频率增大（任国玉等，2008）。干旱频率增大会导致水体中部分离子浓度升高而影响水质。在干旱条件下，尤其是夏季，水体表面温度升高，溶解氧浓度下降（Caruso，2002），有机物分解能力升高，大气复氧能力降低（Wilhelm and Adrian，2008），水体的稀释和自净能力也会降低，导致水环境质量下降。马尔霍尔（Mulholl et al.，1997）提出在干旱这种极端气候条件下由于径流量降低会使水体中营养盐、有机质以及污染物质的浓度出现升高的现象。维利特（Vliet，2008）基于以往的水质资料数据，量化分析了1976年和2003年的干旱事件对欧洲西部默兹河水质的影响，发现由于干旱时期水体温度较高，径流量降低导致了水中营养盐以及叶绿素浓度升高，其中在埃斯登（Eijsden）监测站2003年干旱年与正常年份相比铵根离子、亚硝酸根离子和叶绿素a的浓度分别增加了1.9倍、1.3倍和1.2倍。

干旱使流域气温升高，空气干燥，湖泊蒸发量增大，湖泊生态需水量增加，但水资源量减少，湖泊水位急剧下降。同时，河流能够补充到湖泊中的水量显著减少或断流，使湖泊的水循环状况发生改变，导致水体中的污染物浓度相对提高，水质更易恶化，大大增加了藻类暴发的可能性，对流域水环境造成严重影响，其中对水质的影响最为突出。

水资源量减少，河流自净能力急剧降低。干旱不仅影响地表水体的数量，而且还会影响地表水体的品质。干旱年天然降水大幅度减少，土壤含水量降低，导致地表水径流量出现不同程度的减少。水资源量减少，能够补充到流域的水量也明显减少，河流和湖泊的纳污能力和稀释能力大大降低，自净能力急剧下降，导致水体污染，水质恶化。

干旱导致河流萎缩断流、湖泊萎缩干涸,水土流失严重。干旱发生时气温升高、空气干燥,使河流、湖泊蒸发量增加,有效水资源量减少,地表水资源量匮乏,旱情严重时许多河流和湖泊面临着断流和干涸的危险,同时植被大量死亡,各种动物也随之消亡,使得流域水土流失严重,水环境问题突出(崔小红等,2013)。

河流、湖泊矿化度增高,水质恶化加剧。天然径流量减少,蒸发量增加,水资源日趋枯竭,同时大量农田洗盐水和灌溉回归水注入河流和湖泊,使得河流和湖泊的矿化度明显增高。有些高山带河水的矿化度在 300 毫克每升以下,越往下游矿化度越高,水质明显盐碱化。河流、湖泊的矿化度增高,使原有的生态平衡受到破坏,而河流、湖泊水生态系统受到威胁将进一步加剧水质的恶化。同时,地下水水质也出现恶化,盐度增高,且出现溯源现象,从而使矿化度增高情况向上游发展。根据黑河流域金塔灌区和石羊河流域民勤区监测结果,地下水矿化度为 2.0 ~ 3.0 克每升,矿化面积年均向上游扩展 2 ~ 6km^2(熊立兵等,2005)。

污水回灌使得土壤、农作物受到污染,水质恶化。由于水资源供需矛盾加剧,农业严重缺水,因此不得不采取污水回灌的方式。农民引用城镇污水进行农田灌溉,形成了较大面积的污灌区,而且污水灌溉面积正逐渐增大。据初步统计,目前我国污水灌溉面积占灌溉面积的 8% 左右,主要分布在水资源严重短缺的黄、淮、海、辽四大流域,其占全国污水灌溉面积的 85% 左右(刘颖秋,2005)。

②洪涝事件下水资源水质的暴露性。污染物的产生。暴雨洪水冲刷地面,将干旱时期堆积的大量非点源污染物携带进入河流、湖泊,对地表水体水质产生影响。波利亚科夫等(Polyakov et al.,2007)研究指出,强降水通过冲刷地表和侵蚀土壤,将大量积存在地表或浅层土壤的矿物质、营养盐、病原体以及毒素等带入水体,降低水环境质量。暴雨径流是非点源污染的主要动力,暴雨径流的非点源污染已经成为湖泊水体富营养化的重要原因之一。盛建明等(2000)通过采样与实验室测定,评定了暴雨洪水对湖泊水质的影响,结果表明,洪灾使湖泊中悬浮物质大量增加,透明度明显降低,浮游植物大量增加,湖泊总磷、总氮、高锰酸盐等浓度明显提高,湖泊水质总体下降。黄满湘等(2003)指出,在农田暴雨径流条件下,地表径流携带的侵蚀泥沙比原土壤养分含量高,表现出对氮磷等养分的富集作用。另外,大量泥

沙进入水体将抬高河流、湖泊等水体的水位，降低水体的纳污能力。

污染物入河。在降水（或融雪）冲刷作用下，大部分蓄积在土壤中的非点源污染物通过径流汇入受纳水体（包括河流、湖泊、水库和海湾等），并引起水体的富营养化或其他形式的污染。由于进入水体的污染负荷增加，因此将威胁流域的水质安全。在降水期间，所覆盖单元的土地利用类型如农田等有地表产流时，非点源污染的污染物质才会有部分进入河道。非点源污染（面源污染）相对于点源污染，入河系数（污染物入河量占总量的比例）要小得多。

污染物在河道中的迁移转化。极端事件显著影响上游河流的泥沙含量，破坏下游河道泥沙的沉积、悬浮平衡，增加河道内悬浮颗粒和底泥的耗氧量。洪水易携带大量污染物质和营养物质进入水体，造成水体水质恶化。夏季频繁发生暴雨，尤其是干旱后的暴雨会使城市下水道和河口的排水失去控制，从而冲刷城市和乡村排放的大量垃圾和废水进入河道，从而造成河水严重污染。洪涝灾害也会使大量泥沙进入水体或造成沉积物的再悬浮作用，影响水体泥沙含量，从而进一步影响污染物的迁移转化作用，并最终影响水体的水质。沉积物的再悬浮作用将导致多环芳烃等污染物的释放，从而形成二次污染。洪涝灾害虽然会影响水环境系统，但是在一定程度上也可能对污染物起稀释作用（Yang et al.，2008）。

③水资源供需状况极端气候条件的暴露性。

在高温热浪条件下，居民用水需求增加，加剧水资源供需矛盾；温度升高增加发生水体富营养化的可能性，从而引发水质性缺水；气候变暖还会改变场地小气候和水热平衡，导致植物适应性改变、场地水文条件改变，以及土壤水分蒸发速度和植物蒸腾速度加快，城市绿化耗水量加大（冯利利等，2014）。

在干旱的影响下，缺少降水、土壤过度蒸发会引发大范围的缺水压力，出现景观水体和园林绿化用水与人争水的局面，加重地下水超采和水土流失问题，依靠地下水应急补充水资源缺口，将会引起地面沉降或其他更为严重的影响。干旱严重时引发河道断流、河床萎缩、土地荒漠化、地下水超采、湿地减少等一系列生态环境问题（冯利利等，2014）。

洪涝事件下，水资源量看似增加，但实际也加剧了水资源的供需矛盾。强降水频率增加会加大城市内涝风险和市政排水压力，严重时可能导致城区雨水排水系统瘫痪，对城市基础设施、居民生活、生产造成严重的破坏和影响；同时大量径流污染物短时间溢流排放会对城市河流水质产生重大冲击，受纳水体污染，从而破坏水生生物的栖息地。此外，未经有效处理的径流雨水排入水源地，使城市供水受到污染而威胁健康（冯利利等，2014）。陆咏晴等（2018）研究我国极端干旱天气变化趋势及其对城市水资源压力的影响发现，我国极端干旱情况整体是随着全球气候变化增加的，年最长连续无降水天数增加速度的平均值为每 100 年 2.3 天，但是具有区域性，具体表现为南部地区干旱减缓而北部地区干旱严重。我国城市水资源压力受水资源禀赋的影响，呈现北方高而南方低的分布，除此之外水资源消耗大的大城市资源压力也比较大。随着气候变化，近期我国整体城市水资源压力相对现阶段增加了 2% 左右，具体水资源压力上升的城市有 170 个，水资源压力减少的城市有 110 个，剩下的 9 个城市水资源压力受气候变化的影响比较小。在低应对的 RCP8.5 情景下的城市水资源压力远远高于 RCP2.6 情景，城市水资源压力的变化并不是均匀的，呈现南部减少而北部增加的变化趋势，我国华北地区城市的水资源压力最大，随着气候的变化，该地区的水资源压力也在随着时间不断增加。

3. 气候变化下山西省自然生态系统的暴露性

森林对气候变化的暴露性主要表现为森林的退化。森林生态系统对气候变化的响应比较缓慢，通常并不能在短时间内表现出来。但是不断增加的扰动事件（如林火、病虫害、飓风等），能在较短的时间内对森林的结构产生显著影响，对大面积的森林造成毁灭性的破坏，并带来巨大的经济损失。

（1）气候变化下森林火灾隐患加剧。森林火灾风险加剧。气候变化引起干旱天气的强度和频率增加，森林可燃物积累多，防火期明显延长，早春火和夏季森林火灾多发，林火发生地理分布区扩大，加剧了森林火灾发生的频度和强度。近年来，大兴安岭林区频繁出现的夏季持续高温干旱，使很少发生林火的夏季森林火灾频发。气候变化引起的极端气候事件会导致林木大量折断和死亡，森林可燃物累积增加，从而增加森林火险。2006 年川渝地区百年一遇的大旱使往年没有林火的重庆市，发生了 158 起林火，为历史罕见。2008 年年初中国南方雪灾造成南方林区大量树木树枝或树冠折断，森林中地表易燃可燃物增加了 2 ~ 10 倍，导致当年南方林区森林火灾远远多于常年

（赵晓莉等，2011）。

（2）极端天气事件对湿地生态系统造成诸多影响。暴雨、洪水对湿地造成冲刷，造成湿地蓄洪能力下降。环境污染造成湿地水质下降，降低了湿地的自净能力。湿地消长会改变湿地生态系统，进而加快气候变化的速度。

4. 气候变化下山西省基础设施的暴露性

（1）极端事件影响交通设施的通达性。

暴雨、暴雪、结冰、雾、霾、强风等极端天气气候事件容易影响交通的正常运行，造成高速公路关闭、飞机停航，严重的会使得交通瘫痪，引发交通事故，从而给经济带来巨大损失。对于偏远地区来说这一影响更大，由于偏远地区的交通设施很不完善，交通受到影响后会对人们的出行造成不便，甚至危及人们的生命财产安全。

（2）极端事件影响交通设施的安全性。

气候变化已成为破坏交通设施的重要因素。暴雨天气会带来山体滑坡、泥石流等，造成公路或铁路的塌方；由暴雨引起的洪水会造成对机场跑道和其他基础设施的破坏；强风会吹倒路标、吹坏道路护栏，严重的会吹毁大桥。

（3）气候变化影响房屋建筑的安全性。

气候变化将会造成大暴雨频率和强度的增加，从而导致洪水发生频率和强度的增加。暴雨对建筑墙壁的缝隙会产生渗透作用导致墙体内部发潮，严重时出现变形和裂缝，造成安全隐患。尤其是对于农村危房来说，暴雨会对其产生直接的破坏作用；而洪水通常可以直接摧毁房屋建筑，对建筑安全造成很大威胁。

极端事件对环境设施产生重大不利影响。暴雨导致排水设施受损，引起城市内涝。气候变化导致城市中大暴雨出现频率增加，由于山西省部分较落后地区的排水设施不健全、不完善，短时间的集中降水会造成排水管道堵塞，进而导致城市排水系统瘫痪，出现城市内涝的局面。

（4）极端天气使水利设施遭到破坏。

气候变化使得干旱和洪涝的频率和强度发生变化，影响到水资源的利用，进而影响到对水利设施的运行调度和运行管理；气候变化导致天气出现持续高温，高温会引起水利设施内部水分散失，使得其自身体积干燥收缩，表面开裂，严重的将发生趋势性变形，水利设施在遭到如此破坏的情况下，其自身安全不能得到保障；而暴雨会导致库区滑坡、大坝漫顶甚至溃坝事件，其自身安全受到极大影响；此外，干旱会导致水源不足，使许多地表水灌溉工程长期不能投入使用，造成水利设施泥沙淤积、老化失修的问题，毫无疑问，这将会对水利设施的寿命产生影响。

（5）极端天气使电力及通信设备受损。

根据电力部门多年收集的数据以及长期的实践经验可知，雷电、暴雨、覆冰、高温、寒潮等灾害性天气对电网的发电、输送等都会造成较大影响。在恶劣的极端天气条件下，输电线路发生故障的概率明显增加。例如，在低温雨雪天气中，由于湿度过高，大量水汽凝聚在导线表面造成覆冰。由覆冰引起的输电线路倒杆倒塔、断线等故障会给电力系统的输电线路造成重大的损害，严重影响电网安全稳定运行。气候变化使得最近几年山西省出现特大冰雹、雷雨和暴风的频率增加，导致输电线路发生故障的风险增大，这将严重影响城乡居民生活，尤其是农村一次线路跳闸可能导致大面积的停电。雷电、暴雨、强风等极端天气也会对通信设备造成严重的破坏，如有线电视设备突发性严重故障甚至瘫痪。此外，长期风吹日晒雨淋会加速器件尤其是电缆的老化，影响用户的正常使用。

5. 气候变化下山西省重点产业的暴露性

（1）极端气候变化下山西省旅游业的暴露性。

极端天气气候事件具有灾害性、突发性等特点，往往对旅游业产生不利的影响。我国是受极端天气气候事件影响最严重的国家之一，尤其近几十年，随着地球表面平均温度和海平面的上升，极端天气气候事件的强度和发生频率在不断加大，其对旅游业的影响越来越受到人们的关注。

由于持续时间、强度大小的不同，不同极端天气气候对旅游业的影响存在较大差异，一般说来大雾、沙尘暴、局地强对流天气等持续时间较短，对旅游业的影响较小，雪灾、洪水等持续时间相对较长，对旅游业的影响较大。按影响机制大致可以将它们分为 3 种类型。其中，高温热浪、强冷天气、干旱主要通过降低气候舒适度，使人们感觉气候不舒适，导致人们不愿去旅游，从而影响到旅游业的发展，但它们一般对景区景观不会产生影响。大雾、沙尘暴、雪灾主要通过阻断交通，降低景区的可进入性和可观赏性，导致人们不能去旅游，它们对景区景观的影响一般是暂时性的，破坏性较小。暴雨洪水、局地强对流天气（冰雹、龙卷风、雷电）具有很强的破坏性，常常危及人们的生命安全，使得人们不敢外出旅游，并会给景区景观造成较大的破坏。

（2）极端气候变化下山西省能源产业的暴露性。

跟不可再生能源相比，风能、水能、太阳能等可再生能源暴露性大。风能、水能、太阳能气候系统不再稳定，局地气象要素也随之发生变化。

另外，暴雨天气严重妨碍了地上煤炭的开采，工人操作机器受到影响，需要采取一些措施保证采矿安全，开采煤矿的速度受到影响，影响煤矿开采速度。

6. 气候变化下山西省人体健康的暴露性

人体健康对气候变化的暴露性是指人体健康面对气候变化特别是极端气候事件的不利影响，却没有能力适应该不利影响的情形。近年来，在全球气候变化的背景下，极端气候事件频发，如极端高温、低温寒潮、暴雨洪涝、干旱等极端气候事件的暴露性骤增，会通过各种方式对人类健康造成影响。极端气候变化对人体健康具有多重影响，但以负面影响为主。

（1）极端高温事件下人体健康的暴露性。

气候变化下，极端高温产生的热效应变得更加频繁和广泛，从而增加热敏疾病和死亡的危险性。世界卫生组织曾预计，到 2020 年全球死于酷热的人数将增加 1 倍（张燕，2009）。儿童、老年人、体弱者及呼吸系统、心脑血管疾病等慢性病患者则是受极端高温影响的高危人群（Tong et al.，2010）。气温与心脑血管疾病发病率和死亡率之间存在 U 形、V 形或 J 形关系。值得一提的是，一些"健康"人群，尤其是运动员、军人、救援人员等同样会受极端高温的影响而发生心脑血管系统疾病。极端高温对人体健康的影响在不同区域有所不同，对城市的影响比对郊区和农村要大得多（刘建军等，2008）。此外，持续的高温热浪天气会导致一些虫媒传染病，如疟疾、登革热等的流行，而高温湿热的夏季是真菌性阴道炎的高发季节（宁浪，2009）。高温更容易使食物变质有毒，如沙门氏菌的产生（许永丽、袁长焕，2009）。研究表明，环境温度和沙门氏菌数量呈线性关系，15～64 岁人群在发病前一周对温度变化最为敏感（Kovats，2004）。温度升高也使一些有害动物的活动更猖獗，同时增加了有害赤潮藻类毒素通过食物链传递给贝类的可能，1980年以来世界各地暴发了多起赤潮造成的食物中毒事件。如 1986 年 12 月，我国福建省发生了一起由赤潮引起贝毒而造成的食物中毒事件，造成 136 人中毒，其中 1 人死亡（林金美等，1988）。

（2）低温寒潮事件下人体健康的暴露性。

寒潮属于一种灾害性天气过程，其主要表现形式是温度大大降低。寒潮带来的灾害性天气过程中不仅影响工农业的正常进行，而且也会直接威胁人体健康。低温寒潮天气产生的影响范围较大，可以使人直接出现损伤或者疾病，也有因间接作用，而使人诱发疾病或者出现死亡。英国学者对 1986 ~ 1996 年大于 65 岁死亡的 100 余万人研究发现，所有疾病分类中 65 岁以上人群的冬季死亡率显著上升，在冬季日平均气温每下降 1℃，死亡比率增加 1.5%（Hajat et al.，2007）。这些死亡的大多由缺血性心脏病引起，而且多数死亡在暴露于低温中数小时或其后 1 ~ 3 天发生。由于气候变化导致极端低温不断出现，低温寒潮对健康的影响研究逐渐与高温对健康影响的研究一样受到重视。冬季引起的健康和死亡中，心脑血管健康问题尤其突出。

（3）干旱事件下人体健康的暴露性。

与其他自然灾害不同，干旱一般发生缓慢、持续时间长，影响范围广，并表现为复杂的空间分布模式（Sheffield and Wood，2012）。干旱事件下人体健康的暴露性主要表现为以下几个方面：

第一，干旱与人体营养。干旱期间，粮食短缺导致人体能量供应不足，营养不良的患病率升高，人体某些维生素和微量元素缺乏症的患病率增高。

第二，干旱与消化道疾病。干旱地区的水资源供应不足，水源的排放量和水位降低，水的稀释能力减弱，持续的干旱使不符合饮用水标准的二次供水和自备水源比例增加，且水中游离余氯、细菌总数和大肠菌群超标率较高（杨海，2001）。

第三，干旱与呼吸道相关疾病。干旱气候条件下，降水量少、蒸发量大、空气干燥，不仅利于传染病病原体的传播，而且会降低呼吸道黏膜的抵抗力。

第四，慢性非传染性疾病。干旱气候条件下，各种妇科疾病发病率大幅度上升。

第五，心理健康。干旱对人类心理健康影响的研究对象大多是农村工作者或居民，因为他们容易受到环境、气候、经济、社会压力，从而影响心理健康。

（4）暴雨洪涝事件下人体健康的暴露性。

暴雨洪涝灾害从多个方面直接或间接地威胁着人类的生存环境和人群健

康，比如会造成生态环境恶化，带来巨大财产损失，引起死亡和相关疾病，带来心理创伤，以及其他即时的和延缓的不良影响等。暴雨洪涝事件下人体健康的暴露性主要包括以下几个方面：

第一，暴雨洪涝与死亡。暴雨洪涝灾害每年都会在全球范围内造成大量的人员伤亡。根据《水旱灾害公报（2014）》的统计，我国因洪涝灾害造成年均死亡人口为 4327 人。

第二，暴雨洪涝与传染性疾病。自然灾害发生后，灾民常常因生态与居住环境恶化、水源污染，饮水与食物匮乏，精神与心理受到创伤等出现抵抗力下降，进而引起传染病的暴发流行。且洪灾的不同阶段流行的主要传染病类型各异，洪灾早期，饮水设施及消毒设施受到不同程度的损坏，饮用水源及食物极易遭受污染，所以这一阶段肠道传染病为威胁灾民身体健康的主要传染病类型（海群、张流波，2012）。洪灾中期，灾民被转移到堤坝或高处，居住条件差且过度拥挤，露宿人口增多，抗洪军民在抗洪抢险、生产自救等过程中接触疫水的机会和频率大大增加，某些呼吸道传染病、自然疫源性疾病将成为主要威胁。洪灾后期，洪水消退，鼠类、钉螺以及蚊类等野生动物因为气候条件适宜极易大量繁殖，使自然疫源性疾病发病率增高（陈伟、曾光，2014）。

暴雨洪涝与肠道传染病。暴雨洪涝灾害发生后，饮用水和食物极易受到疫水污染，但往往又缺乏净化消毒措施，灾民饮用和食用这些被污染的水和食物，从而造成多种肠道传染病的流行。有研究显示，从法定报告的传染病统计来看，洪灾后的传染病类型以肠道传染病为主，占传染病总发病人数的70%以上（王梅，2000）。

暴雨洪涝与呼吸道传染病。暴雨洪涝期间因为气候骤变、阴雨连绵、居住环境恶劣、心理创伤等致人群（尤其是儿童）抵抗力下降，加之计划免疫工作的中断，致使呼吸道传染病的发病率上升。

暴雨洪涝与自然疫源性疾病。自然疫源性疾病是指传染源为野生动物，往往在野生动物之间传播，然而在特定条件下可以感染人的疾病（林健燕、郭泽强，2013）。在洪灾效应期，洪水淹没了鼠类和某些家畜的饲养地，大量的排泄物比如尿、粪便等被冲刷，由此造成多种病原体随疫水四处播散；加上鼠类及家畜随着灾民的迁徙而转移，大大扩大疫源地范围。此外，灾后气候条件有利于蚊媒的滋生繁殖。因此，灾后易发生各种自然疫源性疾病流行。

第三，暴雨洪涝与非传染性疾病。暴雨洪涝灾害发生后，因居住环境潮湿，易导致皮肤病的发生，有蚊虫叮咬、腹泻、中暑、扁桃体炎、上呼吸道感染及皮肤感染。暴雨洪涝与心理健康：洪涝灾害不仅会威胁灾区居民的财产和人身安全，而且当洪涝灾害的严重程度及规模超出发生地居民的承受能力时，就会对其心理健康产生不同程度的影响。洪灾对受灾群众造成的近期和远期的创伤性心理反应十分严重且普遍，主要包括创伤后应激障碍、抑郁、焦虑、恐惧等（刘涛等，2012）。洪涝灾害与慢性非传染病：李硕颀等通过对遭受特大洪灾的地区进行回顾性调查发现灾区居民的精神和行为障碍，神经系统、循环系统、呼吸系统、消化系统、肌肉骨骼和结缔组织、泌尿生殖系统等主要慢性疾病的患病率均高于非灾区居民。有研究显示，洪涝灾害事件会导致心脑血管疾病的发病或者死亡风险增大（李硕颀等，2004）。

2.1.3 气候变化下的自适应性

1. 气候变化下山西省农林牧业的自适应性

农林牧业领域的自适应性主要是指作物、畜禽等相关主体在面对气候变化下自身的调整、性状的变异等，以及农户在面对气候变化下进行的种植技术、策略和品种选择上形成的一系列结果。自适应性作为对气候变化的响应，实际上也是气候变化的影响结果。

粮食种植方面，20 世纪 80 年代到 21 世纪初，气候变化速率显著加快，华北地区气候暖干化明显，小麦的温度适应度骤增，而水分适应性骤减（苏坤慧等，2012）。现代品种的小麦为适应气候变暖而提早成熟，减少分蘖，避免旺长遭遇冷害，后期叶片将更多的干物质转运到籽粒（吴秀亭等，2013）。玉米对高温胁迫的反应存在基因型的差异，耐热型品种一般表现为较稳定的叶面积、叶片伸长速率、光合速率（Karim et al.，2000）。玉米在适应干旱气候上，一定程度干旱胁迫下，玉米幼苗随胁迫时间的延长，生长、生理变化有趋于缓和或恢复的趋势，成苗的玉米依次通过降低叶片延展速率、叶水势、脯氨酸含量、净光合速率和相对透性等生理反应来适应干旱（上官周平、陈培元，1990）。

除了农作物在气候变化下表现出的自然适应性，气候变化也促使了人工提高作物适应能力的措施，主要集中在针对特定气候的品种选育、针对特定气候的胁迫缓解、种植结构调整三个方面。在品种选育方面如，人工选择下旱地小麦的水分及养分利用效率不断提升，生物量分配呈现出地下部减少、地上部增加的分配特征，对密度胁迫和高温胁迫的耐受性不断增强，但单位面积光合速率呈逐渐降低趋势（刘英霞等，2017）。在缓解胁迫方面，农户也有一系列适应措施可以采用，如在华北地区，农户在干旱年份的灌溉频次是正常年份的117.4%，而每增加0.9次灌溉就可以挽回14.2%的小麦减产损失（杨宇等，2016），在种植结构调整方面，种植制度、作物布局、品种布局均是适应性调整的主要表现，具体表现诸如冬麦北移、一年两熟制、一年三熟制的种植北界北移、华北地区冬小麦-夏玉米套种范围扩大等（李阔、许吟隆，2017）。

经济林作物方面，以枣类为例，随着干旱程度的增加，叶面积、叶长、叶周长和叶柄长总体呈减小的趋势，而比叶面积呈增大的趋势；二次枝的长度、二次枝的基部粗、二次枝的枣吊数、茎比密度和茎水分含量均呈减小趋势，并且种子重和种子短轴长也均呈减小的趋势；干旱胁迫下，枣类的表型变异程度呈现为叶性状的平均变异系数＞枝性状的平均变异系数＞种子性状的平均变异系数的趋势（邓荣华等，2015）。农户在经济林方面也有气候变化适应措施，如，果农为降低气候变化的潜在影响，通常采用果园覆盖和灌溉等适应措施。这些适应措施对农业产出的影响集中在两方面（见图2-2）。一方面，通过保持土壤蓄水量影响农业产出及产出风险；另一方面，通过提高肥料利用效率增加农业产出及减低产出风险（冯晓龙等，2017）。

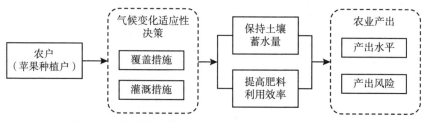

图2-2 农户气候变化适应性决策对农业产出影响机理

养殖畜牧业方面，由于饮水可由人工保障，而在养殖过程中，尤其是放养状态下，人类调节牲畜活动环境温度的手段有限、能力较弱，所以高温和低温是牲畜需要适应的主要气候类型。家畜可以通过调节产热与散热平衡维持体温在一个较小的范围内。例如，牛通过辐射、传导、对流、蒸发 4 种途径来控制热量的获得和散失，从而来调节自身体温。散热的方式和速度决定于皮肤表面与环境的温差，低温时，动物收缩血管、降低体表温度减少散热，或提高采食量、减少暴露于外界的体表面积、战栗来提高产热量（吴明久，2017）。在超过 35℃ 的高温条件下，牛通过蒸发散热的比例达到 84%，呼吸和出汗是蒸发的两种主要途径（Maia et al.，2005）。

2. 气候变化下山西省水资源的自适应性

水资源系统的自适应性既包含了自然系统对气候变化和人类行为影响的自发地调节和响应，又包含了经济社会系统中调整社会结构和人类行为过程、实施科学措施，减轻或抵消与气候变化相关的潜在危害，降低社会适应气候变化的政治和经济成本的适应过程。

水资源的自适应性一方面包括降水的年际补充机制，即丰水年会补充枯水年份的水资源缺口。研究发现，干旱对水资源短缺的京津冀晋地区的影响是十分严重的。这种影响是气候年际变化造成的，它可通过前后年的较多降水调节得到补偿。可见，个别年份的少雨干旱所造成的影响，是暂时的（黄朝迎，1994）。

水资源自适应性的另一方面表现为水资源系统内的自动调节，即地下水、地表水相互补充的机制。地下含水层具有一定的调节能力，如果发生丰、枯年交替或连续 2~3 年枯水，一般可以起到以丰补歉的作用。但当出现连续 4~6 年甚至更长的枯水段时，就难以维持正常开采（黄朝迎，1994）。郝爱兵等（2010）等以河西走廊张掖盆地含水层的水资源调节能力为研究对象，发现地下水溢出量与地表水径流量丰枯周期正好相反，在地表水的丰水期，地下水得到较多补给，存储在大厚度含水层系统中，以泉水形式缓慢释放（溢出），到地表径流的枯水年，地下水溢出量达到最大，其调节时间达到 14 年左右。河流、湖泊和地表水库等都具有一定的水资源调节功能，但地下含水层的调节空间比这些地表水体大得多，地下含水层是地球上最大的淡水调节水库，我国西北和华北等干旱、半干旱地区，山前平原或山间盆地内沉积了大厚度、粗颗粒的第四系松散层，储水能力巨大，水资源调节能力强，且构造条件有利，是优良的天然地下水库。如果这些地下水库能够得到有效开发利用，可以在很大程度上实现水资源的多年调节，缓解干旱年份和季节性缺水问题。

此外，人类行为对水资源系统的适应性改造体现为诸多水利工程构建的水资源跨时跨区调节能力的建设。如，黄河上游龙羊峡、刘家峡水库等，构成了黄河上游梯级水库调节系统，结合西线南水北调实现了对水资源调节配置的能力及协调水力资源利用与水资源配置关系的能力的显著提升（冯黎、宋臻，2004）；除了大型水利设施之外，一些小型的塘坝（曹秀清，2017）、井渠（王坚，2008）等亦可实现水资源的跨时空调节。

3. 气候变化下山西省自然生态系统的自适应性

生态系统的自适应性包括系统和自然界本身的自身调节和恢复能力，也包括人为的作用，特别是社会经济的基础条件、人为的影响和干预等（朱建华等，2007）。众所周知，生态系统对气候变化有一定的适应能力，从外力角度分析，生态系统的适应性决定于外力的类型、强度、节奏、持续时间等诸多性质。从生态系统自身来讲，系统的结构（系统物种的多样性、等级层次、营养结构、联结方式）、功能（生产功能、生态功能等）、成熟程度等都影响到生态系统的适应能力的高低。但是，生态系统对气候变化的适应和调节能力只能在一定条件下起作用，如果气候变化幅度过大、胁迫时间过长，或短期的干扰过强，超出了生态系统本身的调节和修复能力，生态系统的结构功能和稳定性就会遭到破坏，造成生态系统不能适应气候的变化（不可逆转的演替，即 UNFCCC 所指的"人为的危险气候"），这个临界程度，称为"气候变化对生态系统影响的阈值"（吴绍洪等，2005）。

（1）森林生态系统的自适应性。

对洪涝等极端气候事件的调节。森林生态系统有"绿色水库"之称，即森林具有涵养水源的功能，表现之一就是拦蓄洪水。森林生态系统中的乔木层、灌木层和草本植物层能够截留一部分雨水，枯枝落叶层也像一层厚厚的海绵，能够吸收和贮存大量的雨水，大大减缓雨水对地面的冲刷，最大限度地减少地表径流，从而减少洪灾、泥石流和滑坡等灾害的发生概率。

减少温室气体排放，减缓气候变化的速度和强度。作为陆地最大的"碳库"，森林生态系统具有固碳释氧的功能，森林植物通过光合作用吸收大量 CO_2，释放氧气，这对于维持大气中的 CO_2 和氧含量的平衡具有重要意义。在植物的光合作用过程中，CO_2 作为植物生长所必需的资源，其浓度的增加助推了光合作用的发生，从而促进了植物乃至整个生态系统的生长和发育。与此同时，大气中 CO_2 的减少也在一定程度上减缓了温室效应及其造成的一系列影响。造林被认为是增加陆地碳汇、降低 CO_2 浓度最有效且最具生态效应的碳增汇方法之一。造林对陆地碳汇最显著的影响时通过生物量碳库积累碳，而通过造林提高土壤吸收 CO_2 的能力比用活的生物量吸收 CO_2 更持久。我国人工林保存面积约占世界人工林面积的 1/3，人工林是我国陆地碳汇的主要来源。在我国及全球碳市场的逐步发展过程中，森林碳汇以其特有的优势逐渐成为碳减排的主要替代方式。森林碳汇有利于扩大我国未来的碳排放权空间，是适应气候变化、落实温室气体减排任务的重要手段。

对干旱等极端气候事件的调节。森林对于降雨有一定的正效应，有林地中的降水量大于无林地上的降水量，从而缓解干旱等极端天气对于局部地区的影响。除了下垫面改变、水汽输送的改变等，森林也会在一定程度上影响到降水的季节分配与变率、对流性降水的特征等，进而降低局部干旱的损失。

（2）草原生态系统的自适应性。

草地是世界上分布最广的植被类型之一，占陆地总面积的 20% 左右，是陆地生态系统的重要组成部分。草地生态系统在维持碳氧平衡，吸收温室气体、调控下游水资源量、控制水土流失和减少大风扬沙等方面具有重要作用，是重要的物种基因库和生物多样性保护区。草地的生态功能包括气候调节、养分循环与贮存、固定二氧化碳、释放氧气、消减二氧化硫、水源涵养、土壤形成、侵蚀控制、废物处理、滞留沙尘和生物多样性维持等方面。

在减少温室气体排放，减缓气候变化的速度和强度方面，草地生态系统同样是重要的"碳库"之一，通过光合作用吸收 CO_2，调节大气成分。大气中 CO_2 有相当大一部分被草地植被所固定，同时草地植被和草地土壤也向大气中释放 CO_2，尽管草地生态系统生物量的碳储量不如森林大，同时地上部分由于放牧、农垦等人为活动的影响循环较快，CO_2 源的作用较为明显，但草地植被的地下部分分解较缓慢，草地生态系统仍旧是一个明显的 CO_2 库。草地生态系统在全球碳平衡中，仍有重要的碳汇作用。

4. 气候变化下山西省基础设施的自适应性

（1）交通设施的自适应性。

公路、铁路、桥梁、机场等交通设施由于本身的设计原因，自身对于极端天气和气候事件具有一定程度的适应能力。一般的雨雪、高温天气并不能对交通设施造成太多损害，一旦天气事件的程度加深，升级为灾害事件则会对交通设施产生影响。

（2）房屋设施的自适应性。

房屋建筑由于本身的牢固性，可以为人们提供遮风挡雨的庇护场所。房屋建筑一般都具有排涝系统、避雷针、耐高温材料等设施，一般性的天气事件并不会对房屋设施造成太多影响。

（3）环境设施的自适应性。

环境设施是城市乡村适应天气事件的必要系统，自身的适应能力和环境设施的处置能力是基础设施适应能力的保障。

5. 气候变化下山西省重点产业的自适应性

（1）气候变化下山西省旅游业的自适应性。

①气候变化下山西省旅游主体的自适应性。旅游者是旅游业的主体，他们的行为及思考方式会对旅游业的发展产生重要影响，这就需要旅游管理部门引导旅游人员提高对气候变化的认识，开展一系列关于气候变化的活动，宣传推广相关知识。

②气候变化下山西省旅游相关部门的自适应性。旅游部门应当增强主动适应气候变化的能力，吸引相关管理人才，为适应气候变化提出有效方针政策；将室外游乐设施迁移到室内，减少恶劣天气带来的损失。山西省境内地形不平坦，相关部门应当加强旅游景区附近的交通建设，确保旅游者通行畅通，根据情况，尽可能开通通往各地的隧道，拓宽山西省的交通网络，同时，相关部门要加强旅游资源的保护，并在原有基础上不断创新，增强其适应气候变化的能力，促进旅游资源的可持续利用，发展可用于统计气候影响及旅游业的数据工具，为进一步制定方针政策提供真实有效的科学依据。

（2）气候变化下山西省能源产业的自适应性。

从能源安全角度来说，当气候变化受影响到能源安全时，要积极进行应对，争取将气候变化带来的不利影响降低到最小。在高温加剧的极端天气下，可通过覆盖遮蔽物、适当洒水等方式，降低自燃的概率；在极端天气下，减少地下化石能源开采，避免因极端天气发生瓦斯爆炸、矿井坍塌等危险；在夏季及冬季来临时，提前对天然气管道进行检修，对接口等薄弱环节，更换耐高温、耐冻材料，减少天然气泄漏的风险。

从能源生产结构来讲，由于气候变化，风能、水能、太阳能等清洁能源减少，对此，可通过增加机组的方式增加能源生产；此外，应通过植树造林、减少污染等方式净化空气，增加清洁能源供给。

6. 气候变化下山西省人体健康的自适应性

气候变化下人体健康的自适应性包括行为的、生理的和心理上的适应。行为调节包括人有意无意地采取改变自身的热平衡状态的行为，这种调节可划分为个人调节、技术调节和文化习惯；生理适应是指人体长期暴露在某种环境下，使得生理反应得以改变，逐渐适应该种环境状况，生理适应可划分为两代之间的遗传适应和一个人在生命期内的环境适应；而心理适应则根据过去的经验或期望而导致感观反应的改变，以降低对环境的期望而最终使人产生心理上的适应感。

（1）行为适应。

不同地区地域气候的冷热干湿程度不同，作用于人体的冷热刺激强度和作用时间就会不同。在室内外环境刺激的反复作用下，人们会对气候环境产生不同的适应。人体对过热、过冷反应进行行为调节的主要方式体现在通过脱穿衣物来改变服装阻热的大小、开关门窗来调节室内空气流速和增强或降低活动强度来改变新陈代谢量等。

（2）生理适应。

人体为了适应不断变化的气候环境，需要不时调节自身的热平衡来达到所需的舒适要求，当舒适温度趋近于室内平均温度时，人会感到舒服。在高温环境下，人体在自适应性方面表现出了热适应和热习服现象。

热适应是一种世居或长期在热环境中生活，劳动者的耐热能力比非世居或短期进入热环境者明显增强的生物学现象。热适应不仅表现为生理功能的适应性变化，而且机体的外形、器官结构也发生了适应性变化，如皮肤颜色、汗腺的分布和密度、汗腺对温度敏感阈值、外周血管的分布和舒缩能力、热损伤的临界阈值等，使热适应者具有良好的隔热和散热能力，并且这种能力具有可遗传性和永久性，因此热适应者脱离高温环境一段时间后，对热的适应能力依然存在。机体热适应后体温调节能力增高，代谢减缓，产热减少，出汗增多，蒸发散热增加。出汗功能改善是热适应的重要表现。但人体热适应有一定限度，超出限度仍可引起生理功能紊乱，一般热适应的气温上限为49℃（干球温度）。

　　热习服是指对热环境不适应者反复暴露于高温环境，通过调整机体相关代偿功能，使生理性热紧张状态获得暂时性的改善，热耐受能力提高的现象。热习服又称获得性热适应或生理性热适应。随着热习服的建立，机体汗液分泌的体温阈值降低，泌汗率增高，汗液含盐量减少，蒸发散热率升高，水盐代谢趋于平衡；心血管功能得到显著改善，表现为心率增加不多而心搏出量增加明显，有效循环血量增多，从而使机体散热功能增强，热耐受能力显著提高。同时肾小管和汗腺对钠和氯的重吸收加强，盐损失量减少。由于水盐代谢和心血管功能明显改善，机体易于保持热平衡。热习服具有可产生、可巩固、可减弱甚至丢失的特点。热习服脱离热环境一段时间后，已获得的热耐受能力可逐渐降低到习服前的水平，即出现"脱习服"。

　　相反，低温环境对人体的主要影响是使人体深部体温下降，从而引起一系列保护性或代偿性的生理反应，如颤抖会引起人体表面血管收缩、代谢率升高、心率和呼吸率加速以及血液成分变化等。若深部体温降至34℃以下，人便会出现健忘、说话结巴和空间定向障碍；再下降至30℃时，则全身剧痛、意识模糊；当降至27℃以下时，随意运动丧失，瞳孔反射、深部腱反射和皮肤反射均消失，人濒临死亡。通常，引起深部体温下降的环境温度在9.3℃以下。

　　（3）心理适应。

　　在长期反复外界环境刺激的作用下，人体根据过去经验和期望导致感观反应的改变，感觉对环境刺激的变化会逐渐变得不敏感。不同地区有不同的气候特点，人体适应能力也不同，例如：同样的气候特征处于夏热冬暖地区的广州与处在寒冷地区的北京人对冷的感觉有差别，同样，处于严寒地区的哈尔滨人与处于夏热冬冷地区的上海人对热的感觉也有差别。

2.2　气候变化对山西省重点领域的影响：两种方式

　　气候变化已经成为世界各国共同面临的重要挑战，如何有针对性地根据气候变化影响的利弊，采取不同行动，合理利用气候变化的有利影响，规避不利风险是当前亟待解决的问题，本节将从直接影响和间接影响两个方面研究气候变化对农林牧业、水资源、自然生态系统、基础设施、重点产业以及人体健康六大重点领域所产生的影响，通过分析气候变化对山西省的影响，以期为山西省今后适应对策的提出提供可参考的意见。

2.2.1　气候变化对山西省重点领域的直接影响

1. 气候变化对山西省农林牧业的直接影响

气候变化对农林牧业的直接影响是相关气象要素的变化直接作用于作物或禽畜的生长发育过程中所导致的一系列结果。在前一节我们分析了气候变化下农林牧的敏感性、暴露性和自适应性，其中大部分内容诸如对产量和品质的影响为直接影响。气候变化对农林牧的直接影响主要体现在农业气候资源、作物和畜禽生长过程、作物和畜禽的产出品质。

（1）气候变化改变作物和禽畜生长发育的气候资源。

农林牧发展的气候资源主要包括温度、降水两个大的方面，也就是普遍所言的"水热条件"，水条件方面主要表现为平均降水量，而热条件主要表现为平均温度、积温、霜期、最高/低温、极端高/低温等。气候变化最直接的结果就是改变了农林牧发展的水热条件。

据观测，近60年来中国农业水热条件的均态变化呈现总体有利的情形。水条件变化不明显，但热条件显著提升，尤其是中国北方农业发展热条件得到明显改善（宁晓菊等，2015）。平均气温、0度积温和10度积温等值线均有北移（胡琦等，2014），霜期缩短且初霜日期呈推迟趋势而终霜日期呈提前趋势（王国复等，2009）。

平均温度的上升将影响作物物候，中国温带地区日均温升高 1℃，春季生长季开始日期提前 3.1 天（Chen and Xu，2012），秋季生长季结束日期延迟 2.6 天；积温增加对农业的直接影响表现为作物生长期延长、生长季热量增加、种植界限向北、向高海拔扩展以及农业生产布局和种植制度的调整，特别是对热量要求较高的作物和晚熟生产种植提供了有利条件（Dong et al.，2009）。霜期对于农业的影响主要反映在初霜或终霜上，初霜期推迟将减少秋收作物冻害的风险，而终霜日提前也能降低冬小麦等越冬作物在返青后遭遇冻害的风险，无霜期延长在一定程度上也增加了农作物的生长期。由于气候变化的主要表现是暖冬和暖春现象，因而高温造成农林牧业的损失和风险将不会有明显放大，但极端低温的升高却降低了农林牧业遭遇冻害的风险。此外，日照时间减少，太阳辐射量总体呈下降趋势对作物的光合生产潜力起到了一定的削减作用，不利于小麦、蚕豆、豌豆、油菜、马铃薯、胡萝卜、甜菜等长日照作物的生长。

需要注意的是，热量条件改善的同时也使作物稳产的气候风险性增加，在热量资源提高、降水资源不变甚至减少的情况下，热量资源改善也会因水资源的匮乏而无法得到充分利用，所以气候变化的适应需要一定的技术、政策、资金等的支持，需要多领域的综合评估。

（2）气候变化直接影响作物和禽畜的生长过程。

均态气候变化下，平均气温和积温的升高主要影响作物的生长期和其他物候条件，使作物生长的各个阶段发生变化，这种变化不仅体现在作物各个阶段发生时间的变化，而且体现在每个阶段持续时间的变化上，最终导致作物的生长期发生变化；平均气温升高和暖冬现象对畜禽生长总体有利，尤其是暖冬现象下，冬季畜禽生理活动受低温抑制减少，御寒相关的生理消耗也将减少。降水和光照的变化对作物生长的影响因作物、因地区而不同，对于北方或者西北干旱区来说，降水增加有利于缓解干旱，改善作物生长的水条件，有利于作物保持良好长势，反之则加剧干旱的风险，导致作物生长缓慢甚至萎蔫。光照的变化主要影响作物光合作用的进行，影响作物的能量积累过程，特别是作物生长一些关键时期内光照减少将不利于作物正常发育。

相对于均态气候变化，极端气候事件对作物生长过程的影响更加剧烈。随着干旱程度的增加，作物因缺乏必要的水分而产生一系列生理破坏，导致正常生长无法进行，严重干旱甚至会导致作物萎蔫、死亡。洪涝、寒潮等事件对作物生长的影响往往是毁灭性的。

关于温度、降水、光照和极端气候事件等对作物和畜禽生长过程详细的影响机制，我们在前一章已做过详细剖析，这里不再赘述。

（3）气候变化直接影响作物禽畜的产出和品质。

在均态气候变化下，平均温度、最高温度和最低温度的上升一方面会导致作物生育期缩短，灌浆不足等减少了干物质积累时间，从而导致其产量下降，但另一方面，热量条件改善可以为长周期、晚熟作物的种植提供条件，因而有利于增产。降雨量下降也会导致干旱半干旱地区粮食产量的下降，这是因为干旱半干旱气候区降水较少，在黄土高原地区还存在地形复杂、灌溉设施不健全等问题，多为雨养农业，因此降水减少下作物生长的水条件恶化，导致减产；降雨增加尤其是作物生长关键需水期增加则会明显改善作物生长的水分条件，促进增产。而日照时数减少对温带玉米产量几乎没有影响，这是因为日照减少一方面将减少作物光合的有效辐射，导致作物可能减产，而另一方面，辐射的减少将在一定程度上减轻玉米生长的热胁迫，可能使作物增产，二者对作物产量的影响具有互补的作用。地处中纬度温带太阳辐射相对充足，轻微的日照减少影响效果不明显。在品质影响方面，气候变化主要影响小麦、玉米等作物的蛋白质、脂肪和淀粉的相对含量，改变果实的营养价值。

在极端事件下，干旱对农林牧产出和品质的直接影响最为广泛。干旱主要通过影响作物的植株形态、物质积累、生理作用和性器官发育等方面，降低穗粒数和粒重，导致作物减产；但干旱对作物品质的影响却是多方面的，因作物类型而不同，适度干旱甚至会增加某些作物果实的品质。在干旱与半干旱地区，洪涝对作物产量的影响虽不如干旱普遍，但其影响结果往往比干旱要严重，其损失经常是毁灭性的。高温和低温事件同样会对作物生长和品质造成影响。高温主要影响作物的光合作用、植株形态、受精过程、灌浆速率和时长，从而影响作物长势和产量；高温对作物果实品质的影响也体现在作物的蛋白质、脂肪、淀粉等关键营养要素的含量和比例上，同时也会影响诸如小麦的黏度参数等特定性状。在北方温带地区，由于冬季多数地区没有终止作业，低温寒潮事件对作物的影响主要体现在冬小麦、果木等越冬作物上。相对于均态气候变化和其他极端事件，高温和低温对畜禽的影响更为明显。在极端温度下，畜禽往往会发生一系列应激生理反应，在食物摄入、能量消耗、内分泌系统，以及免疫功能、繁殖性能等都会发生变化，甚至会发生中暑或冻伤冻死等严重影响。

关于气候变化对农林牧产出和品质的影响机理和案例，我们在上一章已经做了详细介绍，在这里就不再赘述。

2. 气候变化对山西省水资源的直接影响

关于气候变化对水资源的影响，我们在前文对敏感性和暴露性部分已有了充分的论述，在此将气候变化对水资源的直接影响总结如下：

（1）气温升高直接引起水量减少。

气温升高后，蒸发速率加快，会减少地表水存量，加速地下水系统对地表水的补给，从而使得地下水系统的水量也减少。气温降低的作用机制则相反。

（2）降水减少直接引起水量减少。

降水减少对水量的影响是显而易见的，直接导致地表水补给减少，河川径流量的减少，地下水系统对地表水的补给增多，地下水系统一方面受到地表水的补给减少，在连续降水减少的年份下，地下水对地表水的补给增多，进一步导致地下水水量相应减少。降水增多下对水资源水量的作用也是相反的。

（3）降水减少直接恶化水资源水质。

降水减少后，河川湖泊的水量减少，直接导致水体内无机离子、有机物和微生物的密度增加，直接恶化水质；同时，原先的水污染自然降解和恢复平衡被打破，加剧水资源水质恶化的程度。

3. 气候变化对山西省自然生态系统的直接影响

自然生态系统在气候变化中的暴露性最强，其受到的直接影响也作为广泛，但总的来说，可以分为对生态系统中生产力、物种分布以及生态系统演化三个方面：

（1）气候变化直接影响生态系统生产力。

一定范围内的气温上升，有助于植物光合作用和其他生理过程的加快，可以在一定程度上增加植物的生产力，对生态系统中草食性动物的承载力大大增加，从而可以供养更多的物种种群。一定范围内的降水增多也有助于生态系统生产力的增加，但降水减少和极端高温下生态系统生产力将会受到负面影响。

（2）气候变化直接改变物种分布。

生态系统内各种动植物均有一定的气候条件要求，气候变化后，生物生存条件发生改变，动物将向气候更加适宜的区域进行迁徙，从而改变动物种群的地理分布，而植物分布范围的变化相对较慢，北方气候变暖情况下，南方植物的分布范围也将发生北移，相应的生态系统也会发生范围上的扩张或缩减。在剧烈的气候变化下，还容易引起动植物物种的整体灭绝或区域性绝迹。

（3）气候变化直接引起生态系统的演化。

在气候变化下将会发生生态系统的演替，森林生态系统在降水减少和气候变暖的暖干化趋势下，将有可能向草地生态系统演变，湿地生态系统在上述条件下，也会向沼泽化和草甸化方向演替。在降水增多的情况下，生态系统也将发生从荒漠到草地再到森林的正向演化。

4. 气候变化对山西省基础设施的直接影响

气候变化影响交通基础设施的寿命。气候变化会直接影响交通基础设施的使用，当温度过高时，柏油路极易融化，而且影响车辆的通行；当温度过低时，桥梁、公路受冻容易出现裂缝、破损现象。

气候变化影响房屋基础设施的稳固性。当遇到暴雨天气时，房屋墙壁容易受潮、房顶容易漏雨，甚至会出现冲垮房屋的情况，直接威胁到人们的财产生命安全。

气候变化影响环境设施的使用。当温度过高时，会破坏已有绿地，造成绿地面积减少，草坪、树林植物生长不好，影响人们舒适；当遇到暴雨天气，排水系统极易发生瘫痪，造成城市内涝。

5. 气候变化对山西省重点产业的直接影响

（1）气候变化对山西省旅游业的直接影响。

气候变化对旅游业的影响主要表现在对游客本身的影响以及对景区的影响。

①气候变化对游客本身的直接影响。对于旅游，气候舒适度是大家在出行中考虑的一个重要因素，气候作为构成环境的重要条件之一，不仅影响旅游活动的环境和旅游活动本身，更为重要的是影响着游客的体感舒适度。

山西省位于大陆内部，不受海风影响，属于温带大陆性气候，全年降水量较少，气候比较干燥，直接影响山西省游客的身体感受及心情愉悦度。一般认为，最适于人类活动的月均温度在 15～18℃ 之间，气温升高会使人们感到身心疲倦，烦闷不堪，降低旅游气候舒适度，影响当地的客流量。山西省的雨季集中在 6～8 月，且多为大到暴雨，这对旅游者的出行造成了不利影响，从而降低了景点客流量，影响当地经济的发展。

②气候变化对景区的直接影响。对于自然景观，洪涝和干旱灾害对旅游景观带来周期性的负面影响，导致景观观赏价值的降低。山西省的自然景观中山脉居多，增加的暴雨天气容易引起滑坡等自然灾害，使游客出游的风险增加，并影响当地旅游业的发展。大同、太原、忻州、运城等地处于盆地，地形相对平坦，这些地区的旅游业受气候变化影响较小。但晋中、吕梁、朔州等地地势较高且地形不平坦，所在地旅游业受暴雨等天气灾害影响较大。

对于人文景观，传统建筑和文化工艺品一般都具有适宜的保存环境，温度、湿度、风速和光照强度的变化将在一定程度上改变人文景观的保存环境，从而直接影响人文景观的品相和寿命。比如气温升高将加速建筑物、金属器件和人文工艺品的氧化速度，减少其寿命；湿度增加有可能让壁画、贴纸、木质建筑受潮霉变；强风则有可能直接吹毁建筑物附着物，甚至吹毁建筑本身。在极端气候事件下，古建筑还容易受到洪水、泥石流等地质灾害的威胁。

（2）气候变化对山西省能源业的直接影响。

气候变化对能源产业的影响主要在于对能源安全和能源生产结构的影响。

①气候变化对能源产业能源安全的直接影响。研究表明气候变化对能源安全有着直接的影响。例如：高温、强降雨、暴雪、冰冻等将会导致能源自燃、瓦斯爆炸、气体泄漏、机组冰冻等，对能源开采、使用的安全性产生威胁。气候对能源安全造成的影响极大，一旦发生，将损失大量的人力、物力、财力，造成财产损失和人身伤害，日益显著的极端天气变化，也对政府和相关部门加强能源系统安全提出了更高的要求。

②气候变化对能源产业能源结构的直接影响。随着生态环境的恶化，政府越来越提倡低碳经济、节能环保，逐步降低化石能源，采用清洁能源，随着气候变化，生态系统的气象要素随之发生变化，风能、水能、太阳能都呈减少趋势，直接造成风力发电、水力发电、太阳能发电的可用气候资源减少。

6. 气候变化对山西省人体健康的直接影响

气候变化对人体健康的直接影响主要是指温度升高、洪水、低温寒潮等对人体健康造成的伤害，致人体不适，甚至影响到心血管系统和呼吸系统，可引起某一区域死亡率显著上升或某些传染性疾病的传播及慢性非传染病复发。具体影响机制在上一节内容所阐述。

2.2.2　气候变化对山西省重点领域的间接影响

1. 气候变化对山西省农林牧业的间接影响

（1）气候变化—病虫草害—种植业影响机制。

农作物病虫害的发生是作物、有害生物、气象条件等综合作用的结果。其中气象条件是决定病虫害发生的关键因素，几乎所有大范围流行性、暴发性、毁灭性的农作物重大病虫害的发生、发展、流行都和气条件密切相关，或与气象灾害相伴发生，一旦遇到灾变气候，就会大面积流行成灾。与气候变化造成的温度增加、降水异常、种植制度变化相对应，气候变暖有利于农作病虫源（菌）的越冬、繁殖，发育历期缩短、繁殖代数增加，使其危害的地理范围扩大，为害期延长，危害程度加重。

气候变化背景下，作物生长季变暖将使大部分病虫发育期缩短、危害期延长，害虫种群增长力、繁殖世代数增加；暖冬、暖春、炎夏、暖秋的季节性变暖有利于病害的越冬、扩展、越夏、滞留（霍治国等，2012），无论是粮食作物，还是蔬菜、果树等园艺作物，随着气候变暖作物病虫害都呈加重态势（蔡连文、蔡莲芝，2016）。气温高使昆虫在春、夏、秋三季繁衍的代数将增加且冬季变暖将更有利于各种农作物病虫害（菌）的越冬和繁殖，农作物病虫害危害的地理范围扩大，可能向高纬度地区延伸，病虫害生频度和危害程度将比当前更为严重（潘根兴等，2011）。未来年平均温度增加 1℃，全国农作物虫害发生面积增加 0.96 亿公顷次；适宜温度条件下即稳定通过 0℃、5℃、10℃，15℃，20℃时，平均温度每增加 1℃ 虫害发生面积分别增加 1.22 亿、1.23 亿、1.48 亿、1.27 亿、1.12 亿公顷次（张蕾等，2012）。未来年平均温度增加 1℃，全国农作物病害发生面积将增加 0.61 亿公顷次；稳定通过 0℃ 下平均温度增加 1℃，病害发生面积增加 0.90 亿公顷次（王丽等，2012）。

另外气候变暖后各种病虫出现的范围也可能扩大，向高纬度地区延伸，目前局限在热带的病原和寄生组织会蔓延到亚热带甚至温带地区。所有这些都意味着，气候变暖后不得不增加施用农药和除草剂，而这将大幅度增加农业生产成本（秦大河，2018）。气候变化与 CO_2 浓度增高改变了重要农艺措施和入侵杂草的分布，同时增加它们之间的竞争关系。CO_2 浓度增高降低了除草剂的效果，并改变病虫害的地理分布（秦大河，2018）。

（2）气候变化—土壤环境—种植业影响机制。

气候变化增加了农业土壤有机质和氮流失，加速了土壤退化侵蚀的发展，削弱了农业生态系统抵御自然灾害的能力，干旱区土壤风蚀严重，高蒸发也会造成土壤盐渍化（孙智辉、王春乙，2010）。以果木生长为例，水在果树生命活动中起着重要的作用，气候变暖降水减少影响果树对农业土壤养分的溶解、吸收及土壤微生物成活。果树虽然耐旱，但缺水会直接影响树体的生长发育，出现根系生长停止、吸收能力下降，严重的因所施肥料无法溶解而出现肥害。降水减少土壤干旱，会造成土壤微生物大量死亡，地表枯枝落叶无法分解，造成土壤板结，水分渗透能力下降。土壤干旱，果树和间作的绿肥争夺水分，导致绿肥死亡、生态退化、地力和果品品质下降（李瑞华、李开森，2015）。

（3）气候变化—化肥吸收—种植业影响机制。

气候变暖后，土壤有机质的微生物分解，这需要施用更多的肥料以满足作物的需要，同时肥效对环境温度的变化十分敏感，尤其是氮肥，温度增高1℃，能被植物直接吸收利用的速效氮释放量将增加约4%，释放期将缩短3.6天，因此如果缺乏提高肥效技术，则化肥用量将加大并呈持续增长趋势。温度升高增大肥料使用量和挥发速率，也使分解速度和淋溶流失量增加，从而增加对农田土壤和环境的危害作用（孙智辉、王春乙，2010）。未来耕地保护中，要把耕地布局优化作为提高耕地质量的重要手段，根据可开垦耕地的立地气候环境，统筹考虑耕地数量和质量，不断提高地力，加强耕地质量提升（姜广辉等，2010）。

（4）气候变化—疾病风险—畜牧业影响机制。

北方气候四季分明，春夏两季昼夜温差巨大，当短期内温差过大时，动物就会产生冷应激或热应激，从而降低动物的免疫力，导致疾病的发生。夏季光照强烈，长时间暴露在烈日下的牛羊会引发日射病，并导致牛羊皮肤发生光照性皮炎；在夏季高温、高湿的环境下，牛羊易患热射病；牛羊伤风感冒和呼吸道疾病的主要诱因是大气温度的急升或急降；由于气温高、降水多、湿度大、地表泥泞等原因，牛羊在夏季还易发生腐蹄症。冬季牲畜容易发生冻伤、风湿病、关节炎和呼吸道传染病等疾病，黄牛还容易发生肠痉挛，牛羊的幼仔在寒冷的气候下，肺炎的发生率较高（孙海霞，2014）。

气候变化不仅可以直接导致牲畜罹患疾病，而且可以通过影响饲料质量、影响病原微生物产生和传播、影响病媒昆虫生长发育等多种途径间接增加禽畜患病风险。

（5）气候变化—牧草质量—畜牧业影响机制。

由于气候的年际变化，草地植物的物候每年都在一定范围内波动，且随气候变化趋势也有一定的倾向性。一般情况下物候期主要由前期的温度高低决定，但由于牧区多处于干旱地区，草地物候还常受到水分的影响。魏玉蓉等（2007）对在锡林浩特观测得到的禾本科牧草羊草（Leymuschinensis）和贝加尔针茅（Stipu）、菊科的冷蒿（Artemisiafrigida）和阿尔泰狗娃花（Het-eropappusaltaic）等草本物候期进行分析表明，天然草地牧草返青不仅与≥0℃的积温有关，且与返青前的土壤湿度有关。干旱影响禾本科牧草羊草和针茅的开花和抽穗，而且羊草常常因干旱而停止生气候变化长不能进入开花期，针茅较羊草的耐旱性强，可以推迟进入花期。其他两种观测牧草无论条件好坏都可完成其物候发育。雨热匹配好的年份，牧草进入成熟期和黄枯期相对较晚，再生性强的牧草还可继续生长，有利于草原牲畜的放牧抓膘，如果多年长期干旱不能完成发育期，则物种有可能在该区域减退或消失。

2. 气候变化对山西省水资源的间接影响

（1）气温升高增加用水量，加大水资源供需矛盾。

气温升高下，农作物蒸腾作用加快，需水量增加，但农田水分散发也随气温升高而加快，农业物需水量成倍增加，灌溉用水成倍增加，河流抽水灌溉会减少河流径流量，地下水灌溉相应减少地下水量。气温升高下，人居生活用水量增加，城市绿化用水增加，均会减少水量，加剧水资源供需矛盾。

（2）气温升高加剧水质恶化程度。

气温升高下，一方面导致水汽蒸发速度加快，水量减少而污染物密度增加，更重要的是，气温升高下，水体温度随之升高微生物活动和相关酶的活性随之升高，水中有机物分解加快，水底无机离子运动减速，导致水体水质恶化，温度升高下，藻类生长速度加快，水体表层藻类植物容易泛滥，阻碍水底植物采光，导致水底植物死亡，其植株降解也会加剧水体污染。

（3）极端降水增加加剧水质恶化风险。

极端降水容易形成短时地表径流，在城市地区，随着城市内涝向临近河流的排泄，城市生活垃圾、化学物质和其他污染物将随之排入河道，增加河道内的污染源。在农村地区或山区，暴雨导致山洪暴发，将携带山林之中的腐殖质和泥沙进入河道，加剧了河水和湖泊富营养化的风险。

3. 气候变化对山西省自然生态系统的间接影响

气候变化对自然生态系统的间接影响，主要体现在改变生态系统所依附的土壤环境、改变天敌和病害的侵害能力和效果、增加森林火灾等毁灭性灾害三方面。

（1）气候变化改变土壤环境，间接影响物种分布和生态系统演替。

气温升高一方面导致土壤微生物活动活跃，土壤腐殖质分解加速，增加土壤肥力，但若气温升高同时降水减少，将不利于土壤中物生物种群的扩大，又会降低有机物分解速度，减弱土壤肥力，降低土壤对地表生态系统的承载能力。

（2）气候变化改变病虫害发生风险，间接影响生态系统。

气候变化会直接促进森林虫害的生存、发展、繁殖和病害的发生、蔓延。表现在气候变暖导致病虫害发育的速度加快，缩短了病虫害的发生周期。气候升温会加快有害生物的生长及发育的过程，同时也会提高它们的环境适应能力，以及繁衍生息的速度。气候变暖使大面积的植被和病虫害的分布区扩大，灾害范围也渐渐加大。持续干旱严重影响林木正常生长，导致树木抗病虫能力下降，严重旱灾可以引发红蜘蛛、食叶性害虫大发生，干旱的环境气候对于它们的繁殖，生长发育和存活有许多益处。

（3）气候变化改变森林火险等灾害发生风险，间接影响生态系统。

气候暖干化趋势下，森林火险有加剧的风险。一旦森林植被被烧毁，森林对土壤的水土涵养功能丧失，在降水较多区域将导致短期内大量的水土流失，不利于生态系统的恢复，甚至会污染水质。

4. 气候变化对山西省基础设施的间接影响

（1）气候变化影响房屋建筑的舒适度。

气温升高使得建筑通风散热效果降低，这意味着目前很多建筑在未来将不再满足舒适度要求，进而影响人们的工作和学习效率。因此改变建筑整体的设计，并对已建成的建筑进行新的设计调整，以满足人们对建筑适用性的需求很有必要。

（2）气候变化影响建筑地基的稳固性。

气候变化还会改变地表蒸发和植物蒸腾的作用，从而导致土壤含水量的变化，加上降雨和大风的作用，对土壤造成冲蚀和风化，这些会给建筑基础带来危害，发生基础移位、下沉，影响建筑安全。

5. 气候变化对山西省重点产业的间接影响

（1）气候变化对山西省旅游业的间接影响。

①气候变化对旅游资源的间接影响。我国是世界上生物多样性最丰富的国家之一，过去几十年的气候变化已对物种的分布范围和丰富度产生了极大影响。

气候变化会导致生物类旅游资源现状与布局发生改变。首先是由于气候变化改变生物群体所生存的环境，进而影响生物个体表型特征与内部生理结构的改变以及群落整体景观格局的变化。其次，气候变暖会引起许多湖泊和河流湿地水质发生变化，从而引起湖泊中动植物发生变化，如藻类和浮游动物增加、河流中鱼类的分布发生变化并提早迁徙等，这对沿岸现有的旅游基础设施以及亲水的旅游活动会造成影响。最后，气候变化也将引起以植物为主题的旅游节事活动受到影响。

②气候变化对旅游产品的间接影响。随着旅游资源与旅游市场受到气候变化影响而变化，依托这些旅游资源和针对这些旅游市场而开发的旅游产品也将出现较大程度的改变。

气候变化加大了区域旅游产品体系开发的难度。山西省位于中国北部地区，干旱少雨，这将缩小水体、湿地、冰雪类旅游产品的开发空间。气候变暖导致了降雪减少和冰雪旅游季节缩短，这对冬季旅游目的地的冰雪项目造成一定的不利影响，进而缩短了旅游产品开发季节且加大了开发成本。

③气候变化对旅游服务体系的间接影响。气候变化对旅游服务体系的影响主要体现在旅游设施与管理等方面。

气候变化使旅游设施与旅游交通遭到较为严重的破坏。气候变化会对旅游接待设施和旅游交通设施造成严重影响。气候条件的持续反常变化，将提高旅游基础设施、接待设施的建设和维护成本。

气候变化对旅游服务体系的综合管理能力提出了严峻的挑战，影响着相关资源与资金的重新配置，突出表现在旅游保险业、旅游医疗卫生、旅游安全等旅游服务体系方面。气候变化将直接导致旅游保险成本变大，这将加重游客花费，对出游率造成一定负面影响。气候变化导致传染性疾病的快速传播，使旅游安全系数降低，给旅游业的服务体系管理工作带来不少难题。

（2）气候变化对山西省能源产业的间接影响。

气候变化通过一些间接途径影响着能源安全。极端天气的发生会对交通道路造成损害（上文已述），交通道路的损害影响着化石能源的运输，轻则延误运输时间，能源不能及时供应，重则造成运输的人员生命安全受到威胁，车辆、资源遭到毁坏；在极端高温天气，由于天然气管道膨胀，造成管道接口松动等故障，引起天然气泄漏，发生危险。

6. 气候变化对山西省人体健康的间接影响

气候变化对人体健康的间接影响主要是指极端天气频发等自然灾害事件的发生对饮水供应、卫生设施、农业生产、食品安全等带来严重的影响，另外环境质量恶化等还会导致媒介传播疾病和介水传播疾病等传染性疾病频发。同直接影响相比，极端天气频发，环境质量严重恶化间接影响的潜在危害更大。主要包括：

（1）非传播性疾病。

非传播性疾病主要包括呼吸系统疾病和过敏症、心脑血管循环系统疾病、精神疾病、肿瘤、消化系统疾病、生殖系统疾病等。研究表明，气象因素和非传染性疾病之间有着重要的关系。气温的骤降或波动过大是影响心脑血管疾病发病和死亡的主要因素之一，对老年人的健康影响更为显著。当温度低于或高于某一临界温度时，随着温度的降低或升高，心脑血管疾病的发病率和死亡率逐渐升高。温度升高不仅会诱发肾结石，气温剧变时还会导致胃出血等消化系统疾病增多，而且消化系统的恶性肿瘤在较低的气温条件下发生频率较高。高温湿热的夏季对生殖系统的健康影响也比较大；另外高温还使臭氧和空气中其他污染物的水平上升，花粉及其他气源性致敏原的水平也显著提高，加剧了呼吸道疾病的发作，特别是哮喘病。而且气候变化还能通过改变空气中某些过敏源，如花粉等时间、空间、种类的变化，进而影响呼吸道疾病和过敏症的流行情况和严重程度。许多研究表明，气温升高容易导致情绪和行为异常，影响人体的神经系统。洪水、干旱、不断上升的海平面以及越来越极端的气候事件将破坏基础设施、医疗设施及其他必要的服务设施，这类公共服务的不健全会降低了人体健康的保障水平，另外大量人口会因为气候变化原因被迫远离故土，艰难迁移，造成一些人群在精神层面的伤害。洪水还会提高溺水风险和一些其他方面的身体伤害。干旱会影响淡水供应，缺乏安全的水质可能会因为个人卫生状况不良造成一些多发的疾病，特别是对儿童和女性。降水变化不稳定会对农作物的生长产生严重的影响，进而影响粮食总产量，导致贫困人口的营养不良比率上升。

（2）传播性疾病。

传播性疾病主要包括虫媒传播性疾病、水源性传染病、食源性传染病、呼吸道传染病等。多数经昆虫及其他动物传播的传染性疾病对气候的变化是非常敏感的，气候持续变暖为虫媒及病原体的寄生、繁殖和传播创造了适宜条件，不仅会拓展昆虫的活动范围，而且也会加快昆虫的繁殖速度，扩大疾病的流行程度和范围。霍乱、肠道传染病等水源性传染病会受到降雨模式变化气候变化影响显著影响。洪水多发会导致淡水水质受到污染，使水源性疾病的风险加大，并为蚊虫等携带疾病的昆虫形成繁殖场所。气候变化将可能对食品的生产过程造成影响，从而增加经食物传播的疾病。呼吸道传染性疾病受气候因素影响，尤其是空气湿度极可能成为影响呼吸道传染病的相关因素之一（钱颖骏等，2010）。

2.3　气候变化对山西省重点领域的影响：多种内容

前述两节分别从敏感性、暴露性、自适应性以及直接、间接等视角分析了气候变化对重点领域的影响机制。本节将前述各类影响进行归类总结，从气候变化导致的气温升高、降水减少、干旱加剧、洪涝减少、寒潮减少五大方面梳理其对农林牧业、水资源、自然生态系统、基础设施、重点产业和人体健康六大领域产生的影响内容。这可以为之后分析气候变化对山西省重点领域影响提供一个考虑范围和框架。

2.3.1 气候变化对山西省农林牧业影响的内容

1. 气候变化对山西省农林业影响的四大内容

气候变化对山西省农林业的影响主要从种植结构、种植量、种植品质、种植带四个方面进行描述，见表2-3。

表2-3 气候变化对山西省农林业影响的四大内容

	种植结构	种植产量	种植品质	种植带
气温升高	全省玉米种植面积提高，小麦面积减少	不利于整体粮食作物和玉米增产	昼夜温差缩短，千粒重降低，营养品质下降	玉米全省种植，小麦种植区域从晋南逐渐向北移
降水减少	玉米受降水影响较大，降水减少，玉米比例减少，小麦比例没有较大变化	不利于整体粮食作物和小麦增产，有利于玉米增产	千粒重降低，营养品质下降	山西中部和北部降水较少，因此，玉米种植界限会向南移
干旱加剧	全省农作物种植面积减少，其中玉米减少比例大于小麦比例	干旱加剧，作物易枯萎、死亡，造成大量减产	品质严重下降	山西省发生干旱的持续时间延长，范围日益扩大，作物界限向南迁移
洪涝减少	在原先洪涝频发的区域，农作物种植量增加	洪涝会造成农田遭受洪涝灾害，作物倒伏严重，因此洪涝减少使农作物损失减少，产量增加	洪涝减少，农作物正常生长，品质提高	种植界限向原来洪涝频发地带扩大
寒潮减少	小麦种植面积增加，玉米种植没有较大影响	越冬小麦会提前返青，由于抗寒能力弱，提前返青的小麦在突来的寒潮中易受冻害，寒潮减少，作物免除冻害，产量增加	寒潮减少，农作物冻灾减少，产出品质提高	种植界限向北扩大

2. 气候变化对山西省畜牧业影响的四大内容

气候变化对山西省畜牧业的影响主要从养殖结构、养殖量、养殖品质、养殖带四个方面进行描述，见表 2 - 4。

表 2 - 4　　　　气候变化对山西省畜牧业影响的四大内容

	养殖结构	养殖量	养殖品质	养殖带
气温升高	牧草的生长受到了影响，小型家畜由于其饲养期较短，因而与大型家畜相比，小型家畜的数量逐渐增加	温度的适当升高可使动物成熟期提前，在单位时间内提高繁育效率，提高家畜总量	气温过高，牲畜食欲下降，养分消耗加大，活动量减少，品质下降	当温度变化在忍受范围之内时，扩散能力较强的动物分布范围因其分布边界的移动而扩大，而扩散能力较弱的动物分布区减小
高温加剧	温度过高，不耐高温的牲畜无法存活，耐高温牲畜养殖量增加	温度过高，家畜的生理机能容易产生紊乱，进食减少，生长停滞，如果处置不当则容易中暑，甚至导致家畜死亡，产量下降	高温情况下，牲畜容易生病，使品质下降	温度过高，扩散能力强的动物养殖范围向北移动，而扩散能力较弱的动物将不再养殖
降水减少	牛等不耐旱牲畜减少，山羊、绵羊等耐旱家畜增加	降水减少，减少圈舍湿度，减轻疾病风险，且牲畜活动量增大，产量增加；但草场生长不旺，会减弱畜牧承载能力	牲畜活动量增加，品质增加	畜牧业界限向河流、湖泊等水源处移动
洪涝减少	在原先洪涝频发的区域，家畜养殖量增加，其中牛等大型家畜养殖量增加较多	洪涝会对家畜的生命健康、养殖设施等造成威胁，洪涝减少，家畜量增多	洪涝减少，家畜养殖环境相对稳定，家畜品质增加	畜牧业界限向原来洪涝频发地带扩大
寒潮减少	寒潮减少，有利于家畜过冬，家畜养殖量增大，其中不耐寒家畜养殖量增加较多	冬季气温逐渐上升，适宜家畜的越冬度春，进而减少了家畜的死损率	寒潮减少，家畜养殖环境相对稳定，家畜品质增加	畜牧业界限向北扩大

2.3.2 气候变化对山西省水资源影响的三大内容

气候变化对山西省水资源的影响主要从水资源水量、水质、供求关系三个方面进行描述，见表2－5。

表2－5 气候变化对山西省水资源影响的三大内容

	水量	水质	供求关系
气温升高	气温升高，会造成河流和水库水资源蒸发，而山西处于中海拔地区，基本没有高山融雪对河川径流的补给，总体来看，水资源会减少，且径流下降的程度从南到北依次递减	水中溶解氧的含量减少，氮、磷等元素浓度增加；CO_2浓度增加，铁、锰等金属元素被还原，易产生硫化氢等厌氧代谢物	气温升高导致农业、工业、生活用水的需求加大，水资源容易短缺
高温加剧	地表水蒸发量增大，水资源减少	高温加剧，容易造成富营养化	高温加剧，会造成需求大于供给，用水短缺
降水减少	降水减少造成水资源减少，其中海河流域水量减少速度最快	降雨稀少，湖泊容易出现盐分浓缩，矿化度升高	降水减少，使水量水质都下降，在夏季用水高峰期易出现水资源短缺
洪涝减少	洪涝减少，水量必然减少	洪涝会造成地表污染物大量冲入河流或湖泊，河底沉积物悬浮，造成水资源减少，洪涝减少，水质相对变好	洪涝发生时水资源供大于求，洪涝减少，水资源供求失衡的次数减少

2.3.3 气候变化对山西省自然生态系统影响的两大内容

气候变化对山西省自然生态系统的影响主要从生态系统的多样性、稳定性两个方面进行描述，见表2－6。

表 2-6　　　　　气候变化对山西省自然生态系统影响的五大内容

	多样性	稳定性
气温升高	迫使物种迁移或改变其生活范围，从而超出其所承受范围，导致物种消亡；植物间生态失调，濒临死亡；有害生物泛滥（蚊子数量增加）	植物开花时间提前，秋季树叶变色时间推迟，生长季延长，鱼类洄游路线、数量变化；鸟类孵化日期提前；改变地区优势物种，导致种群衰退
降水减少	生物多样性在遗传、物种和生态系统层面上下降；物种丰富度降低	喜干的有害病虫增加、植物增加；喜湿的植物动物因缺水而减少
干旱加剧	水土流失加剧，生物多样性减少；生物入侵范围扩大导致高山植被组成改变；改变害虫及寄主关系；植物病害分布范围改变，病害增加；荒漠植物大片死亡	减少了土壤中氮含量，植物只能通过缩小体型来适应波动，影响整条食物链
高温加剧	动植物生存环境恶化，生物种群减少	五台山高山草甸和林线过渡带中一些植物向高海拔迁移

2.3.4　气候变化对山西省基础设施影响的两大内容

气候变化对山西省基础设施的影响主要从耐冲击性、耐久性两个方面进行描述，见表 2-7。

表 2-7　　　　　气候变化对山西省基础设施影响的两大内容

	耐冲击	耐久性
气温升高	气温升高容易造成铁轨变形、道路热膨胀，设施表面变形、裂缝，基础设施使用感变差	气温升高容易造成铁轨变形、道路热膨胀，水利设施表面变形、裂缝，使用寿命缩短
高温加剧	温度过高，电路电压负荷过高，容易短路	温度过高情况下，基础设施快速老化、变形严重，加速缩短使用寿命
降水减少	房屋、桥梁、道路受到雨水渗透、冲刷减少，设施更能经受极端天气的冲击	降水减少，基础设施受到雨水的破坏减少，使用寿命延长

续表

	耐冲击	耐久性
干旱加剧	一些设备需要水资源参与运转，如进行机组冷却等，干旱加剧会出现因缺水运行困难	易造成水利设施泥沙淤积，地表水灌溉工程长期不能投入使用，老化失修
洪涝减少	公路、铁路不易塌方，城市排水系统瘫痪、堤坝崩塌的概率和频率减少	城市排水系统瘫痪、堤坝崩塌的概率和频率减少，使用寿命延长

2.3.5　气候变化对山西省重点产业影响的内容

1. 气候变化对山西省旅游业影响的三大内容

气候变化对山西省旅游业的影响主要从旅游景观质量、旅游体验、旅游产品三个方面进行描述，见表 2－8。

表 2－8　　　　气候变化对山西省旅游业影响的三大内容

	旅游景观质量	旅游体验	旅游产品
气温升高	致使黄河等季节性断流，导致景观观赏价值降低，带来周期性负面影响	人体皮肤受到辐射后，会产生块状红斑，引起眼结膜、角膜疼痛；引发一系列传染病，导致旅游安全系数降低，安全事故增加，增加外出旅游恐惧心理，减少对旅游的心理需求	影响冰雪型旅游产品的开发
降水减少	火灾风险增大从而影响旅游资源	旅游市场格局变化	缩小水体、湿地旅游产品的开发空间
干旱加剧	水质恶化，水资源短缺使得旅游目的地吸引力下降；物质文化遗产受损变质加快，寿命缩短	降低气候舒适度，人们不愿意去旅游	影响户外旅游产品的开发；缩小水体、湿地旅游产品的开发空间

续表

	旅游景观质量	旅游体验	旅游产品
高温加剧	破坏旅游地基础设施，提高维护成本，增加管理难度；加速石窟等建筑的风化、开裂	降低气候舒适度，人们不愿意去旅游	水上乐园等消暑旅游产品增加，万年冰洞等同类型旅游产品受到影响

2. 气候变化对山西省能源产业影响的四大内容

气候变化对山西省能源产业的影响主要从能源安全性、能源数量、能源结构、供求关系四个方面进行描述，见表2-9。

表2-9　　　　气候变化对山西省能源产业影响的四大内容

	安全性	能源数量	能源结构	供求关系
气温升高	气温升高不利于煤、天然气等能源开采工作的进行	气温升高，太阳能、生物质能等清洁能源增加	气温升高，太阳能、生物质能等清洁能源比例升高，煤等化石燃料比例下降	气温升高，夏季制冷需求增加，各产业能源消耗增多，能源需求增加，有些地区电力供给不足
高温加剧	温度过高，化石能源会发生自燃现象，释放一氧化碳发生危险，且污染空气	太阳能、生物质能等清洁能源增加，煤、天然气因开采环境恶劣开采量减少	太阳能、生物质能等清洁能源比例升高，煤等化石燃料比例下降	温度过高，各产业为设备降温、工作环境制冷等原因，造成额外的能源消耗增多，能源供给容易出现不足
降水减少	空气中的二氧化硫、氮氧化物和烟尘等污染物溶解在降水中落到地面的浓度大，污染土壤	降水减少，水能资源减少，太阳能资源相对增多	水能资源比例下降，其余能源比例没有较大变化	降水减少，室外工作的相关行业受到影响较小，开展工作会增大能源消耗，增大需求

2.3.6 气候变化对山西省人体健康影响的三大内容

气候变化对山西省人体健康的影响主要从疾病种类、疾病传播速度、人体脆弱性三个方面进行描述，见表 2 – 10。

表 2 – 10　　　　气候变化对山西省人体健康影响的三大内容

	疾病种类	疾病传播速度	人体脆弱性
气温升高	呼吸系统、心脏系统犯病率加大；营养不良；提高蚊子繁殖能力，缩短病原体在生物媒介内生长周期	病毒传播加快，范围扩大	加大人体机能的损失；营养不良引起免疫力下降，增加疾病易感性（老人、幼儿、体弱者、慢性病患者是高危人群）
降水减少	腹泻病，提高细菌浓度	病毒浓度提高，传播速度加快	损害人的精神、人体免疫力和疾病抵抗力
干旱加剧	营养失调、传染性疾病、呼吸道疾病	饮用水减少，加快疾病传播发病	干旱通过影响传染病的空间分布、密度、季节性周期及其他媒介生存和传播条件，进而影响染病人群
高温加剧	体温调节障碍；加重心脏、肾脏负担；消化不良和其他胃肠道疾病增加	高温使病菌、细菌、寄生虫、敏感源更为活跃，加快传播速度	高温易使人感到头晕、心慌、烦、无力等不适感，从而引起一系列生理功能改变

| 第3章 |

气候变化对山西省农林牧业的
影响及适应对策

农林牧业生产受气候影响较大,作物的生长与温度、降水、日照等气候变量息息相关,是对气候变化最为敏感和脆弱的领域之一。任何程度的气候变化都会给农业生产及相关过程带来潜在或显著的影响,特别是极端天气气候事件诱发的自然灾害将造成农业生产的波动,危及粮食安全和社会稳定。山西处于黄土高原东段,南北纬度跨度大、地形复杂,农业生产条件整体较差。多山的地形导致局部小气候交错,在整体暖干化的趋势下,局部气候条件的变化比较复杂。大宗粮食作物、小杂粮、中药材、特色林果产业和牧业又是山西省资源型经济转型发展和农业现代化、特色化发展的重点,这些领域适应气候变化极为迫切。

气候变化对山西省农林牧业产生的影响是多方面和多层次的,且利弊兼而有之,不同区域之间差异较大,需进行具体分析。

3.1 山西省农林牧业历史发展及现状

山西省南北气候差异大,局部小气候交错,省域内部各区域水热条件相差悬殊,造就了丰富多样的农林牧业发展品类和格局,也为小杂粮、经济作物等提供了多样的气候条件。本节内容首先对山西省农林牧业的主要品类和产量进行总体介绍,然后介绍山西省的农业气候区划,最后对山西省农林牧业各品类的主要分布等情况做简要介绍。

3.1.1　山西省农林牧业的主要类型和规模

1. 山西省种植业主要品种和结构

山西省种植业大类以谷物、豆类和薯类为大宗，辅以油料、棉花、麻类、烟叶和蔬菜等。谷类大宗中又以玉米、冬小麦（山西的小麦主要以冬小麦为主，春小麦所占比重不足 1%，故本书所指小麦，如无特殊说明，均代表冬小麦）为主，谷子和高粱所占比重相对小；豆类和薯类分别以大豆和马铃薯为主；其他类别农产品的种植以蔬菜类产量为最（见图 3-1）。

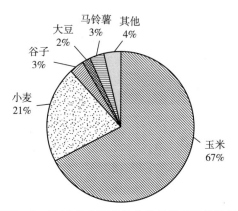

图 3-1　2016 年山西省粮食作物种类结构比例

资料来源：《山西统计年鉴（2017）》。

山西省粮食总产量在整体上处于上升的趋势。1991~2008 年，粮食产量从 742.4 万吨增加至 1028 万吨，2008 年，极端天气造成的大旱和暴雨天气使得种植业受灾面积扩大，种植业受到极大的影响（任璞、郭俊龙，2011），粮食产量在 2009 年有所下滑，随着气象灾害的减少，种植业受灾面减少，粮食产量又趋于上升，到 2015 年山西省粮食总产量已达到1259.6 万吨（见图 3-2）。

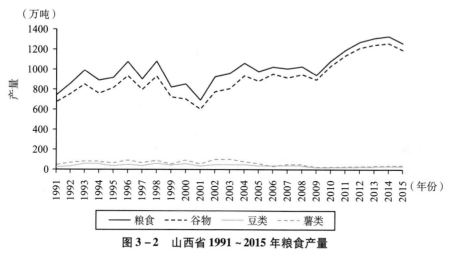

图 3 - 2 山西省 1991~2015 年粮食产量

资料来源：《山西统计年鉴》(1992~2016 年)。

2016 年，山西省粮食产量约 1319 万吨，较上年增加 58.94 万吨，增幅 4.6%。其中玉米约 889 万吨，占比 67%，增产 26.15 万吨；冬小麦 273 万吨，占比 21%，增产 19.8 万吨；谷子、大豆、马铃薯和其他杂粮产量占比很小。

非粮食作物方面，2016 年产量达 1315 万吨，其中蔬菜约 1295 万吨 (见图 3 -3)，占到 99%，其他类型为油料、棉花、生麻和烟叶等。蔬菜产量较前一年减产 7.7 万吨，减幅 0.5% (见图 3 -4)。从近些年数据来看，传统的油料、棉花产量存在一个不断下降的趋势，甜菜的产量由 1991 年的 40 余万吨下降到了 2015 年的 5.48 万吨，麻类和烟叶的产量一直处于一个相对较低的产量水平。

图 3 - 3 山西省 1980~2016 年蔬菜产量

资料来源：《山西统计年鉴》(1981~2017 年)。

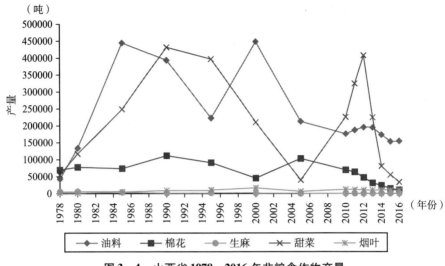

图 3 - 4　山西省 1978 ~ 2016 年非粮食作物产量

资料来源：《山西统计年鉴》（1979 ~ 2017 年）。

从种植面积上来看，山西省在种植业上的耕地比例一直保持着比较稳定的状态，2005 年的总播种面积是 3795.35 千公顷，2014 年略有下降，面积为 3784.43 千公顷。此外，10 年数据中，无论是谷物、油料、棉花还是蔬菜，播种面积均未发生大的变动，相对来说，甜菜、玉米的播种面积略有增加。

2. 山西省林业主要类型及结构

山西省经济林类型主要涵盖苹果、梨、桃、红枣、柿子、核桃和板栗等果品，以苹果树为主，梨园和葡萄园种植面积较少。苹果树种植面积在近 20 年呈下降趋势，2010 年之后有所上升，但上升幅度较小；梨和葡萄的播种面积有所上升，但占比仍然较小。2016 年经济林果品产量共约 776 万吨，其中苹果约 429 万吨，桃约 102 万吨，梨和红枣产量相当，分别为 79 万吨和 74 万吨。如图 3 - 5、图 3 - 6 所示，苹果和桃为山西省经济林果品主要种类。

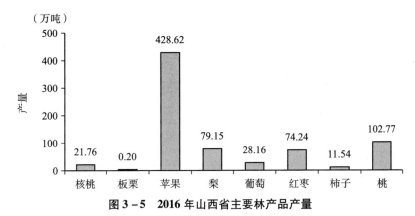

图 3 - 5   2016 年山西省主要林产品产量

资料来源:《山西统计年鉴(2017)》。

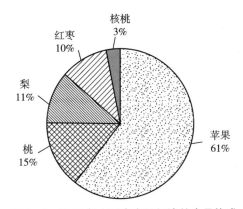

图 3 - 6   2016 年山西省主要经济林产品构成

资料来源:《山西统计年鉴(2017)》。

3. 山西省主要畜牧种类及结构

畜牧业是农业经济中的重要组成部分,同时也是农民经济收入的重要来源之一。近十年来,山西省肉类产量总体呈上升趋势,由 2005 年的 68.27 万吨到 2016 年的 84.43 万吨,较 2015 年减产 1.14 万吨,中间有小的波动,2005 年肉类产量有所下降,但从 2006 起又迅速上升。2016 年各种肉类产量如图 3 - 7 所示。这其中,猪肉所占比重最大,其增长趋势与肉类总量保持一致。牛肉和羊肉所占比重较小,且产量变化幅度较小。除了猪肉产量处于上升的趋势,牛肉和羊肉的产量均有所下降。

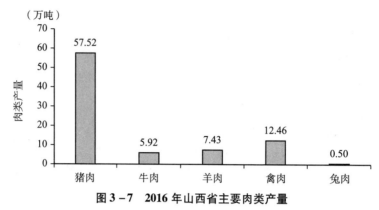

图 3 - 7　2016 年山西省主要肉类产量

资料来源：《山西统计年鉴（2017）》。

　　山西省畜牧业以猪牛羊养殖为主，兼以畜禽产品为辅，而畜禽产品又以禽蛋产量为大宗。

　　按照年末存栏量计算，2016 年底山西省猪存栏量为 449.68 万头，绵羊 546.85 万只，山羊 363.56 万只，牛 106.55 万头，驴 11.97 万头，家禽年末存栏量 9377.49 万只，其他畜牧种类数量较小。

3.1.2　山西省农林业气候区划

　　山西省地处中纬度地区，属于温带大陆性季风气候，处于中温带向暖温带、半湿润向半干旱过渡的地带（武永利等，2015）。山西省地形较为复杂多样，兼有太行、吕梁两大山区和河谷盆地，各区域海拔不一，气候条件受地形条件和地理位置的双重影响而各具特征。山西省总的气候特征表现为：冬季寒冷干燥，夏季降水集中，春秋较为短促，时空温差悬殊（王雁等，2004）。由于复杂的地形条件和地理位置，气候特征复杂多样，形成了复杂的作物气候区划。

1. 山西省种植业的气候区划

　　水分、光照、热量资源是农作物生长的关键因素。山西省处于中纬度地区，光照充足，因此，在山西光照不是限制作物生长的因素。由于地形地貌相似、地理位置相近，一些地区具有类似的雨热气候特征，因此可以将全省各地雨热条件相差较小的区域可以划分为同一农业气候资源区域,以便于对全省农业气候资源展开研究。已有研究根据干燥度和热量资源指标,将山西省划分为6个农业气候区,并对各个区域的农业气候资源进行了评述(武永利等,2015)。

区域1(山区高寒区域):该区域冬季长而寒冷,夏季短而高温多雨,年降水量为540.0~628.4毫米,年日照时数在2200~2417小时,多年平均气温小于8.4℃,该地区以种植树木为主,主要分布在从北到南的几条大山脉上,主要包括五台山区的浑源、繁峙、五台一带,位于五台山区;忻州的原平、静乐、五寨一带,位于恒山山区;山西中部的娄烦、古交、离石一带,位于吕梁山区,临汾的隰县、临汾、乡宁一线,位于吕梁山区南部;沁源、长治和晋城东部地域及晋城和运城的交界处,位于太岳山区。区域1的面积为36800.84km²,占全省总面积的23%。

区域2(寒温少雨区域):该区域属于温带大陆性气候,四季分明,年降水量为372.8~498.3毫米,年日照时数在2738~2934小时,多年平均气温小于8.4℃。光照较好,四季气温较低,降水资源较差,易出现干旱。主要分布在大同盆地,主要包括天镇、阳高、大同、大同市、怀仁、应县、山阴、朔城区等县(市),面积11535.27km²,占全省总面积的7.2%。

区域3(温暖多雨区域):该区域属于典型温带大陆性气候,气候温和湿润,年降水量为483.3~630.7毫米,年日照时数在2213~2500小时,多年平均气温大于10℃。水资源丰富,光照条件充分,土壤肥沃,是发展农业优良区域。主要分布在阳泉市、长治和晋城大部以及晋中东部,临汾部分地区,面积11535.27km²,占全省总面积的7.2%。

区域4(中温少雨区域):该区域属于温带大陆性气候,冬季有雪不寒冷,春季多风,秋季温和晴朗,年降水量为411.3~576.4毫米,年日照时数在2503~2733小时,多年平均气温小于10℃,农业资源最为丰富,有利于植物生长,但降水偏少,易出现干旱。主要包括大同东部、朔州西部、忻州中西部,吕梁的兴县、临县、离石、孝义,晋中的寿阳、榆社,临汾的西部,长治的襄垣和潞城等地,面积47495.73km²,占全省总面积的29.7%。

区域5(温热多雨区域):该区域属于温带大陆性气候,气候温和湿润,年降水量为483.3~630.4毫米,日照时数在2213~2500小时,多年平均气温大于12℃。水热资源丰富,光照条件充分,土壤肥沃,是发展农业的优良区域。主要分布在临汾运城盆地,面积12696.69km²,占全省总面积的8%。

区域 6（中温盆地区域）：该区域属于寒温带半干燥气候，年降水量为 537.4~656.8 毫米，日照时数在 2511~2653 小时，多年平均气温介于 8.4~12℃。农业气候资源相对优越，是热量资源丰富，水资源区域差异大。主要分布在忻定盆地和晋中盆地，以及吕梁和临汾的西部地区，面积 21277.21km²，占全省总面积的 13.4%。

山西省种植业以玉米、冬小麦为主要品种，兼以其他类型杂粮。由于不同农作物生长对最适气候条件的要求程度不同，人们会根据当地的气候特征选择适合的作物品种，进而各地区不同的气候条件造成了全省不同类型的种植格局。

（1）玉米气候区划。

玉米属于喜温作物，其生育期对温度条件的要求因品种和熟性的不同而异。一般早熟玉米品种全生育期要求 ≥10℃ 的积温 3000 度·日以上，中熟品种要求 2500~2700 度·日。玉米生长发育的最低温度为 10℃，玉米种子在 10℃ 可以正常发芽，以 24℃ 发芽最快，最适宜的温度为日平均气温 20~26℃ 之间，日平均气温 ≥10~20℃ 期间是玉米高产安全生育期。其他生长过程要求温度均在 20℃ 左右或者更高，低于 20℃ 时，产量下降。因此，日平均气温 20℃ 的终止日，是玉米高产安全成熟期的重要指标。我国玉米种植的北界为 7 月份平均温度 18℃、≥10℃ 积温为 1800 度·日、无霜期 90 天以上的气候界限。

降水方面，玉米需水较多，生育期间需要降水量大约在 500 毫米，除苗期应适当控水外，其后都必须满足玉米对水分的要求，才能获得高产。

另外，玉米也是喜光的短日照作物，全生育期都要求强烈的光照，在强光条件下，生长健壮，且产量较高。玉米生育期内山西省各地日照时数基本能满足玉米生育需要。

山西省春（夏）玉米生育期一般在 4 月中下旬（6 月上中旬）开始至 9 月中下旬，生育期间山西省各地日平均气温 ≥10℃ 的积温各地分布不等，中南部大部 ≥3300 度·日，北中部 ≥2500 度·日，平均气温大部分地区在 16~24℃，绝大部分地区的热量条件基本能满足玉米品种的生长需要。8 月下旬到 9 月中下旬期间为灌浆成熟期，北中部的东西山区区域气温低于 18℃，不能满足玉米的灌浆成熟适宜温度的要求；其余大部地区气温在 18~24℃，对玉米灌浆成熟十分有利。

全生育期多年降水量除太原盆地和大同盆地的部分县（市）不足 350 毫米，其余县（市）降水量为 350~500 毫米；整个生育期间降水量比较丰富，但分配不均；生育期间各地日照时数 ≥1100 小时，其中，北中部地区较多在 1200 小时以上，光照较为丰富。山西省玉米在生育期间的热量条件大部分地区基本都能满足，但部分山区区域则不足；降水量部分盆地区域不能满足其生长发育需要，其余地区基本能满足，但是存在降水时段分布极不平衡的状态，抽雄前后除东部山区区域降水量较多，大部分地区降水量为 150~200 毫米，降水量不能满足其生长需要；这期间玉米易受到"卡脖旱"影响，所以限制玉米种植的主要因子为温度和降水。

根据国内外已有的研究成果（曹宁等，2009；余卫东等，2010；杨志跃，2005；李树岩等，2014）等，结合玉米生长发育的几个关键期的气候要素进行统计检验，以年降水量、6~8 月平均气温以及 7~9 月降水量为指标对玉米种植区域进行等级划分，见表 3-1。

表 3-1 玉米区划指标

等级	T（℃）	R_1（mm）	R_2（mm）
适宜	≥20	≥250	≥400
较适宜	20~18	250~200	400~300
不适宜	<18	<200	<300

注：其中 T 表示 6~8 月平均气温；R_1 表示 7~9 月降水量；R_2 表示年降水量。

山西省玉米由较适宜到适宜所占面积达到全省面积的 86.73%（见表 3-2）。山西省绝大部分地区都适合种植玉米，玉米的生长需要充足热量和水分以及光照，不适宜地区也主要是因以上条件的不合理配置所限。

表 3-2 玉米种植区域各等级面积及其占山西省总面积百分比

等级	面积（km²）	占山西省总面积（%）
适宜	84693.24	54.08
较适宜	51132.32	32.65
不适宜	20774.44	13.27

　　其中，适宜种植区域主要分布在农业气候区划中区域3、区域5及区域6，包括运城市、临汾盆地、临汾东西山区大部分、晋城市中西部、长治市盆地、太原盆地大部县（市）；阳泉市中南部、吕梁西部、忻定盆地南部。区域内多年平均气温≥8℃，≥10℃积温大于3000度·日，年降水量≥400毫米，多年日照时数在2200~2600小时；土质主要以壤土、黏壤土、粉壤土、沙壤土和砂粉土等为主；海拔高度≤1200m。适宜种植区域内热量资源丰富，降水适宜，日照充足，适宜玉米的生长和产量的形成。玉米适宜种植区面积占全省面积的54.08%。

　　较适宜种植区域主要分布在农业气候区划中区域4，包括临汾东西山的少部分县、晋城市东部的陵川县、中部的东西山区、太原盆地北部地区、忻定盆地北部地区、大同盆地、吕梁山西部地区。较适宜种植玉米区域内多年平均气温≥10℃的积温大于3000度·日，年降水量除大同盆地不足400毫米，其余均≥450毫米，多年日照时数≥2400小时；土质主要以壤土、黏壤土、粉壤土、沙壤土和砂粉土等为主；海拔高度≤1200m。该区域内夏季热量资源丰富，降水较为丰沛，日照充足，比较适宜种植玉米，种植面积约占全省面积的32.65%。

　　不适宜种植区域主要分布在农业气候区划中区域1，包括晋西北的高寒地区、北部的恒山、五台山、吕梁山以及中部东山一带；这一区域较少，仅为全省面积的13.27%。区域内多年平均气温<8℃，年降水量盆地不足400毫米，山地降水量较多；日照时数≥2600小时；以上区域日照最为充足，但由于山地海拔较高，热量资源不足以及水资源的不平衡是限制玉米种植和发展的主要原因。

　　玉米占据山西粮食生产的主导地位，山西省地处世界三大玉米黄金生产带，是农业农村部优势玉米区域，种植北方春玉米和黄淮海夏玉米，有适宜玉米生长发育的气候条件，日照充足，雨热同步，昼夜温差大，不论面积、单产都有很大的发展潜力。

　　（2）小麦气候区划。

　　冬小麦也是山西省主要粮食作物之一，其种植面积和产量占到全省粮食作物种植面积和产量的1/4。冬小麦生育期大约230日，这期间要求≥0℃的活动积温800~1000度·日，耗水量大约400毫米，不同阶段有不同的适宜温度范围。当气温稳定在3℃以下时停止生长，日平均气温≤0℃期间为冬小麦越冬期，日平均温度大于 25℃ 时，因失水过快，灌浆过程缩短，使籽粒重量降低。

降水方面，水分对冬小麦的生长非常重要，生长期间需要的土壤含水量为土壤田间最大持水量的 10% ~ 80%，抽穗 5 日到抽穗后 25 日期间最适宜降水量为 80 毫米，灌浆阶段需水量为 120 毫米（郭贝宁，2017）。

另外，冬小麦是长日照作物，日照充足能促进新器官的形成，分蘖增多；从拔节到抽穗期间，日照时间长，就可以正常地抽穗，开花灌浆期间，充足的日照能保证冬小麦正常开花授粉，促进灌浆成熟。

山西省冬小麦一般在 9 月中旬到 10 月上旬播种，至次年 6 月中下旬收获。生育期间山西省绝大部分地区日平均气温 ≥0℃ 的积温满足冬小麦生长条件。各地分布不等，但均适合种子发芽出苗至越冬期。北中部地区 4 月平均气温 <10℃，不能满足冬小麦拔节需要。5 ~ 6 月平均全省大部分地区平均气温为 16 ~ 26℃，较冬小麦抽穗开花以及灌浆成熟适宜温度略高，对产量的形成较为不利。

全生育期多年降水量全省大部分地区在 150 毫米以上，降水量缺量较大，且大部分地区春季降水量仅为 60 ~ 114 毫米，对冬小麦的拔节孕穗以及灌浆等都非常不利。

根据已有的研究成果，并考虑到栽培作物分布区域和分布界限的气候分析，同时也对冬小麦生长发育的几个关键期的气候要素进行了统计检验；参考已有技术文献（郑春雨等，2009；刘文平等，2009；曹宁等，2009），对冬小麦适宜种植区域进行等级划分，见表 3 - 3。

表 3 - 3　　　　　　　　　　　冬小麦气候区划指标

等级	$\sum T \leqslant 0℃$（℃·d）	T_1（℃）	T_2（℃）	R（mm）
适宜	$\geqslant -350$	$\geqslant -14$	$\geqslant -8$	$\geqslant 25$
较适宜	$-350 \sim -520$	$-14 \sim -24$	$-8 \sim -9$	$25 \sim 20$
不适宜	< -520	< -24	< -9	< 20

注：$\sum T \leqslant 0℃$ 表示冬季负积温；T_1 表示 1 月平均最低气温；T_2 表示 1 月平均气温；R 表示拔节前后降水量。

山西省冬小麦主要分布在北纬 38°以南，能种植在中部和南部、海拔高度低于 1000m 的地区；适宜到较适宜两个等级的面积大约占全省总面积的48.81%（见表 3-4）。其中，适应种植区域主要分布在运城盆地和中条山以南河谷地带、临汾盆地、太原盆地中南部、晋城中南部、长治盆地、阳泉市等地。区域内多年平均气温 ≥10℃，≥0℃积温大于 4000 度·日，年降水量约 500 毫米，多年日照时数在 ≥2200 小时；土质主要以壤土、黏壤土为主；海拔高度 ≤800m。该区域内农业气候资源日照中等、降水中等、热量最为丰富。

表 3-4   冬小麦种植区域各等级面积及其占山西省总面积百分比

等级	面积（km²）	占山西省总面积（%）
适宜	37759.35	24.11
较适宜	38685.84	24.70
不适宜	80154.81	51.19

不适宜种植区域主要分布在北部地区和中部的东西山区、吕梁山一带。不适宜种植面积较大，占全省面积 51.19%。该区域内降水量较多，光照充足但冬季气温偏低是影响冬小麦越冬的关键因素，热量条件不能满足其生长和产量。山地海拔较高，以及北部地区热量资源不足、水资源的不平衡是限制小麦种植和发展的主要原因。

山西地处黄土高原，属温带气候，南北跨 6 个纬度（即北纬 34°34′ ~ 40°43′），中南部的温和湿润与北部的寒冷干燥气候并存，山间、河川、盆地形成了适宜各种小杂粮不同生理要求的独特气候。

2. 山西省林业作物的气候区划

（1）苹果的气候区划。

由于受到大陆性气候影响，山西省四季分明，昼夜温差大，日照充足，小气候多，很适合干果经济林的发育生长，而且为其栽培创造了得天独厚的条件（李沁等，2006）。

山西省经济林作物主要有苹果树、桃树和梨树，这三种林业作物果品产量占全部果品产量将近9成。

根据国内外研究表明，苹果性喜冷凉干燥、日照充足的气候条件。一般认为苹果栽培的最佳气候条件是年平均气温在8.5～12.5℃，年降水量在500～800毫米，年日照时数2000小时以上。

山西省年平均气温中南部大部分地区在8～14℃，北中部大部分＜8℃，生育期间大部分地区年平均气温在14～22℃，降水在400毫米以上，年日照时数中部大部在2200～2600小时，北中部大部在2600～2800小时。山西省中南部大部分地区基本都能满足苹果在生育期间的热量需求，但北中部大都不满足。

根据苹果区划指标，考虑气候要素的影响，山西省苹果主要分布在北纬38°以南，能种植在中部和南部大部、海拔高度低于1000m的地区。

适应种植区域主要分布在运城市、临汾盆地及晋城南部。适宜区域种植面积占全省面积的14.48%。区域内年平均气温≥8℃，年降水量≥400毫米。日照时数≥2200小时。该区域内热量丰富、光照充足，降水适宜，均利于苹果生长和产量的提高。

（2）红枣的气候区划。

山西省是中国红枣重点产区之一，枣树栽培已有悠久的历史。近年来，随着国家农村经济结构调整和退耕还林政策的落实，山西省枣树栽培面积迅速扩大，年产量逐年提高，贮藏加工及营销有了明显进步，枣果产业出现了未曾有过的发展热潮。

根据红枣树种的栽培特性和各区域气象条件，红枣适宜栽种区域主要分布在太原晋中盆地、吕梁和临汾东西部山区、阳泉部分和长治盆地。区域内年平均气温在9.6～11.1℃，年降水量在410～580毫米，日照时数＞2400小时，热量资源丰富，光照充足，降水适宜，均有利于红枣生长和产量的提高。

全省除大同、朔州少数几个县（市）外，其余90多个县（市）都有枣树栽培。临县、柳林、石楼、兴县、永和、太谷、交城、平遥、洪洞、翼城、盐湖、临猗、稷山等县（市）为重点产区，其产量约占到全省总产量的90%左右。

3.1.3 山西农林牧业的地域特征

1. 山西省种植业主要品种的地域分布

（1）山西省玉米种植的地域分布。

玉米作为我国的主要粮食作物，也是山西省的主要粮食作物之一，同时也是良好的牲畜饲料和工业原料。山西特别是山西中南部土壤肥沃、气候温和、雨热同步、日照充足、无霜期长、昼夜温差大，有与著名的美国玉米生产带相近的气候，是全国玉米适宜生长区，所产玉米色泽好、品质优、产量高（白国平，2007）。其次，地形、地貌复杂，各种生态区域气候差异明显，从玉米生产自然形成和耕作制划分，主要分3个生态区域：北部高寒早熟玉米区、中部春播中晚熟区、南部夏播玉米区（樊智翔等，2002）。

（2）山西省冬小麦种植的地域分布。

近年来，山西小麦生产总体呈现出面积和产量基本稳定，种植生产区域化、规模化，生产技术简约化、机械化等特点。小麦种植主要集中在以弱冬麦为主的运城、临汾和晋城市，种植面积和总产分别占全省小麦播种面积和总产的79.6%和78.5%；其次种植在以强冬麦为主的晋中、长治、吕梁和太原市，种植面积和总产分别占全省小麦播种面积和总产的20.4%和21.5%。北部春麦区几乎不再种植小麦，仅有零星种植，其面积和总产占不到全省的千分之一，可忽略不计。

（3）山西省杂粮种植的地域分布。

山西小杂粮种类多，品种好，营养丰富。目前，山西广为种植的杂粮品种主要有谷子、莜麦、荞麦、大麦、糜黍、马铃薯、甘薯、高粱、绿豆、豌豆、小豆、黑豆、芸豆、蚕豆、豇豆、扁豆16个品种。山西省小杂粮种植区域广，种类丰富，且从南到北都有种植。除复播的粟类、豆类外，小杂粮主要分布于晋北、晋西北及东西两山（太行、吕梁山脉及其延伸带）的丘陵山区（李引平，2010）。

2. 山西省林业作物的地域分布

着色系富士苹果主要分布在运城、临汾和晋城三市的芮城、平陆、临猗、盐湖区、闻喜、万荣、襄汾、吉县等 30 个县（市），总面积 15.6 万公顷；元帅系苹果集中分布在吉县、榆次区、祁县、太谷等 15 个县（市、区），总面积 2.84 万公顷；皇家嘎拉、华冠、美国 8 号等早、中熟苹果优良品种主要分布在运城、临汾、晋城、晋中等地，其总面积已达 5.2 万公顷（廉国武，2011）。

山西省桃树主要栽植区在忻州以南，以运城、临汾、晋中和太原地区为主。4 个主要栽培地区占到全省面积的 90% 以上，产量占全省总产量的 97% 以上（陈双建，2012）。

山西省梨的栽培历史悠久，历史上已逐渐形成栽培相对集中的几大梨区：忻州梨区、晋中梨区、晋东南梨区、晋南梨区，四大梨区占全省梨园面积的 80%（马光跃等，2008）。梨优势栽培区集中分布在晋中、忻定盆地和上党盆地的平遥、祁县、忻府区、原平、代县、高平、汾阳、文水及晋南的盐湖区、临猗、万荣、隰县等 20 个县（市）。截至 2010 年底，上述县（市）梨树栽培面积为 6.6 万公顷，总产量达 30.12 万吨，分别占全省梨种植总面积和总产量 78% 和 75%（尉亚妮，2012）。

3. 山西省畜牧和养殖业的地域分布

（1）山西省羊养殖业的地域分布。

改革开放以来，山西省养羊业发展较快，现已初步形成沿黄河 24 县为主产区的绒山羊产业，以太行山区域为主的肉用山羊产业和以大同、忻州、晋中和晋南为主产区的绵羊产业（刘喜生，2006）。大同、朔州、忻州、吕梁 4 个地市 36 个县（区）构成了晋西北优势肉羊产区，存栏总数约占全省羊存栏总数的 60%；吕梁山脉和太行山脉以山羊为主，平原和盆地以绵羊为主。

山西省因各地生态环境、气候条件、资源特点不同，经营方式存在很大差异。

大同、朔州、忻州、吕梁的部分高寒冷凉地区，地广人稀，无霜期短，不是粮食的主产区，以农户散养高繁母羊为主。能繁母羊的饲养规模小户三五十只，大户百八十只；以户为单位的经营方式可以充分地利用自家的农副产品和劳动力，有利于分散放牧合理利用生态资源，有利于种公羊和繁殖母羊必要的运动，有利于繁殖季节集中产羔羔羊的护理和成活率提高。

怀仁县、忻府区、原平市、定襄县等平原、盆地及晋中、晋南粮食主产区，以集约化、规模化羔羊、架子羊强化育肥为主，以平衡营养和饲料调制技术实现羊只快速育肥，缩短存栏期，从而减少达到相同体重的维持需要，实现较高的收益（赵宇琼等，2015）。

（2）山西省牛养殖业的地域分布。

目前，山西省肉牛规模养殖户1.2万户，形成了晋南区、晋中区和雁门关肉牛片区等养殖区域（杨子森，2006）。山西的肉牛生产基地主要布于晋中地区、晋东南地区、临汾地区和运城地区，其中晋中地区的肉牛生产最为发达，肉用改良牛占的比重最大（胡贝军，1992）。

（3）山西省猪养殖业的地域分布。

山西省养猪业目前主要集中在农村，饲养方式多采取散养，饲养的农户主要由传统的养猪农户、专业的养猪户和专业化养猪场组成（张爱东，2015）。

（4）山西省鸡养殖业的地域分布。

从整体布局来看，山西省的优质禽蛋生产区主要包括大同南郊区、太原小店区、清徐县、吕梁地区文水县、汾阳市、临汾市的尧都区、襄汾县、长治市郊区、长子县、阳泉市郊区、运城市的盐湖区、稷山县、晋中市的榆次区、平遥县、忻州市的忻府区、原平市共16个禽蛋生产大县（市、区），其中榆社、长子、襄垣、太谷、清徐为特色禽蛋生产区（李沁，2006）。

3.2 气候变化对山西省农林牧业的影响

山西省农业气候区划复杂，农林牧品类繁多，"十年九旱"的气候条件以及暖干化的变化趋势，对山西省农林牧业形成了程度较大、范围较广的影响，是山西省农业现代化和绿色转型发展不得不考虑和面对的问题。本节重点以种植业、经济作物和畜牧业为研究对象，梳理气候变化对山西省这些领域的具体影响，从而为山西省在这些领域的适应气候变化工作提供靶向。

3.2.1 气候变化对山西省种植业的影响

1. 气候变化对玉米种植的影响

（1）热量资源的变化及其对玉米种植的影响。

以日平均气温在 10～12℃之间作为春玉米适播期指标，山西省春玉米一般在 4 月中下旬播种，日平均气温稳定通过 0℃和 10℃的初日提前使得山西省各地玉米的播种期也得以提前，加之秋季气温稳定通过 0℃和 10℃的终日推迟，使得成熟期推迟，有利于玉米生育期的延长和产量提高。对于运城、临汾一带以及气温≥10℃日时延长显著的区域尤为如此。春秋两季几乎不出现高温天气，也有利于玉米的生长发育。

玉米从拔节开始生长很快。玉米从拔节至抽穗的适宜温度为 24～27℃，月平均气温 20℃以上，春季平均气温的上升对玉米拔节、抽穗十分有利。

6 月下旬至 7 月是玉米的开花期，是玉米一生中对温度要求最高、最敏感的时期，但这个时期正处于初夏时节，气候变暖使得山西省平川与丘陵地区夏天更易出现高温天气，气温高于 32℃，花粉本身将很快因失去水分而干枯，花丝亦很快枯萎，进而不利于玉米开花授粉，从而导致授粉不良，产生缺粒。

目前山西省日照时间总体上呈现减少趋势，晋中、临汾地区光照时间减少最为明显，若日照严重不足，就会引起玉米茎秆细弱，叶片发黄，容易倒伏，进而降低产量。

（2）降水资源的变化及其对玉米种植的影响。

玉米拔抽穗、开花时期，土壤含水量以田间持水量的 70%为宜。抽穗开花期是玉米对水分要求最多的时期，而此时处于春季，山西省晋北和晋东太行山脉一带春季降水略显增加趋势，有利于土壤湿度的保持，对玉米的抽穗开花有积极作用，其余地区春季降水量呈现减少，更加容易出现干旱，不利于玉米的抽穗开花。

玉米开花授粉期为山西省的初夏时节，山西各地降雨呈现更加集中和强度更大的特点，较多的降雨会冲掉花粉，田间湿度较大时，花粉散出也不顺畅，花粉扩散能力下降，使授粉不良，出现秕粒、秃尖等现象。

灌浆期土壤水分由田间持水量的 80%降至 50%左右为宜，长期干旱或雨涝，均会造成灌浆不良、籽粒不饱满。玉米成熟期，天气晴朗，气候干燥，有利于种子脱水。

玉米生长期，每月平均降水量在 100 毫米左右为宜，年平均降水量少于 350 毫米的地区需进行人工灌溉。

（3）光照。

玉米是短日照作物，大多数玉米品种要求 8～12 小时光照才能通过光照阶段。早熟品种一般对光照长度不很敏感，晚熟品种一般对光照长度比较敏感。南方培育的品种对日照反应较北方培育的品种敏感。种植实践表明，将偏南地区的品种稍北移种植，日照加长，气温略降低可使生育期延长，玉米植株充分生长，获得较高产量。

日照充足，日平均气温在 20 ~ 24℃ 之间，有利于玉米灌浆；气温高于25℃时，容易早衰；低于 16℃时，光将停止。光照不足或者种植密度过大，就会引起玉米茎秆细叶片发黄，容易倒伏，降低产量。

（4）干旱化。

部分地区呈现干旱化加剧的趋势。在这些地区如果土壤干旱缺水，尤其是在抽雄前后严重干旱，将阻碍吐丝、受精；开花期遇高温、干旱，将影响授粉受精，造成秃顶和缺粒现象。

2. 气候变化对小麦种植的影响

（1）气温。

气温升高则使得越冬作物如冬小麦（山西的小麦主要以冬小麦为主，春小麦所占比重不足1%，故这里用小麦替代冬小麦）播种期推迟，越冬期缩短，返青期提前，成熟期提前，整个生育期的缩短，加上降水减少，冬、春旱的加剧，这样的气候条件逐渐变得不利于冬小麦的生产，使冬小麦的种植面积有所减少。

山西省冬季增温尤其明显，对区域内冬小麦农业生产影响较大，如使得冬小麦播种和越冬期推迟、返青后各发育期提前、冬小麦种植北界边界北移等。资料显示，1996 ~ 2010 年山西冬小麦种植范围明显比 1981 ~ 1995 年的种植范围大，在山西中部大约北移了 17km。

通过对山西省冬小麦的发育期资料的分析可以得出：生育期间需要日平均气温≥0℃，积温平均约2150度·日，日平均气温≥10℃积温大约为1720度·日，降水量最少为 170 毫米左右，日照为 1650 小时。选取汾阳、介休和运城三个代表站点发育期详细分析，结果表明：受气候变暖影响，山西省冬小麦播种期整体呈推后趋势，尤其在 20 世纪 80 年代后期到 90 年代，播种日期大约推后一周。这是由于秋季变暖后，冬前生长期延长，按照原播种期，麦苗冬前生长过旺，不利于安全越冬，即使不冻死，由于叶片大部分冻枯养分消耗过多也不利于返青后的生长。中部地区越冬期有所推后，南部地区相对比较稳定；返青和拔节日期有提前趋势，尤其是中部地区比较明显，提前约一旬；之后各发育期也均呈提前趋势。气候变暖虽然导致冬小麦安全发育期的缩短，但由于冬半年变暖程度明显大于夏半年，许多地区的越冬休眠期缩短往往超过安全生育期的缩短，使得冬小麦的有效生长期反而延长有利于增产。

（2）降水。

山西省水资源的匮乏主要影响了小麦的种植面积和产量，整体来看小麦种植呈减少趋势。

冬小麦一般在 9 月中旬到 10 月上旬播种，而此时全省大部分地区容易迎来秋雨，且会持续好几天。小麦发芽需要足够的氧气，但在长期阴雨的情况下容易造成缺氧而不能发芽，甚至烂种。

（3）日照。

冬小麦整个生育期需经过春化和光照阶段。冬小麦在完成春化反应的基础上，对日长有一定的要求，对光周期反应一般可分为三种类型：一是敏感型，在每日 12 小时以下日长的条件下不能抽穗，需要 12 小时以上的日长达 30 ~ 40 天才能抽穗；二是中等型，在每日 8 小时日照条件下不能抽穗，每日 12 小时日照下，24 天以上才能抽穗；三是迟钝型，在每日 8 和 12 小时日照下，均能抽穗，仅需 16 天以上。不同地区、不同小麦品种，对连续光照时间长度的反应不同，反应约需 24 ~ 28 天。山西省冬小麦对日照变化反应比较敏感。

（4）极端天气。

有研究（武永利，2015）选取 495 毫米为满足冬小麦生长的需水要求界限，本课题延续这样选取方法，认为冬小麦生长需水量较大，极易受到干旱气候条件的影响。

山西省的冬小麦位于我国北方冬麦区，冬小麦全生育期处于干旱期，在自然气候条件下，水分不足，且年际变化大，导致冬小麦气候生产潜力逐年波动较大，冬小麦气候减产量主要由水分不足引起，这是反映干旱对冬小麦气候生产潜力减产的主要指标。

针对冬小麦而言，重度干旱区主要分布在吕梁西部，太原和晋中盆地，阳泉地区，具体包括吕梁的临县、汾阳、文水，晋中的祁县、平遥，太原的清徐和阳泉市区。这些区域内冬小麦生产及易受到干旱影响，面积为

8809.3km²，占全省麦区总面积的 11.5%。冬小麦受到干旱灾害的影响程度从南到北呈逐渐增加趋势。

除干旱外，霜冻也是影响冬小麦生长的重要气象灾害之一。冬小麦遭受晚霜冻害多在拔节以后，且随着拔节后天数不用，冬小麦耐寒能力逐渐降低，其受害程度会逐渐严重。冬小麦开始幼穗分化后抗寒能力逐渐减弱，拔节前幼穗处于地表以下，在叶丛和土壤的覆盖下温度一般不会降得很低，遇到强冷空气侵入时只会冻死部分叶片，幼穗不会受到伤害，对产量的影响很小。拔节后幼穗处于地表以上，且越来越高，不仅失去土壤的直接覆盖，其上的叶丛也越来越薄，当有强冷空气侵入时，由于幼穗抗旱能力减弱和受环境温度影响加大，常使部分幼穗或全穗甚至整个植株受冻枯死。因此，拔节期是霜冻灾害影响产量的关键时期。山西省主要以轻、中度霜冻为主，发生面积占全省麦区总面积的 90%。1953 年和 1954 年 4 月的春霜冻曾造成中南部大面积小麦苗死亡。2006 年 4 月，受西伯利亚强冷空气东移南下的影响，在全省境内发生了一次伴随寒潮和强降雪的低温冻害。全省 24 小时最低气温下降均在 10℃ 以上，致使各地正值花期的各种果树和中南部已经拔节的小麦遭受了严重的低温冻害，直接经济损失达 17.4 亿元。

3. 气候变化对作物种植结构的影响

根据山西省统计年鉴相关数据计算可知，1965～2015 年，山西省主要作物产量及种植面积的平均增速情况如表 3-5 所示。

表 3-5　　　　　1965～2015 年主要农作物产量增幅及面积增幅　　　单位：%

项目	玉米	小麦	高粱	豆类	薯类	油料	甜菜	棉花
产量增幅	684.30	85.27	-75	27.86	88.25	233.33	-73.34	-86.58
面积增幅	165.03	-36.71	-87.43	4.53	18.91	1.32	-86.89	-95.99

资料来源：《山西统计年鉴》（1966～2016 年）。

表 3-5 数据显示，玉米的产量有明显的增加，其增幅远大于面积增幅；小麦的播种面积虽然有所下降，但产量却有很大的上升；此外，甜菜、棉花等经济作物的产量和面积均有所下降。以平遥为例：2002 年冬小麦播种面积

为 20 万亩，到 2011 年，已降至 1.5 万亩。玉米面积在同期由 15 万亩扩至 50.5 万亩，而平遥全县的耕地面积仅 68 万亩。同时，该县原来种植的花生、葵花、油菜等油料作物也大幅下降，平遥县现在的两个大榨油厂，其原料已经是东北大豆。

据统计，山西粮食的播种面积分布，只有玉米播种面积所占比例增加，由 1995 年占 26.2% 增加到 2010 年的占 49.9%，其他作物播种面积所占比例不同程度的减少。以山西北部的朔州、中部的太原和南部的运城为例，1981～2010 年三地玉米播种面积都在 2004 年后急剧增加，小麦的播种面积运城变化不大，太原和朔州减少剧烈，朔州由 1981 年的 289.7 千公顷减少到 2010 年的 0.158 千公顷，太原由 1981 年的 17.5 千公顷减少到 2010 年的 2.6 千公顷。杂粮播种面积均不同程度减少，蔬菜播种面积自 1995 年以后明显提高。小麦在北部被挤出种植市场，杂粮在南部被挤出种植市场，即南部守在小麦种植，北部守在杂粮种植，但原有种植空间均不同程度被玉米挤占。

据统计，1966～2015 年山西总播种面积呈减少趋势，由 1966 年的 4601 千公顷下降到 2015 年的 3767.71 千公顷，减少了 18.1%，平均每年减少 16.7 千公顷。1995 年和 2010 年播种面积分布中，粮食占比由 81% 增加到 86%，蔬菜占比由 4% 增加到 6%，而油料占比由 9% 减少到 4%，其他作物（主要是甜菜、棉花、盐业、药材等）占比由 6% 减少到 4%。

受热量资源的影响，山西省各地农作物种植制度差异明显。位于南部的运城市，气温较高、无霜期长，主要种植冬小麦、复播夏玉米或大豆等，实行一年两熟制；中南部的临汾市、东南部以及中部的太原盆地，主要实行两年三熟制，即玉米成熟后播种冬小麦，麦收后复播生长期较短的豆类、蔬菜或者种植一年一熟的大秋作物如玉米、高粱等；中部山区以及北部主要种植大秋作物，为一年一熟；北部高寒地区主要种植喜凉作物如马铃薯或莜麦、荞麦等小杂粮。

热量增加有利于适度提高复种指数，但由于水资源不足，迫使小麦面积压缩，又缺乏其他合适的越冬作物，近 20 年来，山西的复种指数实际变化不大，只是在小麦向北扩种的平原地区略有提高。

由于水资源日益紧缺，全省小麦播种面积由 1978 年的历史最高水平 110 万公顷下降到 2011 年的 71 万公顷，但 2005 年以后由于水利建设的加强，灌溉面积略有增加，小麦播种面积基本稳定。

由于玉米的耐干性强于其他作物，近些年气候的显著变化就是增温明显、降水减少，其中尤以冬季增温、春季降水减少更为显著，这样的气候条件仍在玉米生育的可接受范围内，因此，相较其他类型农作物，近年来山西省玉米的种植面积逐渐扩大，产量也逐年上升。

随着气候变暖和特早熟玉米品种的育成，加之玉米对热量资源的改善比较敏感和水分利用效率较高，山西省玉米播种面积迅速增加。过去以种植春小麦、莜麦和马铃薯为主的北部地区，玉米种植面积大幅度增加。除左云、右玉、宁武等海拔很高的少数县，玉米在绝大多数县已成为播种面积最大的粮食作物。

玉米种植区域可划分为北部春播早熟区、中部春播中晚熟区和南部夏播复作区，玉米品种也相应种植早、中、晚熟品种，区域界限明显，春、夏播品种选择严格。在热量条件较好的中南部普遍以中熟玉米品种替代早熟品种，以中晚熟品种替代中熟品种，增产效果显著。

3.2.2　气候变化对山西省经济林的影响

受全球气候变暖的影响，山西省春季灾害性天气增多，近几年在梨树花期经常性地出现霜冻、降雪、沙尘暴、大风降温等天气。如 2002 年我省中部梨树花期出现低温，2003 年梨树盛花期出现雨夹雪天气，使得坐果率下降，2006 年梨树花期全省普降大雪，使得部分产区梨果绝收。由于酥梨不抗冻，在 2002 年底出现的持续低温后，中部地区酥梨普遍发生冻害，使得 2003 年春季腐烂病大量发生，严重影响梨果的产量和品质。这一系列的灾害，严重打击了果农的积极性，许多果农在灾后放弃了对果园的管理，出现了果园撂荒、病虫害更加严重的情况，对山西省梨果业的可持续发展带来极大的隐患（马光跃，2008）。

3.2.3　气候变化对山西省畜牧业的影响

气候是发展畜牧业的重要环境条件。畜牧业生产水平的高低、产品数量的多少、质量的优劣，既取决于家畜的遗传因素，也依赖于生长发育的环境条件。

气候对家畜的影响是多方面的，不仅影响家畜的种类和品种的区域分布及适应性，并且直接影响家畜的生长发育、生产性能和繁殖技能及品种的培育和改良等。

1. 温度变化对山西省畜牧业的影响

各种牲畜的适宜温度范围大致为 8~22℃，最适的抓膘气温约在 14~22℃范围内。

冬季气温过低将引起家畜掉膘，掉膘的低温在 -5~15℃之间。极端的低温天气会引起牲畜体温下降，代谢率也伴随下降，血液循环失调。各种家畜抗御低温的能力有所差异，大牲畜抗寒能力较强，能抗御 -30℃左右的低温，绵羊能耐 -27℃左右低温，若最低气温持续下降，将对家畜造成严重危害。

夏季气温过高对家畜也很不利。绵羊对高温最为敏感，当气温达 22℃以上，风速为 3m/s 以下时，就不爱吃草；气温在 25℃时，必须将绵羊转放到荫蔽处。山羊耐高温能力在 30℃以下。气温在 25~30℃时，牛表现不适；高于 30℃，牛啃草时间缩短，母牛产乳量下降。家畜对低温的适应能力一般比对高温的适应能力稍强一些，极端高温对家畜的危害比低温严重。在冬季，牲畜抗病毒能力下降，易患风湿病、关节炎、呼吸道传染病等，严重影响牲畜健康。如果 24 小时降温 8℃以上，放牧牲畜就会因为突然变冷而得病。寒冷的冬季易患风湿病、关节炎、呼吸道传染病和冻伤。

气温上升、日照时数减少等变化有利于牲畜安全越冬，对于储备饲草、运输牲畜都十分有利，但气候变暖使畜牧业冬季冷应激减轻，增加了夏季热应激的风险，尤其以奶牛对高温最为敏感。气候变暖还容易引发疫病病原向北蔓延，候鸟春季迁飞提前和秋季延后也将改变禽流感的预防关键期。

高温会导致多种畜禽的生产性能下降。猪属于恒温动物，皮下脂肪厚，汗腺极不发达，体温调节能力差，持续的高温将使猪的代谢功能、饲料利用率、生产能力和抗病力都受到影响。高温会影响家畜的繁殖能力，许多家畜在夏季很少有发情表现，高温环境是种猪夏季不育的主要因素，盛夏高于 27℃就会产生配种受胎率大幅下降的现象。随着气温上升，夏季可能没有家畜的正常繁殖，而春秋季会正常繁殖，冬季则有可能会成为繁殖旺季。畜牧业的生产周期会有重大调整。气温上升以及降水的减少会使得病毒、细菌寄生虫敏感源更加活跃，牲畜发病的机会会增多；多雨潮湿的暖季是胃肠道疾病、寄生虫病发生的基本条件，多发生胃肠道传染病、牛皮绳、马和热射病。

幼畜机体和功能尚未发育完全，体质较弱，抵抗外界不良环境的能力较差，因此对外界环境条件尤为敏感，尤其气象条件的变化对幼畜的影响更加明显。气温上升有利于幼畜过冬，提高幼畜存活率。气温升高、降水减少，有利于牲畜抓膘育肥，草场退化、载畜量增加、草场过牧又会成为牲畜抓膘育肥的限制性因素。

2. 降水变化对畜牧业的影响

降水量和空气湿润状况，影响家畜生理机能，从而直接影响家畜的生存和分布。

空气相对湿度在60%～70%之间最适于家畜生长发育；空气相对湿度在55%～75%之间，甚至85%时，对家畜无显著不良影响；高于85%及低于40%～50%时，对家畜有一定危害。

空气干燥，有利于家畜健康生长，尤其在低温条件下，更是如此。单一的湿度条件对家畜影响并不大，往往在其与温度条件构成一定的组合关系时才产生显著影响，如湿热、湿寒、干热和干寒，不仅明显影响家畜的体型、结构、皮肤、被毛、蹄质及繁殖与生产性能等，而且还影响其生态习性与分布类型。

在家畜中，牛对水分条件要求最为严格，其次是马。骆驼抗旱能力比绵羊强。大多数家畜生活地区适宜的年降水量在300～500毫米之间。降水的减少导致草地的退化不利于晋北草地畜牧业的发展，但冬季变暖使得寒冷掉膘的问题有所减缓，但由于气候波动加剧，冬季白灾和黑灾仍然时有发生。局地暴雨引发的山洪和泥石流常常会冲走牲畜。

3. 太阳辐射对山西省畜牧业的影响

一定的光照时数与充足的辐射，有利于消灭病菌。冷凉季节，较强的太阳辐射对家畜的生长发育有利。强光与高湿相配合，易引起家畜的日射病与热射病，甚至导致死亡，但这种情况并不多见。

光照还会通过对家畜的发情季节、排卵和孕胎等产生影响从而影响家畜繁殖。草地植被的生产力直接决定着草场的牧草生产，是草场载畜能力的基础，气候变暖会使得草场生产力下降。

3.3 山西省农林牧业已有的适应方案 及尚未解决的问题

前述章节中阐述了气候变化对山西省农林牧业的影响,本节将总结面对气候变化山西省采取并制定了哪些应对方案,并归纳整理了当下情况下亟待解决的一些问题,以便有针对性地提出进一步的措施及方案。

3.3.1 山西省农林牧业已有的适应方案

山西省目前已计划建设运城、太原、大同农业气象试验站,这些试验站将成为覆盖山西南部、中部、北部的农业气象业务服务中心,在农业气象服务技术研究、成果应用和人才培养等方面发挥作用。其中运城的气象试验站对于山西南部具有典型的代表性。适应气候变化的措施,政策方面已经出台了《山西应对气候变化办法》、山西省应对气候变化规划等。

山西省气象局开展农业气象观测的有 31 个国家级气象台站,建成 89 个自动土壤水分监测站,配备 25 套土壤水分速测仪,基本形成覆盖全省的自动土壤水分监测网,在农业抗旱减灾方面发挥了重要作用。

2012~2017 年,山西省气象局承担中央财政"三农"专项建设任务,已有 74 个县(市、区)实施了专项建设。全省气象部门着力推进农业气象服务体系和农村气象灾害防御体系建设,为政府制定农业发展战略、进行农业种植结构调整、组织防灾减灾等提供依据,为农业生产大户、农民合作社、新型农业经营主体提供直通式专业服务。

3.3.2 山西省农林牧业适应气候变化需解决的问题

1. 农业基础设施建设落后

(1) 水利设施不足且年久失修。

山西省现有大多数农田水利设施较少,而且部分地区水利设施年久失修功效降低。山西省农村灌溉用水很多局限于地表水，能够使用的灌溉用水塘和水库数量不够，水塘和水库建设数量较少，不能满足农业用水，喷灌、滴灌、渗灌并用，不足以大面积覆盖。因此受耕地资源条件的限制，很多地区种植农作物的田地无法进行灌溉，加上降水不足，导致农业生产低而不稳、靠天吃饭的局面还没有根本性改变，完善水利设施、农田灌溉设施、推广节水技术是农田基础设施建设的重要组成部分，也是农业应对气候变化的重要内容。

（2）温棚使用量少，农作物霜冻严重。

大棚和温室并用，所占农田比例依然比较低，而且很多大棚未达到保温效果。随着气候变暖，冷害、冻害等其他低温气象灾害总体有所减轻，但霜冻灾害反而加重，气候的波动加剧和作物的脆弱性加大。但农户没有及时应对霜冻，大棚和温室的建造量极少，而且很多大棚仅能达到遮雨效果，没能起到防寒增温的作用。

（3）农业生产设备简陋。

在山西部分山区，农业机械化不普及，农作物播种、喷药、施肥、收获都是依靠人力，例如，大多数地方，小麦的收获可以机械化收获，然而对于玉米、马铃薯、水果收获时，只能依靠人工收集，劳动生产率低下，当遇到极端天气，来不及收获，就会造成大量减产。

2. 农业技术缺乏

（1）农业技术人才缺乏。随着气候变化，农作物生长的气候要素发生变化，农户应该针对气候变化带来的农业气象灾害的新特点，调整农作物种植规律，但是没有专业的技术人才对农户进行培养，当极端天气即将来临时，农户无法进行科学合理的手段规避风险，导致农作物减产。

（2）农作物技术创新不足。随着秋冬的变暖，小麦越冬冻害的威胁总体上有所减轻。由于冬性偏弱的品种较早开始穗分化，有利于形成大穗，各地为了挖掘增产潜力，普遍降低了对品种冬性的要求。中部偏北地区过去一直种植强冬性品种，现在也引入了一些弱冬性品种；南部地区由以冬性品种为主改为以弱冬性品种为主。但是过度地削弱品种的冬性，会发生严重的冻害，目前山西省的小麦单产仍然低于全国平均，要积极研发穗大抗冻品种，提高山西省小麦单产。

3.4 山西省农林牧业领域转型适应对策

山西省农业气候条件先天不良，气候变化暖干化趋势严重影响山西省农业生产和现代化进程。山西省农林牧业适应气候变化的重点在于进行气候适应性调整和加强，利用气候变暖带来积温条件改善的利处，也要规避和强化适应干旱的气候条件，同时强化相关基础设施现代化对农林牧领域适应气候变化能力的提升作用。

3.4.1 山西省种植业转型适应对策

1. 加强农业基础设施建设，以适应气候变化推动农业转型发展

加强农田基本建设、土壤培肥改良、生态环境综合治理等农业生态工程建设，以及粮食仓储、农产品贮藏、加工与流通等农业基础设施建设，增强农业系统适应气候变化的物质基础和适应能力。促进土地流转和适度规模经营，推进农村合作经济组织的发展，推进地方农业的统一化管理，及时对气候变化造成的影响做出反应，及时调整农业的种植规模以及种植布局等，减少协调交易成本。加强气候适应型农业的社会化服务体系，推动传统农业向产业化、机械化、现代化转变。在农业经营管理层面上建立适应气候变化的响应机制。

2. 转变种植结构与作物布局，增强种植业气候适应能力

山西省畜牧业产值仅占农业总产值的 24.5%，不足发达国家和地区比例的一半。应当适当扩大饲料作物的生产。降水的减少使得北部和山区的草地退化，需要提高秸秆和粮食加工副产品的利用率来弥补牧草的不足。

随着气候变暖，玉米可向北扩种，马铃薯种植向更高海拔转移，北部的春小麦将进一步压缩。谷子和豆类等粮食是山西的传统优势作物，在确保平原地区以小麦、玉米为主的粮食作物高产的同时，利用谷子耐寒耐热的优点，在干旱缺水的山区和黄土高原保持一定的面积，推广杂交谷子，努力提高单

产。随着黄淮地区气温升高和降水增多，晋西南种植棉花的困难将增大，地势较低的棉田可以适度调减。

3. 作物品种和播期的气候适应性调整

随着生长季积温的增加，玉米和其他春播作物可用生育期更长的品种来替代现有的品种。为了减少盲目性，应该进行更加细致的农业气候区划和热量保证率的计算分析，防止跨区引种和使用生育期过长的品种。随着秋冬季的变暖，可适度降低对小麦冬性的要求。针对气候暖干化趋势，要调整育种目标，加强对耐旱耐热和高光效品种的选育。

在灌溉水源充足的地区，随着气候变暖，春播期可以适度的提前。但对于因降水减少春旱加重的旱地，春播的提早将加剧卡脖旱的威胁，有必要适当推迟，采取提前整地备肥并准备不同熟期的两套种子，等雨抢种的办法。由于冬前积温增加和品种改变，冬小麦的播种期应根据秋季变暖程度适当推迟。春季变暖使得喜温蔬菜也可以提早移栽，更好地满足市场需求，但由于气候波动的加剧需要准备防霜冻措施和分批移栽。

4. 施肥、施药等田间作业和病虫草害防治的气候适应性调整

气温升高加剧了化肥和农药的挥发和分解，除了改进化肥、农药品种和剂型外，田间作业要避开高温时段并避免超量施用。提倡配方施肥、缓施化肥和与有机肥配合使用。根据病原、害虫和杂草生存、传播规律的改变，调整防治时期和重点防治对象。加强检疫和检测，预防外来有害生物的入侵和蔓延。

5. 耕作、栽培技术的气候适应性调整

针对气温升高可能加快土壤有机质降解，提倡秸秆粉碎还田和施用有机肥。为避免影响播种质量和幼苗生长，秸秆还田后需要翻入土壤或播后镇压。气候变暖使得冬旱加重，冬小麦除确保适时浇灌冻水以外，越冬期间要在气温接近0℃时加强镇压以弥缝。气候变暖加快了作物的发育进程，因此蹲苗、追肥、灌溉、整枝等栽培措施要随着发育阶段的改变而调整作业时间。

3.4.2 山西省林业转型适应对策

1. 转变适应思维，减少暖春和倒春寒交错的不利影响

山西省特色林果产业布局范围广，特别是近年来在全省脱贫攻坚大局之下，各区域都不同程度地增加了特色林果产业的种植面积。暖春容易造成花期提前，但春季气温不稳定，倒春寒天气的发生容易造成林果花蕾冻伤甚至冻毁，造成当年绝收。对倒春寒的传统适应方案是用烟熏以提升局部温度，减少冻伤程度，是基于物理升温的原理。未来山西省宜加大科研投入，研发经济、绿色、安全的化学或生物喷剂，在暖春发生时喷洒以延后花期，或者培育晚花期品种，规避倒春寒的影响。

2. 精细化气候区划，因地制宜发展特色林果产业

气候变化影响山西省局部小气候，将为山西省因地制宜发展特色林果产业提供条件。山西各地宜参照临汾隰县因地制宜引进玉露香梨，并进行气候适应性改良的模式，探索在山西发展同纬度稀有、特色林果品种，形成气候适应型林果种植结构和布局体系，推动林果产业特色化、现代化发展。

3. 加强预警、创新方法，提升林业适应极端气候事件能力

对山西省林业特别是经济林影响较大的极端气候事件有干旱、冰雹、秋季持续性降水等。冰雹灾害有可能砸伤砸落果实，影响果实品相和产量。对于冰雹事件，要加强冰雹预警和创新人工除雹手段，在林果密集区增强人工除雹作业能力。干旱灾害会影响果实的口感和产量。对于干旱事件，要加强农田灌溉设施和跨季节小型水利设施的修建；秋季连续性降水会造成果裂、腐烂等后果，造成产量降低，也会稀释部分水果的甜度，影响口感。对于秋季连续性降水，应该加强预警的准确性，在持续降水前除草并平整土地，挖建沟渠，增强果园排水能力。

4. 健全监测，减少暖干化引起的林业火灾风险

气候变暖以及降水减少增加了山西省春秋干燥季节的森林火险。加强各地区的森林火险评估，健全相应的监测手段，提升监测效率和精准性，合理规划生物防火隔离带以及空地防火隔离带。

3.4.3 山西省畜牧业转型适应对策

1. 畜牧业生产气候适应性调整

针对降水减少导致北部草地和部分山区植被退化的情况，草食动物饲养要加强越冬饲草的储备。夏季气温上升，需要修订规模畜禽场舍的通风和隔热标准，加强防治和检疫。与内地其他省份相比，山西省由于缺粮，对于猪鸡等耗粮型动物的养殖不具备优势，但由于凉爽的气候有利于草食动物的饲养，针对目前牛羊肉和牛奶供应严重不足的现状，应在有条件的山区和高原适度扩大草食动物的饲养；加强人工草场建设，对天然草地进行置换，使天然草地植被得到恢复。

2. 选育抗逆品种

培育产量潜力高、品质优良、综合抗性突出和适应性广的优良畜禽和牧草新品种，加强畜禽良种繁育基地建设和扩繁推广。改进优良牧草的品种布局，有计划地培育和选用抗旱、抗涝、抗高温、抗病虫害等抗逆品种，建立牧草均衡供应新技术体系和优质牧草生产基地。

3. 转变生产方式

畜禽季节性生产模式的研究与推广应用，有效减弱夏季高温对养殖业的影响；减少规模化养殖场的饲养密度，搞好畜舍的卫生条件，降低畜禽的不利气候影响暴露度；适应水资源紧缺的趋势，加快养殖场节水生产工艺的研究和应用。

4. 加强疾病防控技术研究

研究和预防新的病毒或细菌性疾病，加强新的生物制品技术的研究和开发；高温季节的高发疫病筛选及其综合防控措施研究；进行重大疫病和常见疾病诊断与控制技术研究与示范，灵敏、快速、简便的诊断技术及诊断试剂盒研制；研究开发灵敏特异的诊断技术与高效安全的新型治疗药物。

| 第4章 |
气候变化对山西省水资源领域的影响及适应对策

　　水资源领域是适应气候变化系统工作中的关键领域，在历次 IPCC 气候变化评估报告中，水资源领域适应气候变化均被视为适应气候变化的重点工作。习近平在黄河流域生态保护和高质量发展座谈会上的讲话中强调，要坚持以水定城、以水定地、以水定人、以水定产①，凸显了水资源在城市和产业发展中的刚性约束作用。山西省作为干旱缺水型省份，在暖干化趋势下，水资源适应气候变化，对于山西经济转型跨越发展、优化城镇布局和促进产业升级具有现实意义，对中西部干旱缺水型地区也具有借鉴意义。

4.1　山西省水资源现状

　　山西省地处黄土高原和干旱半干旱气候区，素有"十年九旱"之说，人均水资源占有量为全国的 17%，亩均水资源占有水量只有全国的 11%，是我国重点缺水省份②，水资源量十分缺乏。工业化以来，经济发展与自然生态矛盾加剧，水污染问题严重，工业用水急剧增加，水资源供需矛盾急剧扩大，山西省水资源基础薄弱，总体脆弱。

---

　　① 习近平在河南主持召开黄河流域生态保护和高质量发展座谈会 ［EB/OL］2019 - 09 - 19. http：//www. gov. cn/xinwen/2019 - 09/19/content5431299. htm.
　　② 来自《山西经济年鉴（2016）》数据。

4.1.1 山西省水资源量现状

山西省水资源总量主要由地表径流和地下水两个部分组成，其中地表径流的主要补给项是降水和出入境水量，地下水资源的补给主要是降水和地表径流下渗。山西省水资源量区别于其他省份的一个明显特征是水资源量区域分布的不均匀、不平衡，这是由山西省复杂的地形地貌和差异化的气候区划造成的。

1. 水资源总量

（1）水资源总量的历史与现状。

水资源总量是指当地降水形成的地表和地下产水量，即地表径流量与降水入渗补给量之和，即区域产水量。由于地表水与地下水的相互转化，在地表水资源量（即河川径流量）与地下水资源量的分析计算中，有一部分水量在地表水资源量中已经计算，在地下水资源量中又重复计算，如河川基流量、泉水排泄量，该部分水量为地表水、地下水资源计算中的重复量。因此，水资源总量即为河川径流量与降水入渗补给量之和，扣除由降水入渗补给量形成的河川基流量（重复水量）。

山西省地处干旱半干旱气候区，水资源总量相对缺乏。山西省多年平均（1956~2000 年，下同）水资源总量为 123.8 亿 m^3，折合产水深 79.2 毫米，其中 20 世纪 80 年代至 21 世纪初降水偏少，水资源补给较少，水资源总量也偏少，1980~2000 年全省多年平均水资源总量 109.3 亿 m^3，低于多年平均量。自 21 世纪初以来，随着降水偏多补给增加，水资源总量呈现逐步上升的趋势（见图 4-1）。到 2016 年，山西省水资源总量为 134.1 亿 m^3，达到 21 世纪以来最高，但水资源占有量仅为全国第 27 位，仅多于北京、上海、天津、宁夏等省份，水资源拥有量仅为全国水资源总量的 4‰（数据来源：2016 年中国水资源公报），而山西省面积占全国总面积的 1.63%，山西省水资源总量偏少的事实可见一斑。

（2）水资源总量的区域差异。

由于降水量分布不均及水文下垫面的差异，在区域上水资源分布极不均匀，总的趋势是由东南向西北递减。图 4-2 显示了 2015 年和 2016 年两年内各地市水资源总量的差异情况。可以看出，晋中、忻州、吕梁等土地面积较大的地市及晋城、长治、运城等晋东南地市水资源占有量较多，而太原、朔州、大同水资源较少，阳泉市尽管水资源总量较少，但是土地面积较小，水资源也相对丰富。

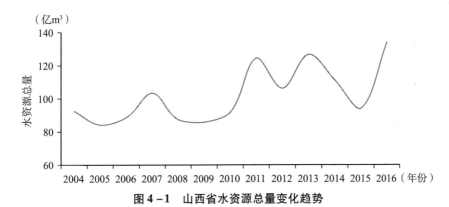

图 4 - 1　山西省水资源总量变化趋势

资料来源：国家统计局。

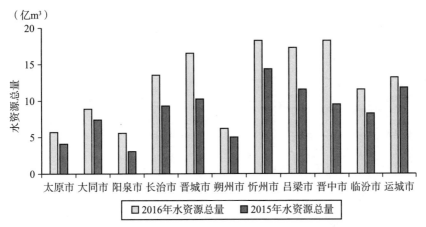

图 4 - 2　山西省各地市 2015 年、2016 年水资源总量差异

资料来源：2016 年《山西省水资源公报》。

2. 地表水量

地表径流的分布与径流量：山西省地表水的主要载体是密布于地表的各

大河流，部分沼泽湿地也含有部分水资源，但是数量较少。从流域划分上来看，山西省跨越黄河、海河两大流域，其中海河流域面积 5.91 万 km²，黄河流域 9.71 万 km²，分别占山西省总面积的 38% 和 62%。全省共有大小河流 1000 余条，其中，我国第二大河流黄河，沿山西境界流程 968km。境内流域面积大于 10000km² 的河流有 5 条（不包括黄河），小于 10000km² 大于 1000km² 的河流有 48 条，小于 1000km² 大于 100km² 的河流有 397 条。汾河是山西境内第一大河，干流全长 695km。

山西省全省共有集水面积大于 100km² 的河流 240 多条。除自北向南流经山西西部和西南部省境的黄河以外，集水面积在 3000km² 以上的较大河流有 10 条，其中黄河流域有 6 条，分别为三川河、昕水河、汾河、涑水河、沁河、丹河；海河流域有 4 条，分别是桑干河、滹沱河、清漳河和浊漳河（见表 4-1）。山西省河流的主要特点是河流较多，但以季节性河流为主，水量变化的季节性差异大。以径流量和开发条件比较，清漳河、沁河、滹沱河、浊漳河的条件较为优越，水能蕴藏量占到全省的 80%~90%。

表 4-1　　　　　　　　山西省主要河流概况

名称	发源地	所属流域	山西省境内长度（km）	流域面积（km²）	多年平均径流量（亿 m³）	径流模数 m³/(s·km²)
汾河	宁武县管岑山	黄河	695	39471	25.1	2.02
沁河	沁源县霍山	黄河	326	9315	13.5	4.59
涑水河	绛县横岭关	黄河	193	5569	2.17	1.24
三川河	方山县赤竖岭	黄河	143	4161	2.81	2.17
昕水河	蒲县摩天岭	黄河	174	4326	1.71	1.36
丹河	高平市丹朱岭	黄河	121	2949	3.09	—
桑干河	宁武县管岑山	海河	252	15464	6.66	1.23
滹沱河	繁峙县泰戏山	海河	330	14284	15.9	2.68
清漳河	昔阳县沾岭山	海河	146	4159	—	—
浊漳河	榆社县柳树沟	海河	237	11688	11.6	3.15

资料来源：根据山西省水利厅网站信息整理。

地表径流出入境水量：由于特殊的地形地貌，山西河流大部分呈辐射状分布，多数为出境河流，除北部永定河分区的御河、十里河、淤泥河和洋河等汇水面积不大的少数支流自内蒙古流入省内，多数河流均呈辐射状自省内向四周发散，最终汇入干流或流出省外。

全省平均入境水量 1.08 亿 m³，其中海河流域永定河分区为 1.02 亿 m³，黄河流域河口—龙门区间仅 0.06 亿 m³，省境内实际出境水量多年均为 73.92 亿 m³，其中海河流域 33.51 亿 m³、黄河流域 40.41 亿 m³。由于降雨量、流域面积及开发利用程度不同，分区出入境水量差异较大，海河流域滹沱河山区、漳河山区出境水量最大，分别占海河流域出境水量的 41.3% 和 33.2%。黄河流域沁河区和河口—龙门区间出境水量最大，分别占黄河流域出境水量的 31.5% 和 28.6%。

20 世纪 80 年代到 21 世纪初，由于河川径流量随着降水减少和人类活动的影响而顺时序减少，出境水量也随之减少，全省平均出境水量为 49.66 亿 m³，较多年平均值减少了 45.48 亿 m³，其中海河流域减少了 43.7%，黄河流域减少了 51%。

2016 年，山西省地表水入境水量为 0.66 亿 m³，其中海河北系由御河、南洋河自内蒙古入境 0.65 亿 m³，黄河流域由红河、偏关河内自内蒙古入境水量约为 0.01 亿 m³。相比之下，山西省出境水量达到 61.14 亿 m³，其中海河流域出境水量为 26.32 亿 m³，约占全省出境水量的 43.1%，黄河流域出境水量为 34.82 亿 m³，约占全省出境水量的 56.9%。

地表水量的历史变化过程：密布的河网构成了山西省地表水资源的主要组成部分，山西省河川径流的多年平均水资源量为 86.8 亿 m³，地表水资源量排名第 27 位，地表水资源占全国地表水资源总量的 2.8‰（2016 年），人均拥有河川径流水资源量为 267m³，亩均为 126m³。

由于人类活动对下垫面条件的不断改变，山西省大部分地区地表水资源量呈逐渐减少的态势。山西省 1980～2000 年河川径流量多年平均值为 72.89 亿 m³，较多年平均值减少了 13.91 亿 m³，减幅为 16.0%；21 世纪以来河川径流量骤降为 62.36 亿 m³，较多年平均减少 28%。受降水增加的影响，进入 21 世纪以来，山西省地表水资源也呈现出增加的趋势，到 2016 年，山西省全省天然河川年径流量为 88.8 亿 m³，比多年平均值增加 2.4%。

地表水量的区域差异：受下垫面因素的影响，山西省河川径流的地区分布极不平衡。阳泉、晋城两市较为丰富，而太原、朔州、大同等市则相对较少，多年平均径流深相差 3～4 倍。此外，由于省境内碳酸盐岩分布广泛，岩溶水补给区河川径流大量漏失，枯季径流极少，甚至完全干涸，更加剧了河川径流在地区间的差异。从多年平均值来看，山西省各地市水资源量受土地面积和降水量的综合影响，总体呈现出由东南向西北递减的趋势，临汾、忻州等土地面积较大的地市水资源绝对量较多，晋城、长治、运城、晋中、阳泉等晋东、晋南地市地表水资源也相对丰富，太原、大同、朔州等地市则占有较少的地表水资源（见图 4 - 3）。在枯水年（如 2015 年）和丰水年，山西省地表水资源的分布也基本符合该分布规律。

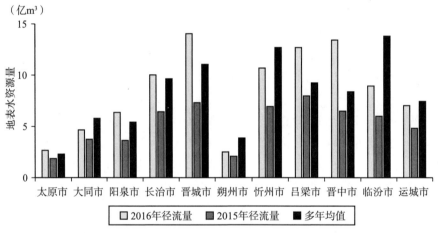

图 4 - 3   2016 年、2015 年和多年平均地表水资源量对比

资料来源：2016 年《山西省水资源公报》。

3. 地下水量

地下水量的历史变化过程：相对于水资源总量和地表水量，山西省地下水资源略微丰富。全省多年平均地下水补给资源量为 86.35 亿 m^3 每年，平均地下水天然资源量（降雨入渗）补给量为 84.04 亿 m^3。全省多年平均地下水可开采量为 50.91 亿 m^3 每年，其中盆地平原区孔隙水 25.4 亿 m^3 每年，一般山丘区裂隙孔隙水 5.78 亿 m^3 每年，岩溶山区岩溶水 19.73 亿 m^3 每年。2016年，山西省地下水资源量为 104.9 亿 m^3，全国排名第 27，但与其他省份相差不大（中国水资源公报，2016）。

20 世纪 80 年代以来，受气候变化和工业化加速、煤炭资源掠夺性开采的双重影响，全省地下水资源受到了一定程度的破坏，20 世纪 80 年代到 21 世纪初，全省平均地下水补给资源量为 81.74 亿 m³ 每年，比多年平均量下降 5.3%。21 世纪以来，随着降水增多，下渗补给增加，加之近年来地下水资源保护措施的实施，地下水资源量逐步回复，近 5 年地下水资源持续高于多年平均值（见图 4-4）。

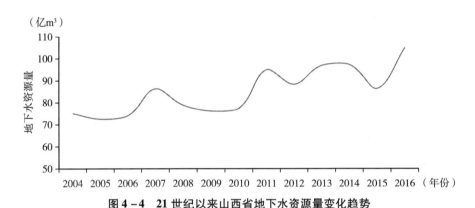

图 4-4 21 世纪以来山西省地下水资源量变化趋势

资料来源：国家统计局。

岩溶大泉水资源量：山西省裸露岩溶区面积为 2.6 万 km²，加上隐伏岩溶区面积后为 11.3 万 km²，占全省总面积的 75.2%，是我国北方岩溶分布最广泛的省份。据统计，全省较大的岩溶泉有晋祠泉、兰村泉、神头泉、娘子关泉、辛安泉、三姑泉、天桥泉等 16 处，多年平均水资源量达 29.85 亿 m³，占全省水资源总量的 24%。16 个岩溶大泉水资源量及可利用量情况见表 4-2。

表 4-2　　　　　　　　　　山西省主要岩溶泉水资源量　　　　　　　　单位：m³/s

泉名	天然资源量（1956~2000 年）	天然资源量（1980~2000 年）	可开采资源量
娘子关泉	11.50	9.59	7.51
辛安泉	9.98	8.17	7.22
郭庄泉	7.63	6.66	5.71

续表

泉名	天然资源量（1956~2000 年）	天然资源量（1980~2000 年）	可开采资源量
神头泉	7.71	6.53	5.35
晋祠泉	2.40	2.16	0.62
兰村泉	4.49	4.42	3.09
洪山泉	1.48	1.30	0.78
古堆泉	1.30	1.30	1.23
龙子祠泉	7.04	6.44	3.94
霍泉	3.82	3.42	3.19
柳林泉	3.42	2.81	2.26
马圈泉	1.00	1.06	0.71
延河泉	11.31	9.39	6.61
坪上泉	4.95	4.35	3.01
三姑泉	5.65	5.45	2.98
天桥泉	12.50	12.50	10.50
合计	94.67	85.55	64.71

资料来源：2016 年《山西省水资源公报》。

可以看出，岩溶泉水量相对稳定、水质好，是山西省重要的供水水源，目前也是太原、朔州、阳泉、长治、临汾、晋城、吕梁等城市的主要水源，对山西省经济社会的发展起到了举足轻重的作用。但是，由于人类活动和降水量减少的影响，20 世纪 80 年代以后的岩溶泉水资源量与多年平均水资源量相比，减少了 9.6%，其中娘子关、辛安、神头、柳林诸泉域的水资源量减少幅度较大，同时岩溶泉水质也遭受到一定程度的污染。

地下水量的区域差异：由于地表水和地下水互为补给，共成系统，山西省地下水资源在地市的分布与水资源总量、地表水资源量的规律类似（见图 4-5），不同的是，地下水资源蒸发量少，且有持续的纵向渗入和侧向补给，具有较强的调节能力，在丰水年和枯水年相差不大。

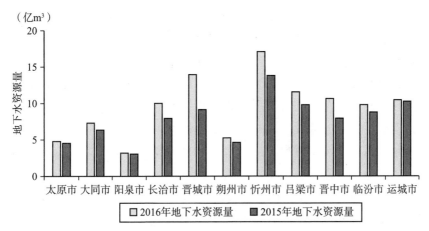

图 4 – 5　山西省各地市 2015 年、2016 年地下水资源量差异

资料来源：2016 年《山西省水资源公报》。

4.1.2　山西省水资源水质的变化的历史与现状

1. 废污水排放现状

（1）废污水排放量。

废污水排放量是影响水体质量的绝对因素，包括城镇居民生活、第二产业和第三产业排放的废污水量，不包括火电直流式冷却水排放量和矿坑排水量。随着山西省工业规模不断扩大，居民生活水平逐步提高，工业污水和生活废水的排放呈现增加的趋势。在科学发展观提出以前，山西省工业延续了粗放型发展，对污染物排放的统计也不健全，因此我们选取数据基础较好的近十几年的数据，描述山西省近年来的废污水排放量变化趋势。如图 4 – 6 所示，21 世纪以来，山西省废污水排放总量呈现上升的趋势，其中 2016 年比2003 年增加了 50.6%。

在 2016 年的废污水排放中，分部门来看，居民部门生活废水排放最多，为 59.0%，工业部门其次，为 26.7%，服务业排放占全省的 14.3%（数据来源：2016 年山西省水资源公报）。分地市来看，太原市废污水排放量最多，占全省废污水排放量的 22.6%，其中，城镇居民生活废污水排放量为 1.2117亿吨，占全省城镇居民生活废污水排放量的 26.0%，占太原市废污水排放量

的67.9%；第三产业废污水排放量0.3241亿吨，占全省第三产业废污水排
放量的28.7%，占太原市废污水排放量的18.2%。由于各地用水结构不同，
不同用水户废污水排放量的比例各有侧重。晋城市以第二产业废污水排放量
为主，占晋城市废污水排放量的50.2%；其他各市城镇居民生活废污水排放
量所占比重较大，占各市废污水排放量的一半左右。分流域来看，黄河流域
的汾河区废污水排放量最多，占全省废污水排放量的42.2%；其次是海河流
域的永定河区，废污水排放占全省废污水排放量的12.0%。永定河、洋河、
壶流河、大清河、滹沱河、漳河、红河、偏关—吴堡、吴堡—龙门、龙门—
潼关和汾河以城镇居民生活废污水排放量为主，占各自废污水排放量的一半
以上，其他流域废污水排放量的比例各有侧重。

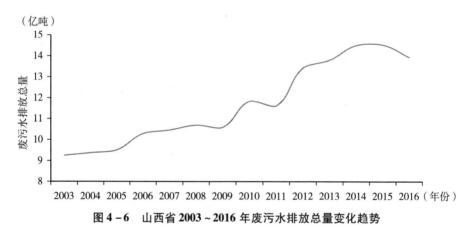

图4-6　山西省2003～2016年废污水排放总量变化趋势

资料来源：2016年《山西省水资源公报》。

（2）主要污染物排放量。

表4-3显示了近年来山西省废水中主要污染物的排放情况。可以看出，
污染山西省水资源的主要污染物是化学需氧量、氨氮、总氮、总磷以及各种
有机物和重金属。其中化学需氧量和氨氮、总氮排放量较多，各种重金属排
放数量虽然不多，但是对水质的危害却不容忽视。

随着近年来可持续发展和绿色发展理念的提出，山西省开展了一系列防
污治污举措，各种污染物的排放有明显的下降趋势。尤其是2015年供给侧结
构性改革背景下，山西省去产能成效显著，落后产能和高污企业大量退出，

导致除部分重金属污染物以外的其他污染物排放普遍下降 50% 以上。

表 4 – 3   山西省水资源主要污染物排放状况

指标	2011 年	2012 年	2013 年	2014 年	2015 年	2016 年
化学需氧量排放量（万吨）	48.96	47.68	46.13	44.13	40.51	22.71
氨氮排放量（万吨）	5.91	5.69	5.53	5.37	5.01	3.26
总氮排放量（万吨）	8.79	8.45	8.29	9.25	8.93	4.49
总磷排放量（万吨）	0.96	0.81	0.78	1.03	1.06	0.34
石油类排放量（吨）	1489.13	1202.03	985.04	957.65	739.37	447.3
挥发酚排放量（吨）	1048.02	727.25	621.11	653.48	423.35	171.15
铅排放量（千克）	662.7	453.6	191.68	299.28	460.88	76.79
汞排放量（千克）	5.11	5.83	11.32	42.8	36.9	5.51
镉排放量（千克）	830.86	799.01	784.6	52.05	110.77	33
总铬排放量（千克）	519.79	501.17	242.83	802.19	119.05	145.44
砷排放量（千克）	755.4	573.99	197.55	264.55	290.91	114.56
六价铬排放量（千克）	490.92	466.18	141.61	19.3	25.6	21.78

资料来源：国家统计局。

2. 地表水水质

河流天然水是山西省地表水的主要组成部分，山西省河流天然水化学状况较好，水化学类型以重碳酸盐钙质水为主，矿化度一般在 300 ~ 500 毫克每升之间，属中等矿化度；总硬度一般在 150 ~ 300 毫克每升之间，为微硬水。由于河道水量逐渐减少、入河废污水排放量增加等因素的影响，河水水质越来越差。由于河川径流的减少，河水的自净能力降低，而许多废污水又未经处理超标排放，使得河流水质恶化，其主要污染物以有机类为主。

2016 年对山西省主要河流重点河段的 25 个站点（黄河流域 14 处，海河流域 11 处）的水质评价显示，Ⅰ 类水质的河段 0 处；Ⅱ 类水质的河段 4 处，分别为汾河兰村段、沁河孔家坡段、沁河飞岭段、滹沱河南庄段；Ⅲ 类水质的河段 1 处，为汾河静乐段；Ⅳ 类水质的河段 4 处，为汾河赛上段、桑干河东榆林水库段、御河堡子湾段、滹沱河界河铺段；Ⅴ 类水质的河段 1 处，为浊漳河石梁段；劣 V 类水质的河段 15 处，占评价河段总数的 60%。河流污染主要超标项目为：氨氮、石油、总磷、化学需氧量、五日生化需氧量等。

总体上看，各河流上游河段污染程度较轻；城市附近和工业发达地区河段污染严重，且污染的项目多、超标倍数大。主要河流水质状况见表 4 – 4。

表 4 – 4   2016 年度山西省重点河段水质状况

流域	河流	重点河段	水质级别		主要超标项目
			上年度	本年度	
黄河流域	汾河	静乐	Ⅲ	Ⅲ	—
		寨上	Ⅳ	Ⅳ	汞、石油类、氨氮
		兰村	Ⅲ	Ⅱ	—
		小店桥	劣 V	劣 V	石油类、氨氮、总磷
		义棠	劣 V	劣 V	氨氮、总磷、挥发酚
		临汾	劣 V	劣 V	氨氮、化学需氧量、五日生化需氧量
		柴庄	劣 V	劣 V	氨氮、化学需氧量、总磷
	沁河	孔家坡	Ⅱ	Ⅱ	—
		飞岭	Ⅳ	Ⅱ	—
		润城	Ⅳ	劣 V	氨氮、石油类
	丹河	韩庄	劣 V	劣 V	氨氮、石油类、总磷
	白水河	钟家庄	劣 V	劣 V	总磷、石油类
	涑水河	蒲州	劣 V	劣 V	五日生化需氧量、总磷、化学需氧量
	三川河	石盘	劣 V	劣 V	氨氮、五日生化需氧量、化学需氧量
海河流域	桑干河	东榆林水库	V	Ⅳ	总磷
		固定桥	劣 V	劣 V	氨氮、五日生化需氧量、总碳
	御河	堡子湾	Ⅳ	Ⅳ	石油类、总磷
		艾庄	劣 V	劣 V	总磷、氨氮、五日生化需氧量
		利仁皂	劣 V	劣 V	氨氮、五日生化需氧量、化学需氧量
	滹沱河	界河铺	劣 V	Ⅳ	氨气
		济胜桥	劣 V	V	氨氮、高锰酸盐指数、氟化物
		南庄	Ⅳ	Ⅳ	—

续表

流域	河流	重点河段	水质级别		主要超标项目
			上年度	本年度	
海河流域	桃河	阳泉	劣Ⅴ	劣Ⅴ	氨氮、总磷、石油类
		白羊墅	劣Ⅴ	劣Ⅴ	化学需氧量、氨氮、总磷
	浊漳河	石梁	Ⅳ	Ⅳ	石油类、氨氮
水库		册田水库	劣Ⅴ	劣Ⅴ	总磷、氟化物，五日生化需氧量
		漳泽水库	Ⅳ	Ⅳ	总磷
		后湾水库	Ⅳ	Ⅳ	石油类
		关河水库	Ⅱ	Ⅱ	—
		汾河水库	Ⅱ	Ⅱ	—
		汾河二库	Ⅱ	Ⅱ	—
		文峪河水库	Ⅳ	Ⅲ	—

资料来源：2016 年《山西省水资源公报》。

从 2016 年河流水质状况看，受降雨量年内分配及排污影响，大部分评价河流丰水期略好于枯水期。枯水期评价河长 1463.4km，非污染河长 304.0km，占枯水期评价河长的 20.8%；污染河长 11594km，占枯水期评价河长的 79.2%，其中严重污染河长 917.4km，占枯水期评价河长的 62.7%。丰水期评价河长 1441.9km，非污染河长 463.5km，占丰水期评价河长的 32.1%；污染河长 978.4km，占丰水期评价河长的 67.9%，其中严重污染河长 554.4km，占丰水期评价河长的 38.4%。全年评价河长 1463.4km，非污染河长 304.0km，占全年评价河长的 20.8%；污染河长 1159.4km，占全年评价河长的 79.2%；严重污染河长 917.4km，占全年评价河长的 62.7%（数据来源：2016 年《山西省水资源公报》）。

从 2016 年水库水质状况来看，文峪河水库水质优于上年，由Ⅳ类水变为Ⅲ类水；其他水库水质与上年一致。其中漳泽水库为Ⅳ类水，主要超标项目为总磷；后湾水库为Ⅳ类水，主要超标物为石油；册田水库为劣Ⅴ类水，主要超标目为总磷、五日生化需氧量和氟化物。7 座大型水库 4～9 月富营养化程度，文峪河水库和后湾水库为轻度富营养，其他水库为中度富营养。

· 161 ·

3. 地下水水质

根据 GB/T144848—93 地下水质量标准进行评价，山西省地下水质量状况及分布情况是：Ⅰ、Ⅱ、Ⅲ、Ⅳ、Ⅴ 类水分布面积分别为 70km²、7386km²、123423km²、19955km²、5507km²。其中，山丘区大部分地区为Ⅱ、Ⅲ类水，地下水质量较好。盆地地下水质量相对较差，全省七大盆地中，符合Ⅰ、Ⅱ、Ⅲ类水标准的面积约占 40%（达标面积），Ⅳ、Ⅴ类水的面积约占 60%，盆地间地下水质量类别分布差异很大。天阳盆地地下水质量全部达标，忻定盆地达标面积为 80%，长治盆地达标面积为 60%。大同、太原、临汾、运城四大盆地达标面积不到 50%。其主要污染物为氨氮。

对山西省 13 个岩溶大泉的水质评价结果：符合Ⅱ类水质标准的 2 个，符合Ⅲ类水质标准的 4 个，符合Ⅳ类水质标准的 5 个，符合Ⅴ类水质标准的 2 个。说明部分泉水已受到不同程度的污染，主要污染项目有总硬度、碳酸盐、氨氮、亚硝酸盐氮和氟化物等。

对山西省已开展水质动态监测的 28 个重点水源地的评价结果：达到Ⅲ类水质标准的水源地 11 个，占 40%；超过Ⅲ类水质标准的水源地 17 个，占 60%。多数情况，以开采岩溶水的水源地相对较好，盆地内以开采松散岩类孔隙水的水源地水质相对较差。

4.1.3 山西省水资源供需演变与现状

1. 供水量概况

近年来，山西省水资源供给量呈现增加的趋势，从 2004 年的 55.9 亿 m³ 增加到 2016 年的 75.5 亿 m³，增加幅度为 35.1%。地表水供水量的增加对供水总量的贡献较大，地表水供水量在图 4 - 7 所示时间段内，供水量增加了 11.3 亿 m³，增加幅度为 55.4%，这主要是由于近年来山西省降水呈现增加趋势而导致地表径流增加所致。由于近年来地下水资源破坏严重，山西省对地下水资源的保护力度加大，地下水供水量则略有下降，共减少 3.3 亿 m³，减少幅度为 9.4%。

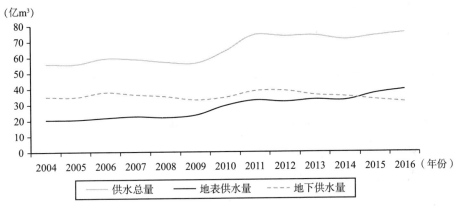

图 4 - 7　山西省 2004 ~ 2016 年水资源供应总量和结构变化情况

资料来源：国家统计局。

至 2016 年，山西省实际供水量 75.5 亿 m³，其中地表水源供水量 39.5 亿 m³，占总供水量的 52.3%，地下水源供水量 31.7 亿 m³，占总供水量的 41.9%，其他水源供水量 4.4 亿 m³，各种渠道供水的百分比如图 4 - 8 所示。

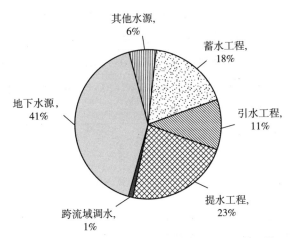

图 4 - 8　山西省 2016 年各种渠道供水所占百分比情况

资料来源：2016 年《山西省水资源公报》。

分地市来看，太原市、阳泉市、忻州市、吕梁市、临汾市和运城市以地表水源供水为主，分别占各市总供水量的一半以上；长治市、晋城市、朔州市和晋中市地表水源和地下水源供水量基本接近；大同市以地下水源供水为主，地下水供水量占到各市总供水总量的一半以上；太原市其他水源供水量占全市供水总量的 15.3%，阳泉市其他水源供水量占全市供水总量的 10.5%，其他各市所占比例不足 10%（见表 4 - 5）。

表 4 - 5　　　　　　山西省各地市 2016 年的供用水数量和结构　　　　单位：亿 m³

行政分区	供水量				用水量						
	地表水	地下水	其他水源	总供水量	农田灌溉	林木渔畜	城镇工业	城镇公共	居民生活	生态环境	用水总量
太原市	4.0225	2.5495	1.1901	7.7621	1.8652	0.1392	2.6325	0.6418	2.1837	0.2997	7.7621
大同市	2.3375	3.3772	0.4999	6.2146	3.6077	0.1188	0.8661	0.1038	0.9333	0.5851	6.2148
阳泉市	1.1799	0.4610	0.1930	1.8339	0.2693	0.0800	0.7410	0.0943	0.5633	0.0860	1.8339
长治市	2.5025	2.4396	0.3838	5.3259	2.3525	0.1926	1.4434	0.1763	0.9085	0.2523	5.3256
晋城市	1.8731	2.0522	0.4214	4.3467	1.3504	0.2569	1.7105	0.2355	0.6949	0.0985	4.3467
朔州市	2.5039	2.3494	0.1628	5.0161	3.5318	0.3029	0.6016	0.0614	0.4589	0.0595	5.0161
忻州市	3.5082	2.9636	0.1785	6.6503	4.4087	0.2918	0.7498	0.0704	0.6035	0.5260	6.6502
吕梁市	3.2031	2.2180	0.5083	5.9294	3.3974	0.1608	0.9042	0.1243	0.8931	0.4497	5.9295
晋中市	3.5213	3.7418	0.3809	7.6440	4.7308	0.2393	1.1259	0.2406	0.8498	0.4577	7.6441
临汾市	4.7119	2.8092	0.2738	7.7949	5.0299	0.2912	0.9194	0.1527	1.0581	0.3483	7.7996
运城市	10.1464	6.7021	0.1594	17.0079	13.6780	0.4008	1.2555	0.3695	1.2128	0.0913	17.0079

资料来源：2016 年《山西省水资源公报》。

2. 用水量概况

用水量指分配给用户包括输水损失在内的毛用水量，在数量上与供水量相一致。所以用水总量的变化趋势同供水总量的变化趋势。从用水的结构变化来看，除工业用水随工业发展而变化以外，农业用水、生活用水、生态用水都呈现增加的趋势（见图 4 - 9）。近年来，随着农业灌溉条件改善、供水量增加，山西省农业用水量增加了 13.8 亿 m³，增加幅度为 41.9%；生活用水也随着居民生活水平的提高而有所增加，2004～2016 年增加 3.9 亿 m³，增加了 44.8%；生态用水量则增加了 11 倍，尤其是从 2008 年以来迅速增加，这与可持续发展及绿色发展理念提出，山西省加大生态环境改善力度有关。

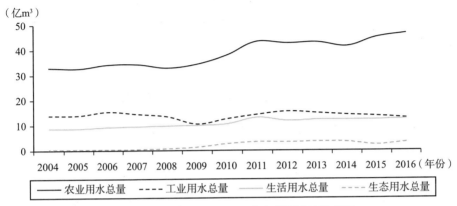

图 4-9　山西省 2004~2016 年各类用水变化情况

资料来源：国家统计局。

2016 年，山西省用水总量 75.5 亿 m³，其中农田灌用水量 44.2 亿 m³，占总用水量的 58.6%,；工业用水量 12.9 亿 m³，占总用水量的 17.1%；居民生活用水量 10.4m³，占总用水量的 13.7%；林牧渔畜用水量 2.5 亿 m³，占总用水量的 3.3%；生态环境用水量 3.3 亿 m³，占总用水量的 4.3%；城镇公共用水量 2.3 亿 m³，占总用水量的 3.0%（见图 4-10）。

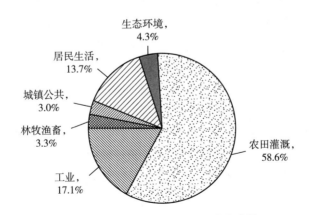

图 4-10　山西省 2016 年各项用水占比情况

资料来源：2016 年《山西省水资源公报》。

分地市来看，由于各市自然地理条件、经济发展水平以及产业结构的差异，其用水组成结构不尽相同（见表4-5）。大同、朔州、忻州、吕梁、晋中、临汾、运城等七市以农田灌溉用水为主，占到各市用水总量的一半以上，其中运城市农业灌溉用水最多，约占全省农业灌溉用水的1/3，其余各市用水量各有侧重。

4.2 气候变化对山西省水资源领域的影响分析

气候变化主要通过气温、降水、蒸发等关键气候要素变化作用于水循环和供需水的各个环节，从而影响水资源水量、水质和水资源供需状况。本节从温度、降水、蒸发、极端降水和干旱五个主要方面研究分析气候变化对山西省水资源水量、水质与供需关系的影响，为山西省水资源领域转型适应工作提供依据。

4.2.1 气候变化对山西省水量的影响

1. 气温升高对山西省水资源水量的影响

冬季、春季气温升高可以直接导致融雪季节提前，从而增大以冰川融雪为主要补给河流的春季径流量，但山西地处黄土高原东麓，处于中纬度地区且海拔相对不高，很少有该类补给的河流。因此气温升高对山西省水资源水量的影响以间接影响为主。对于地表水来说，气温升高可以导致蒸发速率加快、作物需水量增加等，间接导致地表水量减少，进一步减少地下水补给，导致水资源总量减少。另外，气温升高导致水文循环速率加快，导致极端降水事件频发和其他不确定性影响。从观测到的事实来看，山西省晋南气温升高速率较快，受气温升高的影响，地表径流下降的速率也较为明显，在全省范围内，特别是在晋南地区，气温升高条件下保证水资源水量将是关键任务之一。

2. 降水减少对山西省水资源水量的影响

山西省水资源的主要补给来源是降水，未来山西省降水变化具有不确定性且降水总体减少，年际变化增大概率较大。从山西省降水和水资源量的历史关系来看，山西省在20世纪60年代到21世纪初的降水持续减少导致地表径流每年减少0.54%（刘艳菊，2007），而21世纪以来降水量的回升又导致山西省水资源量的迅速回升，二者具有正向相关关系。分季节来看，春冬两季降水量微弱增加的趋势下，山西省春旱条件将略有改善，但由于春冬两季降水基数较少，微弱的上升对春旱的缓解作用较为有限；夏秋两季降水虽然减少微弱，但这两季降水基数较大，降水量占全年的75%以上，降水减少不利于水资源的增加，特别地，降水减少一般会引致比降水减少本身更大幅度上的水资源量的减少。对于地下水来说，降水量持续偏低将导致地下水补给持续下降。分区域来看，晋东南地区的降水减少将会对该区域水资源形成冲击，原有的水资源补给和排泄平衡将会打破，加之晋南地区升温显著，该区域水资源将是山西省受暖干化影响最为严重的地区，而晋北地区降水有增加的趋势，在气温同步上升的趋势下，晋北地区水热条件将会有所改善，降水北增南减的变化将会缓慢影响山西省水资源格局。

3. 蒸发量增大对山西省水资源水量的影响

未来，山西省蒸发量的变化有增加的趋势，显示了未来气候变化下山西省蒸发能力的不断提高。蒸发增加直接导致山西省地表水资源减少速率加快，减少地表水资源对地下水资源的补给，从而导致对水资源总量减少。分季节来看，暖冬和近年来暖春趋势下，冬春两季降水微增带来的水资源量增加的效果，可能被春冬两季蒸发量的增加部分或全部抵消，甚至加剧春旱现象。分区域来看，全省升温趋势下，各地的蒸发能力均会有所提高，蒸发量的提升会减弱晋北地区降水增多带来的益处，晋南地区蒸发量增加会和降水减少产生叠加效应，加速晋南地区水资源量的减少。

4. 极端降水事件增加对山西省水资源水量的影响

山西省降水变化的另一个特点是降水量减少的同时，降水集中度增加，表现为极端降水事件的增加，且主要表现在夏季汛期降水集中度的增加，将导致地表径流短时间内迅速增加，地表径流出境量也随之增加，不利于地表水资源的蓄积和向地下水补给，特别是山西省"两山夹一川"的地形地貌，有利于排泄而不利于下渗，降水集中度增加对水资源蓄积减少的影响将更为显著。

5. 干旱发生频度增加对山西省水资源水量的影响

在未来山西省干旱发生频度增加的情形下，山西省地表水资源接受降水的补给将会减少，地下水位也会随之下降，形成漏斗，增大地表水向地下水的补给量，从而加剧地表径流量的减少，但在干旱条件下，地表水向地下水的补给的量远小于正常年份的补给量，地下水资源也将减少，尤其是连续干旱情形下，地下储水量持续为负，山西省地下水位将持续下降。如 2007 年，山西省夏、秋季北部地区降水严重不足，形成"卡脖子旱"。全省因旱造成临时饮水困难人口 108.2 万人，大牲畜 30.6 万头。农业经济损失 15.66 亿元，林牧业、水产养殖等经济损失 2.2 亿元。历史上观测到的事实表明，在20 世纪 60 年代到 21 世纪初，山西省干旱化指数绝对值增加 0.021，而水资源总量减少了 39.83 亿 m³（赵桂香，2008）。

4.2.2　气候变化对山西省水质的影响

1. 气温升高对山西省水资源水质的影响

气温升高导致山西省水资源污染源排放增加。气温升高后，诸如洗衣、洗澡频率增加的居民生活用水增加将增加山西省污水排放，加重山西省水资源污染的风险。

气温升高将加重山西省河川径流水体污染。气温升高导致水体表层温度升高，上下层水温差增大、跃温层增大，加深山西省水库、湖泊和部分较深河段厌氧层深度，一方面会使厌氧层的还原环境增加，部分重金属元素将加速还原，形成更强毒性和迁移活性的离子，这一影响在滹沱河济胜桥段（高锰酸盐）、汾河寨上段（汞）等重金属污染较重河段将有所增加，从而影响该河段和该河段下游河段的水质；另一方面，厌氧层深度加深后，底部缺氧环境加剧，氮、磷等营养盐从底泥向底层水体释放的速率将加快，加剧水体中的氮、磷等营养盐含量，由于山西省大部分河段都存在氨氮、总磷超标的现状，未来该影响将在全省范围内有所体现。

气温升高将加剧山西省地表水体富营养化。暖冬和暖春趋势下，河流内藻类将提前生长，在氮、磷等营养盐浓度增加下，水体富营养化现象将更为普遍。水体表层藻类和浮游植物增加会阻碍沉水植物接收光照，导致沉水植物数量减少，底泥释放的营养盐因沉水植物吸收减少而直接运动到表层水体，加剧表层水体富营养化，形成恶性循环。这一影响将在全省范围内有所体现，但由于山西省气温南高北低，该影响的风险也由南到北递减。特别地，晋南水体富营养化一般发生在春末，而在夏季极端高温和持续高温下，水体表层温度急剧升高，藻类和浮游植物大量死亡、腐败，加剧水体污染。

气温升高有助于提升山西省水资源的自净能力。气温升高一方面导致重金属离子还原加速和营养盐释放，加重水体污染，但另一方面也会增加与污染物分解有关的微生物酶的活性，加速水体污染物分解。由于晋南地区平均气温和各季气温高于晋北，气温升高对晋南地区地表水自净能力的边际贡献将略小于晋北。

气温升高可能提高山西省水资源的矿化度（硬度）。山西省地形地貌特殊，山地面积较大，地表径流多为山区发源，多数河流流经山体岩石之间，地下水多为岩溶大泉、山丘区裂隙孔隙水，水资源与岩石裂隙直接接触较多，气温升高后，岩石的溶蚀和风化作用加速，钙、镁等离子进入到水体速率增加，从而增加了水体的矿化度。

2. 降水减少对山西省水资源水质的影响

降水减少将改变山西省水资源中污染物的浓度。一方面，降水减少将减少降水对地表的冲刷作用，减少地表污染物进入水资源循环系统，减轻水资源污染；另一方面降水减少将导致水资源补给量变少，水资源总量变少，从而使得水中污染物浓度增加，恶化水资源的水质。分区域来看，晋北地区降水减少速率较慢，而晋南地区降水减少速率较快，晋南地区雨水冲刷减少对水质提升的贡献应该略大于晋北，加之晋南植被覆盖率大于晋北，雨水冲刷对水质的影响要弱于晋北。在降水减少引起水资源污染物浓度增加方面，由于影响污染物浓度的是绝对降水量的多少，而晋南降水量的绝对量比晋北多，同等污染物排放条件下，晋南水资源中的污染物浓度应该小于晋北，由于降水减少的幅度较低，中短期内不会改变晋南晋北的降水格局，因此综合判断降水减少对晋北水资源水质的影响要大于晋南。

3. 蒸发量增大对山西省水资源水质的影响

蒸发量增大对山西省水资源的影响机制与降水减少的影响机制类似，均为减少水资源总量，增大污染物浓度。在平均气温晋南到晋北递减、气温升高速率晋南到晋北递减的双重作用下，未来蒸发量的变化趋势也将呈现晋南大于晋北且差距逐步扩大的变化趋势，蒸发导致水资源中污染物浓度升高的风险也由晋南到晋北逐步增加。蒸发对水质的影响，主要直接作用于地表水资源，然后通过地表水与地下水的补给间接作用于地下水资源。

4. 降水集中度增加对山西省水资源水质的影响

降水集中度增加将导致山西省水资源污染加重。降水集中度对山西省水资源的影响也分为两个方面：一方面，降水集中度增加，特别是夏季暴雨增加，将增加地表氮、磷等营养盐、腐殖质和其他有机物等污染物冲刷入河，加重水体污染和富营养化。这一影响受降水强度和地表植被的影响，晋北地表植被稀疏，冲刷作用加重水体污染在晋北地区将表现尤为明显。另一方面，降水集中度增加情形下，河道短时间内径流量增多，河流出境径流量增加，境内水资源减少，而大量的冲刷污染物在山西省盆地等地势平缓的区域沉积，双重作用使得平原盆地区域河道污染物浓度加大，水质变坏，这一影响在汾河中下游地区尤为显著。另外，各大水库作为蓄水和调节洪峰主要枢纽，会拦截一部分冲刷流量，该径流量在水库蓄积后，污染物会在水库内迅速沉降下来，加重水库污染，这一影响在山西省大中型水库将较多体现。

5. 干旱发生频度增加对山西省水资源水质的影响

干旱频度增加将增加污染物浓度，恶化水质。干旱对水资源水质的影响主要表现为水资源补给减少和蒸发量增大双重作用导致水资源迅速减少，污染物浓度增加。未来山西省晋南地区暖干化趋势要大于晋北地区，要尤其防范未来干旱频度增加下的水污染事件，晋北地区降水量本身少于晋南，相差大约在20%以上，干旱对水资源水质的影响也是晋北地区水资源适应气候变化的重点工作。

4.2.3 气候变化对山西省水资源供需关系的影响

1. 气温升高对山西省水资源供需状况的影响

气温升高将增大山西省用水需求量。在农业用水方面：山西省晋南地区灌溉农业相对发达，气温升高导致蒸发加快，农作物生长需水较多，所需灌溉量必然加大，晋北地区气温升高也将导致灌溉需求增加，但晋北地区水资源远不及晋南丰沛，加之晋北畜牧业规模较大，牲畜饮水增加，水资源供需矛盾将进一步加剧。工业方面，气温升高导致设备冷却水源水温升高，冷却效率降低，冷却需水增加，山西省火电厂密布，该类需水将会增加。服务业和生活用水方面，气温升高后饮用水、洗衣、洗澡用水量将大大增加。生态环境用水方面，市内路政洒水、园林灌溉、防护林灌溉等用水需求将增加，山西省作为生态环境相对脆弱的省份，气温升高后生态环境用水预计会有大幅上升。

气温升高将减少山西省水资源可供应量。气温升高导致水质恶化，减少山西省可供应水资源量。由于气温升高下水质恶化风险晋南大于晋北，晋南水资源可供应量的减少幅度要大于晋北。

2. 降水减少对山西省水资源供需状况的影响

降水减少将使山西省农业和生态需水增加。农业方面，由于天然降水减少，作物生长需水量不变的情况下，必然导致灌溉需求增大，尤其是在春旱发生频率增加的情况下，晋南地区冬小麦灌溉需求增加，全省春播期间灌溉需求增加，夏季降水集中度加大的趋势下，农作物拔节和抽穗等关键阶段缺水的风险将会增加，会增加夏季灌溉需水量；降水减少导致牲畜饮用水源缩减，增大牲畜饮用水需求。生态环境需水方面，降水减少同样使得植物需水量增加。相比之下，降水减少对工业部门需水量的直接影响较小。

降水量减少将使山西省水资源供应难度增加。降水减少使得山西省水资源系统整体补给减少、水质恶化、地下水位下降等后果，导致山西省水资源供应压力增大和水质性缺水，地下水位下降将增大太原、运城等地下水漏斗区地下水的抽采难度。

3. 蒸发量增大对山西省水资源供需状况的影响

蒸发加快导致农业和生态用水增加。蒸发加快将导致土壤中水分流失速度加快，由于农作物根系布于地表，蒸发速度加快将直接导致干旱或加重旱情，增加灌溉需求。

蒸发增加将降低供水效率。水库、河流和地下水是山西省供水的主要途径，蒸发量增加导致水库、河道等地表水资源在供给过程中大量耗散，降低供水效率。尤其是在加强地下水资源保护、地表水资源供水增加的背景下，蒸发对供水过程的耗散将大大影响供水效率。

4. 降水集中度增强对山西省水资源供需状况的影响

降水集中度增加有可能引起需水量增加。暴雨和洪涝看似增加了是资源量，但实际上强降水一般迅速通过河道等途径输出到省外，通过下渗补给地下水的量比较有限，不利于山西省水资源总量的增加。

降水集中度增加将引起水质性缺水。强降水对地表的冲刷作用导致河流污染增加，加重水质性缺水。这一影响在晋北的风险将大于晋南，这是由二者植被覆盖等多种因素决定的。

5. 干旱发生频度增加对山西省水资源供需状况的影响

干旱频度增加将进一步加剧山西省水资源供需矛盾。干旱对水资源供需的影响与降水减少类似，但影响程度更大，影响范围更广，影响持续的时间更长。对于山西省"十年九旱"的缺水型省份来说，为满足居民生活和经济发展，干旱发生时，地表水资源和地下水资源的抽采量将迅速扩大，水资源总量进一步减少，水质恶化的风险将大大升高，水资源供需矛盾持续加剧。连续干旱情形下，容易造成河流枯竭、断流，城市下方地下水形成漏斗区，难以在短期内恢复，影响水资源可持续利用。

4.3 山西省水资源领域已有的适应 方案及尚未解决的问题

山西省干旱缺水的基本气候条件，决定了水资源领域适应气候变化工作

的长期性与重要性。山西省目前主要通过开源节流、时空调整和政策规范等
方式推动水资源领域适应气候变化，但仍存在工作体系化程度不高、社会主
体参与度不够、适应气候变化工作总体滞后等问题。本节系统介绍山西省水
资源领域转型适应已有的适应方案与未解决的问题，为山西省进一步适应气
候变化工作提供依据。

4.3.1 山西省水资源领域已有的适应方案

1. 水资源供应能力不断增强，供水结构日臻完善

21 世纪以来，山西省经济社会较快发展，水资源供应保障能力也随之
不断增强。一是农业灌溉供水保障能力不断提高。年度实际灌溉面积从
2004 年的 104.5 万公顷增加至 2015 年的 153.3 万公顷，10 年增加 46.7%，
农业供水量由 2004 年的 32.9 亿 m³ 增加至 2016 年的 46.7 亿 m³。二是农
村饮水保障能力不断增强。2004～2008 年，山西省累计投资 31.3 亿元，
建成饮水保障工程 12546 处，解决了 17252 个村、793 万农村人口的饮水困难
问题。到 2015 年底，523 万农村人口饮水安全问题得以解决。三是水资源供
应结构日臻完善。生态供水从无到有，从 2007 年的 0.09 亿 m³ 增加到 2016 年
的 3.3 亿 m³。[1]

2. 水利工程体系初步建立，水资源调节能力逐渐具备

水利投资不断增加。从 2004 年水利投资 31.99 亿元到 2015 年水利投资
433.67 亿元。水利工程体系逐渐完善。2015 年底，山西省全省已建成水库
596 座，其中大型水库 10 座，中型水库 67 座，现有中型水库库容 48.56 亿 m³，
小型水利设施累计达到 8646 处[2]。21 世纪以来，山西省代表性水利工程体系
有兴水战略 35 项应急水源工程（晋中双峰水库、柏叶口水库工程、泽城西安
水电站工程、唐河水电站工程、孤山水库工程、海子湾水库工程、东石湖水
库工程、龙华口水电站工程、文瀛湖水库工程、围滩水电站工程、西冶水电

---

① 根据历年《山西经济年鉴》整理。
② 根据《山西经济年鉴（2015）》数据。

站工程、西梁水库工程、五马水库工程、曲引黄灌溉工程等）、大型灌区节水改造工程（汾河灌区、大禹渡灌区、尊村灌区、禹门口灌区等）、大水网工程（以中部引黄工程、东山供水工程、小浪底引黄工程、辛安泉供水改扩建工程四大骨干工程支撑的"两纵十横、六河连通"水网建设。第一纵是黄河北干流线，北起忻州偏关县，经万家寨水利枢纽，南至运城市垣曲县，全长965km，向境内供水；第二纵是汾河—涑水河线，以汾河为主干，通过黄河古贤供水工程将汾河与涑水河连通，形成815km的又一水道。"十横"是指横跨东西的太原市和大同盆地、忻定盆地、运城涑水河等十大供水体系，供水区总面积可达 7.66 万 km^2，占山西全省总面积的 49%，受益人口 2400万人。同时，通过相关调水工程的建设，实现黄河干流、汾河、沁河、桑干河、滹沱河、漳河等六大主要河流的连通）等。还有一批城市供水水利设施依次建设完成，如汾河二库、横泉水库等，另有雁门关生态畜牧小型水利配套项目等雨水集蓄利用试点区建设完成，并在农业节水灌溉和水资源季节性调节上发挥作用。

农业节水工程建设取得初步成效。农业节水园区、大中型灌区节水改造、部分水井关闭等措施在部分地区开展，并根据不同经济类型、不同种植结构、不同水源条件等基础条件，建立与之相适应的农业用水宏观控制、微观用水定额管理和水分配控制体系，农业用水计量、控制、监测体系，推广使用管灌、微灌、膜下滴灌等节水技术，结合兴水战略、大水网工程以及大中型灌区节水改造，在黄河水、地表水覆盖区域大规模建设了低压管灌和渠道防渗节水工程。如晋北地区 1.3 万公顷膜下滴灌示范工程已建成受益。[①]

3. 水土保持工作持续开展，水质保障效能初步显现

首先是水土流失治理成效显著。21 世纪初以来，山西省在"因地制宜、科学规划、突出重点、有序推进"原则下，大力实施水土保持重点项目，以小流域为单元，实施水土保持大示范区建设。"十二五"以来，山西省以晋北风沙区、吕梁山区和汾河流域等水土流失严重区为重点，分区域实施，开展集中连片和规划水保生态建设。代表性治理项目有中央水利发展资金水土保持项目（包括小流域治理和病险淤地坝除险加固两部分）、国家农业综合

---

① 根据历年《山西经济年鉴》和山西省水利厅网站整理。

开发水土保持项目、坡耕地水土流失综合治理工程、京津风沙源治理水土保持项目、黄土高原塬面保护项目、沟坝地治理项目、省水保生态建设项目等，涉及基本农田、水保林、经济林、种草、封域治理、淤地坝建设、塘坝池等小型蓄水保土工程。其次是生态修复作为水土流失治理手段逐渐凸显。生态修复面积占水土治理面积的 1/4 以上，代表性工程有晋祠泉复流工程、汾河清水复流工程、"三河"（沁河、汾河、桑干河）水污染控制工程、娘子关泉域岩溶水保护工程、生物多样性保护与修复工程、神头、霍泉、龙子祠等岩溶泉域综合整治和泉源生态修复工程等。2015 年以来，桑干河、滹沱河、漳河、沁河等省内其他四大河流的生态修复规划编制和实施取得一定进展。最后是排污控制工作有序推进。2007 年，山西省完成了入河排污口普查登记和清理任务，普查入河排污口 1045 处，年排放污水量 5.95 亿吨。河道清淤清障、加强采砂管理工作持续开展，重点河段水质评价工作持续开展，近年来，山西省对 25 处（黄河流域 14 处，海河流域 11 处）重点河段水质进行持续评价，如表 4 - 6 所示。可以看出，近年来山西省水质总体改善不明显，劣Ⅴ类水质监测点保持在 15 处左右，水质保障压力仍比较大。但相较于 21 世纪初已有明显改善，2007 年山西省Ⅰ类、Ⅱ类、Ⅲ类、Ⅳ类、Ⅴ类、劣Ⅴ类水质分别为 0 处、1 处、3 处、1 处、2 处、18 处，可见山西省水质总体有所改善。[①]

表 4 - 6　　山西省 2011 ~ 2016 年主要河流重点河段水质评价结果

年份	水质类型						主要污染物
	Ⅰ类	Ⅱ类	Ⅲ类	Ⅳ类	Ⅴ类	劣Ⅴ类	
2011	0	2	1	1	5	16	氨氮、化学需氧量、石油、生化需氧量、挥发酚
2012	0	5	0	4	2	14	氨氮、化学需氧量、总磷、石油、五日生化需氧量
2013	0	3	2	2	2	16	氨氮、化学需氧量、石油、总磷、五日生化需氧量
2014	1	3	1	3	2	15	氨氮、化学需氧量、高锰酸盐、生化需氧量、挥发酚
2015	0	1	2	6	1	15	氨氮、石油、总磷、化学需氧量、五日生化需氧量
2016	0	4	1	4	1	15	氨氮、石油、总磷、化学需氧量、五日生化需氧量

资料来源：根据 2011 ~ 2016 年《山西省水资源公报》整理。

[①] 根据历年《山西经济年鉴》和山西省水利厅网站整理。

4. 水资源供需管理渠道多样，政府＋市场结合紧密

在市场调节水资源供需状况方面，山西省水资源费征收标准经历了四次大的调整，分别于 1992 年、2004 年、2007 年、2009 年由省物价局会同省财政厅、省水利厅，按照不同行业、不同类别、不同水质，对全省水资源费征收标准进行了调整，并对取用水实行计量收费，超计划或者超定额取用水部分实行累进收取水资源费制度。① 在政府水资源管理工作方面，山西省推进取水规范化建设，全面实施取水许可制度，大力压缩不合理用水，严格要求建设项目使用中水、矿坑水和地表水，减轻地下水开采压力；推进水资源管理的现代化建设，重点开发了水资源远程监控信息平台以及硬件配置和监控设施；构建县域节水型社会，太原、晋城、侯马等市县申报为全国节水型社会建设试点，建立了初始水权分配为核心的宏观总量控制和定额体系，推广了用水计量控制和地下水位监测等做法；建立水利信息化管理网络，在水井安装智能 IC 卡装置，对地下水开采实施动态监测和控制，强化工农业和城镇生活节水意识。推进最严格的水资源管理"三条红线"制度并认真落实，明确了从省到市的用水总量、用水效率、水功能区纳污"三条红线"指标，组织各市完成全省万元工业增加值用水量考核指标分解工作。

5. 适应极端气候能力逐渐增强

在抗旱保收方面，防止春旱、伏旱等旱情资金投入不断增加，灌溉设施不断完善，春浇期间电力保障等抗旱资金和设备保障能力有所增强。推广了管灌、滴灌等节水灌溉技术。在大中型灌区成立灌区农田灌溉委员会，合理调配水量，积极开展灌区的维修配套，提高水利用率。积极推进了抗旱应急水源工程建设。例如，2014 年 70 处抗旱应急引调提水全部开工建设，2015 年底全面完成工程建设任务。2015 年 70 处抗旱应急水源工程，年底前已有 47 处工程项目开工建设。

6. 水资源政策法律体系不断完善，水资源工作有章可循

21 世纪以来，山西省加快了水资源领域政策保障力度，重点化解山西省

---

① 根据《山西经济年鉴（2010）》数据整理。

水资源供需矛盾，围绕水利工程、水资源管理、水土流失治理和生态恢复、节水型社会建设等方面出台了一系列规划、政策和法律法规（见表 4 - 7）。梳理可知，上述方面的一系列政策法律措施均对当前水资源供应、管理、保护和灾害防治中亟须解决的重大问题做出了规定和规划，且同一条例存在多次修订的现象，说明在水资源管理方面，山西省根据经济社会发展中的水资源稀缺程度进行了相应政策的调整，水资源工作基本在一整套相对完善的政策法律体系指导下开展。

表 4 - 7　　　　山西省水资源领域代表性政策（规划、法律法规）

规范领域	政策（规划、法律法规）名称	出台年份
水利工程	山西省社会资金建设新水源工程办法	2006
	山西省应急水源工程项目核准程序导则	2006
	关于实施公路排水设施与旱井集雨灌溉工程对接试点工作的通知	2007
	山西省农业灌溉可持续发展规划纲要（2008～2012 年）	2009
	山西省大型泵站更新改造规划	2009
	山西省大型灌区续建配套与节水改造规划（2009～2020 年）	2009
	山西省河道管理条例	2009
	山西省水利发展"十二五"规划	2010
	关于加快水利改革发展的实施意见	2011
	山西大水网规划	2011
	山西省转型综改试验水利专项行动方案	2012
	山西省水工程建设规划同意书制度管理办法实施细则（试行）	2012
	山西省灌溉发展总体规划工作大纲	2012
	山西省地下水凿井管理办法	2014
	山西省水资源全域化配置方案	2017
水资源管理	山西省水资源管理条例	2004/2006
	山西省用水定额	2008/2012/2015
	山西省人民政府关于推进水价改革实行"差别水价"和"阶梯式水价"政策促进节约用水的实施意见	2007
	关于促进节约用水调整山西省水资源费征收标准的通知	2009

续表

规范领域	政策（规划、法律法规）名称	出台年份
水资源管理	山西省泉域水资源保护条例	1998
	山西省水资源专项执法检查工作方案	2011
	关于实行最严格水资源管理制度的实施意见	2014
	山西省实行最严格水资源管理制度工作方案和考核办法	2014
	关于加强地下水管理和保护的实施意见	2014
	地下水超采区和地表水供水区水源置换和关井压采规定	2014
	关于加强地下水管理与保护工作的通知	2015
	山西省地下水关井压采实施方案	2015
	山西省地下水超采区评价报告	2015
	山西省水资源规划	2016
	关于推进农业水价综合改革的实施意见	2016
	山西省全面推行河长制实施方案	2017
水土流失治理和生态修复	关于在水土流失防治区实行封禁治理的决定	2004
	关于发展民营水保大户的资金扶持办法	2005
	汾河流域生态环境治理修复与保护工程方案	2008
	山西省水生态系统保护与修复工作大纲	2010
	山西省中小河流治理专项规划	2011
	开展大同十里河等10条河流生态环境治理修复与环境保护工程	2013
	晋祠泉复流工程实施方案	2014
	山西省汾河流域生态修复与保护条例	2014
	汾河流域生态修复规划（2015—2030）	2016
	山西省水土保持规划（2016—2030年）	2017
	山西省桑干河、滹沱河、漳河、沁（丹）河、涑水河流域生态修复与保护规划（2017—2030年）	2017
	山西省大清河流域（唐河、沙河）生态修复与保护规划（2017—2030年）	2017
节水型社会建设	关于建设"节水山西"的实施意见	2004
	山西省节水型社会试点建设实施方案	2004

规范领域	政策（规划、法律法规）名称	出台年份
节水型 社会建设	山西省节水型社会建设规划	2006
	"十二五"节水型社会建设规划	2011
防汛抗旱	山西省抗旱服务组织考核办法	2008
	山西省抗旱工程建设管理暂行办法	2008
	山西省防汛管理暂行规定	2009
	山西省抗旱条例	2011
	山西省山洪地质灾害防治规划	2011
	山西省易灾地区生态环境综合治理规划	2012

资料来源：根据山西省政府门户网站、山西省水利厅门户网站、山西省防汛抗旱网、历年《山西省水资源公报》、历年《山西经济年鉴》整理而得。

4.3.2 山西省水资源领域尚未解决的问题

1. 水资源适应气候变化工作总体滞后

在实践中，适应气候变化工作应该分为两个部分，一是适应气候，二是适应气候变化。尽管近年来山西省水资源领域水利建设、水资源管理、水土流失治理等方面取得了诸多成绩，但由于山西省本身气候条件恶劣，尤其是干旱少雨缺水的水资源条件难以支撑经济社会发展和人民美好生活需求，目前的水资源工作距离这些要求还有些许差距。

一方面，当前的水利工程体系和水资源保护进展不足以适应山西省干旱缺水的气候条件。另一方面，气候变化下山西省水资源系统暴露性将进一步提升，当前水利系统、水质保障等的脆弱性进一步加大。在气温显著升高情景下，山西省地表水有可能呈现污染加剧的情况，容易造成水质性缺水，造成山西省水量供应难以保障，水质保障压力增加，水资源供需矛盾加剧。例如，在水量供应方面，山西大部分山区农业生产仍停留在"靠天吃饭"的阶段，灌溉条件相对落后，尚不能完全适应山西省农业气象条件；在水质保证方面，地表水质监测中仍有60%左右重点河段水质为劣Ⅴ类；且由于山西省水资源占有量较少，能源重工业比重大，工业污染排放对水质的影响较为严峻，水质治理偏重于监测系统建立和水质评估，工业污水、城市污水处理能力有待提高，农村地区生活污水和农业生产垃圾污染治理空白较多，水土保持能力仍需提高，总体来说，水资源领域适应气候变化工作压力大且相对滞后。

2. 水资源工作适应气候变化意识有待提升

当前，山西省通过一系列水利工程和水资源管理保护工作，初步构建了与经济社会发展相匹配的水资源系统。但是，这些水资源领域相关工作，多是以满足经济社会发展的需求为目标而开展的，对气候变化的考量较少。水资源领域适应气候变化的主要工作体集中体现在防汛抗旱等适应极端天气事件上，而对气温升高、降水减少等均态气候变化的主动适应意识和工作相对缺乏，对降水季节分布不均带来的季节性缺水问题，当前的应急水源建设等工作仍不能满足季节性调水需求。

3. 水资源领域适应气候变化主体范围有待扩大

近年来，山西省水资源领域适应气候变化工作的开展，多是在政府部门的主导下进行，社会参与全省水资源适应气候变化的行动相对较少。普通民众对水资源领域适应气候变化的认知较为缺少，节水意识不强。工业企业在成本约束下虽然具有较高的节水意识，但水资源水质保护意识有待提高。农业部门作为用水大户，对水资源政策制定的参与度较少，自发组织的适应水资源总体短缺和季节分布不均的行动较少。科研部门对农业生产用水的支撑较弱，主要工作体现在灌溉技术的研发和推广上，对如何因时、因地按降水规律调整播种期、作物品种等，以使农作物最大效率地利用降水资源的相关研究较少。气象预警信息传递效率等方面表现不尽如人意，亟须优化气象预警信息传递的"通道"和"端口"。尽管气象部门发布降水信息的准确性和及时性在逐年提高，但由于山西广大农村通信条件不及城市，多媒体使用率较低，对电视、广播等传统信息接收渠道关注度较低，导致降水信息不能及时有效地传递到农业生产等部门，相关的自主适应行为也无从开展。

4. 水资源领域适应气候变化的工作体系亟须建立

一是组织工作体系亟待建立。目前，由各级生态环境系统气候部门、山西省防汛抗旱指挥部及办公部门构成了山西省水资源适应气候变化的主要力量，在工作内容上，偏重于应对和适应极端降水事件的发生，亟须围绕水资源适应气候变化的其他方面部署力量、组织开展相关工作，建立完善、灵活、高效的组织方式和工作机制。二是政策法律体系亟待建立。山西省已经制定《山西省应对气候变化规划（2013—2020 年)》《山西省应对气候变化办法》，但水资源领域适应气候变化的实施细则等方面尚不够明确，相关的法律法规也需要进一步健全。三是能力建设体系亟待建立。能力建设是水资源领域适应气候变化的关键一步，而山西目前此类工作开展较少，相关的人才储备、技能体系和培训体系尚未建立，尤其是面向普通大众的能力建设尚未开展。

4.4 山西省水资源领域转型适应对策

当前山西省乃至全国在水资源领域适应气候变化工作仍处于起步阶段，相关的组织架构、政策体系、能力建设体系等尚未形成固定模式和显著成效。迅速形成水资源领域适应气候变化能力，对于山西这类干旱缺水型省份来说尤为迫切。山西省水资源适应气候变化起步阶段应该着重在下述方面开展创新性和奠基性工作。

4.4.1 推动水资源适应气候变化组织架构体系转型

1. 组织机构转型

探索以河长制为统领，统筹协调省防汛抗旱办和各级气候处在水资源领域适应气候变化中的组织职能，成立山西省全面推行河长制领导小组，在山西省水利厅设立河长制办公室，设立省市县乡四级河长，保证组织机构领导有力，分工有序，执行有效，以保障山西省水资源适应气候变化的资源协调能力、资金保障能力。在现有"统筹河湖管理和保护规划，确定河湖分级名录，加强水资源管理和保护，加强河湖水域岸线管理保护，加强水污染防治，加强水环境治理，加强水生态修复，加强执法监管"八项基本任务中，加入水资源适应气候变化管理。

2. 工作机制和权责划分转型

在河长制下建立相应的会议制度、信息共享制度、工作督察制度、考核问责与激励机制、工作验收制度等。由省政府主要领导担任省总河长，分管水利工作的副省长担任副总河长。总河长、副总河长负责全面推行河长制工作总督导、总调度。各级河长负责组织领导相应河湖流域的水资源适应气候变化管理和保护工作，协调解决有关重大问题，对本级相关部门和下一级河长履职情况进行督导，对水资源适应气候变化建设及其他目标任务完成情况进行考核。

3. 工作绩效评估转型

由省河长办公室科学制定河湖管理保护制度及考核办法，监督、协调各项任务落实，组织实施考核工作等。考核办法的制定不仅要设置常规水利建设和水资源保护相关指标，同时要在水量保障、水污染防治、水资源供需调节等气候适应性工作上设置评价指标，保障山西省水资源适应气候变化在河长制的框架中有序推进。

4.4.2 加快水资源领域政策法律体系向气候适应型转型

1. 加强水资源管理和保护规划的气候适应性

在水资源管理和保护规划中，统筹考虑和论证地区水资源条件、地区水资源的环境承载力和气候承载力等问题，推进水利、河湖环境保护等专业规划与适应气候变化规划相衔接，以适应气候变化和保障社会经济发展为双重导向，制定水资源政策措施。

2. 政策规范水资源开源节流，保障供应能力

针对山西省水资源区域调节能力较强、季节调节能力较弱的现状，科学制定水资源拦蓄汛期雨水等季节调配政策措施，进一步统筹优化水资源配置格局。在具备条件的地市和县城，开展"海绵城市"试点建设，强化水资源季节调配和年际调配能力。针对山西省水资源总体稀缺的基本省情，重点细

化水资源管理"三条红线"、水资源消耗总量和强度双控要求等政策规范，着力加强工业、农业、城乡节水改造，推进水权制度改革。加强非常规水资源的利用力度，加快出台和完善山西省非常规水资源利用规划和技术指南，提高城市污水净化等中水、矿井水和部分地区苦咸水在工业生产、生态用水、生活卫生用水中的回用力度，节约优质地表水和地下水资源。科学、据实调整用水超额累进加价制度和居民用水阶梯水价，最大限度发挥市场在水资源供需调节中的经济杠杆作用。

3. 重点通过政策制定防范气温升高带来的水质性缺水问题

一是加强水污染防治，重点开展汾河中下游、丹河、白水河、涑水河、三川河、桃河、御河等重点河流（河段），册田水库等重点水库的水质治理工作，开展重点水功能区纳污能力调查规划，加强入河排污监管政策，特别是排污源头治理政策的出台力度，制定工业和城镇生活等污水处理技术规范标准，加大农业农村面源污染防治力度，加强水质监测。二是加强水环境治理。加强饮用水水源地、水库、岩溶泉域、重要河流源头区等水源保护和生态修复的政策保障力度，建立城市、农村和景区河湖水环境治理和保护政策标准体系和监察体系；加大治理力度，创新治理方式，通过生态修复、清洁城市建设、河道治理等措施，降低极端降水事件下的水质污染。

4. 强化山西省水资源适应气候变化的法律保障

尽快在《山西省应对气候变化办法》之下，出台山西省水资源适应气候变化相关规则条例，规范山西省水资源适应气候变化的行动标准，加强水资源管理的法制保障。

4.4.3 构建水资源适应气候变化的能力建设体系

1. 打造水资源适应气候变化技术支撑能力

收集总结非充分供水条件下灌溉预报技术、膜下滴灌技术、深井地下水多参数测量技术、碾压混凝土筑坝施工工艺等水资源领域现有的、成熟的技术，整理成重点推广的适应技术目录，在全省范围内因地制宜予以推广；调查、研究、论证当前水资源领域适应气候变化的紧缺技术，特别是水质监测工程技术、水质治理的物理和生物技术、海绵城市建设关键技术等，整理成为山西省水资源领域适应气候变化紧缺技术清单，加大研发和引进力度，加快解决相关技术难题；鼓励多主体参与适应气候变化技术创新，特别是水资源管理和水利工程一线实用技术创新和推广。

2. 强化适应气候变化的水利工程保障能力

一是以大水网工程为基础架构，构建山西省水资源领域适应气候变化的工程网络，促进大水网工程与兴水战略 35 项应急水源工程、大型灌区节水改造工程、城市供水水利工程、生态畜牧小型水利配套项目等雨水集蓄利用工程的工程连通，并协调这几大系统工程在适应气候变化方面的功能。二是加大农村拦蓄汛期雨水工程投资力度。山西省季风性气候特征明显，汛期降水量大而集中，宜在农村（尤其是山区农村）进行以坡改梯和退耕还林为主的小流域水土保持综合治理，增加水土保持能力，同时修建库、坝、塘、窖、池等小型蓄水工程，以保障农业春耕灌溉用水，减少农业灌溉对地表径流和地下水资源的依赖，并有效缓解夏季涝灾。三是加大地市和县城城市区域雨水蓄积能力。推进地市和县市城市区域河道疏浚和除淤工作，在城市上游入城处修建淤泥沉降工程，减少淤泥入城量，充分利用河道作为城市雨水蓄积设施，在保障安全的前提下，适度加大河道深度，增加雨水蓄积量，用于城市生态用水，缓解城市水资源紧张的现状；严控城市污水和生活垃圾对河道河水的污染，从而改善城市水质。

3. 提升水资源领域相关主体适应气候变化综合能力

首先是加强培训和宣传力度，提升水资源相关主体适应气候变化的意识和知识技能储备。对于各级河长、省防汛抗旱办、各级气候部门等领导组织，要定期开展水资源适应气候变化形势和技能培训，增强领导机构的适应气候责任感和领导组织技能。对于工业企业、农业生产主体和城市居民等用水单位，要制作水资源适应气候变化专题影音资料和广播内容，采取适当有效的媒介进行传播，如在农村广播相关背景知识和适应技能等，鼓励公众积极参与水资源适应气候变化行动之中。其次是加强相关主体的适应气候实践能力。周期性开展防汛抗旱和应对极端天气演练和突发水污染事件处置演练，增强供水高峰预警及响应能力，城市供排水管道安全保障能力，提升应急指挥能力、装备处置能力和事后恢复重建能力。最后是预警信息通道及时性和有效性建设。现代媒介和传统媒介相配合，设置应急电源等，保障汛期灾情预警传递的及时性。

4.4.4 以治水、节水、开发潜在水推动水资源领域转型适应

1. 强化水资源管理和水土流失治理

推进水资源管理思路和理念转变。各部门之间加强交流和信息共享，实现协同合作，提高水资源管理效率。优化部门分工，建立山西省水资源管理协调机制，统筹水资源安全预警应急决策和应对水资源安全事件。加强黄土高原水土流失治理，加大晋北地区、吕梁山区、黄土沉积区等裸露地表的植被覆盖率，充分发挥植被的涵养水源和调节气候作用。加大汾河上游、滹沱河、桑干河等生态脆弱流域生态环境修复治理力度，增强水源涵养能力。

2. 加快建设节水型社会

加强农业灌溉配套设施建设，提高农业灌溉效率，因地制宜地推广先进的节水增产灌溉技术。利用财政政策鼓励工业企业合理用水、一水多用，降低单位产品的耗水量，提高水的重复利用率，鼓励现有耗水量大的工业企业进行技术改造，改进用水工艺，提高合理用水水平，降低用水定额，新建、改建、扩建的工业企业用水水耗应达到国内同行业先进水平。强化生活用水管理，不断提高用水效率，合理论证和探索并推行用水超额累进加价制度和居民用水阶梯水价，严格执行国家取水许可、水资源有偿使用和节约用水管理制度，充分发挥水价在节水中的经济杠杆作用。制定和完善水资源管理和保护制度，引导生产和生活用水节约利用。

3. 积极保护开发潜在可用水资源

建立完善城市污水处理系统，促进城市污水资源化利用。全面实施垃圾分类，在各地市周边建立以沼气发电站为主体的城市生活垃圾绿色处理产业体系，降低城市垃圾对地表水资源的污染。在运城地区、晋北地区等水资源

缺乏且盐碱地较多的区域，培育和扩大耐盐品种的种植面积，充分利用微咸水灌溉，提升农田用水效率。加大对地下水涵养保护力度，加快建设丘陵山区雨水集蓄工程，加大雨水收集利用效率。积极开发云中水资源，增加可供水量。严格执行用水总量控制制度、用水效率控制制度和水功能区限制纳污制度。

| 第 5 章 |

气候变化对山西省自然生态系统的
影响及适应对策

自然生态系统在维持生态系统稳定和维持人类赖以生存的生命支持系统中发挥着极其重要的作用。气候变化主要通过气温、降水等气候要素作用于森林、草地、湿地等生态系统，从而影响整个生态系统的稳定性。由于山西省气候条件薄弱，长期粗放、无序发展造成山西省自然生态系统异常脆弱，气候变化增加了山西省的干旱、盐碱化等程度，加剧了生态系统不稳定状态。不仅如此，山西省还是黄河流域的重要区域，黄河流经的吕梁山区长期缺林少绿，干旱少雨，土地贫瘠，水土流失严重，是全省生态最为脆弱的地区，因此，气候变化背景下，山西省自然生态系统转型适应不仅是对"两山论"的践行、对黄河流域生态保护和高质量发展战略的支撑、对全国生态功能区划的响应，也是山西省绿色转型的必由之路。

5.1 山西省自然生态系统现状

自然生态系统可分为森林、草原、湿地、海洋等生态系统类型，对于推动全球能量流动、促进生态物质循环、保证生物信息传递上具有重要作用，对于大气成分和生物生存环境也具有调节作用。由于山西省属于内陆省份，本书只讨论陆地生态系统（以下简称"生态系统"）。

山西省虽然是降水偏少的内陆省份，但由于山地面积大，拥有较为广阔的森林面积；作为北方农区草地面积较大的省份之一，山西省晋北地区拥有多处覆盖率高的草场，同时，由于山西省地处内陆腹地，湿地资源较为贫乏。结合山西省具体的生态系统情况，本书主要从森林生态系统、草地生态系统和湿地生态系统三个方面介绍山西省自然生态系统的规模。

5.1.1 山西省森林生态系统现状

森林生态系统是以乔木为主体的生物群落（植物、动物和微生物）及其非生物环境（光、热、水、气、土壤等）综合组成的生态系统，是陆地生态系统中面积最广、最重要的自然生态系统。森林生态系统是陆地生态系统的主体，在全球生态系统中起着决定性作用（赵金龙等，2013）。

山西省山地居多，森林面积广阔。据 2010 年全国第八次森林资源连续清查，山西省森林面积 4236 万亩（其中有林地 3920 万亩），森林覆盖率 18.03%。活立木蓄积 11039.38 万立方米，森林蓄积 9739.12 万立方米。建有森林公园 111 处（其中国家级 18 处、省级 37 处、市县城郊 56 处），总面积 811 万亩，占山西省土地面积的 3.47%。

山西的森林主要分布在中条山、太行山、太岳山、五台山、吕梁山和管涔山地，这些山地均为暖温带落叶阔叶林植被地带。由于各山地所处的地理位置、自然地带及山体高度的不同，森林植被类型的南北差异性极为显著。进一步可分为南暖温带植被亚地带、北暖温带落叶阔叶林亚地带、北暖温带落叶阔叶林植被亚地带。

山西南暖温带植被亚地带位于省境南部，年降水量 650 毫米以上，年平均气温 12～14℃，≥10℃的积温在 4000～4500℃之间，无霜期 180～205 天，南暖温带半湿润气候特征明显，土壤一般为褐土及棕壤。该区域以落叶阔叶林为地带性植被，以一般林木密度较大，林相整齐，自然整枝良好，蓄积量较高为特点。在该区域太行山南部的山谷之中还分布有针阔叶混交林等。

山西北暖温带落叶阔叶林亚地带集中于省境中南部，包括太行山中部、吕梁山中南部、太岳山和紫荆山以南的黄土丘陵山地，年降水量 450～600 毫米，年平均气温 8～12℃，≥10℃的积温在 3000～4000℃之间，无霜期 130～170 天，南暖温带半湿润气候向北暖温带半干旱气候过渡特征明显，土壤一般为褐土及棕壤。在该地区森林植被中起主导作用，具有地带性意义的是温性针叶林及其针阔叶混交林。在山地海拔较高处还分布有少量寒温性针叶林，以华北落叶松为主。

山西省境中北部属于北暖温带落叶阔叶林植被亚地带，包括吕梁山中北部、管涔山、五台山等山地，年降水量在 450 ~ 500 毫米左右，≥20℃的积温在 2700 ~ 3600℃之间，无霜期 100 ~ 150 天，北暖温带半干旱气候。森林植被以寒温性针叶林为主，温性针叶林次之，在个别地段尚有辽东栎油松混交林存在。在该区域中，温性针叶树种由南向北分布越来越少，寒温性针叶林树种由南向北分布越来越显著（上官铁梁，1989）。

近年来，受到天然林资源保护、退耕还林、京津风沙源治理、"三北"防护林建设和太行山绿化等国家重点工程的积极推动，山西省森林面积逐渐增加，生态体系功效提升，生态环境得到初步改善。"十二五"期间，重点推进了吕梁山生态脆弱区、环京津冀生态屏障建设区、重要水源地植被恢复区生态建设。

5.1.2 山西省草地生态系统现状

草地是世界上分布最广的植被类型之一，占陆地总面积的 20% 左右，是陆地生态系统的重要组成部分（Huyghe et al.，2010）。草地生态系统在维持碳氧平衡，吸收温室气体、调控下游水资源量、控制水土流失和减少大风扬沙等方面具有重要作用，是重要的物种基因库和生物多样性保护区。

山西省是北方农区草地面积较大的省份之一。由于自然地理条件和水热资源的差别，山西省形成了天然草地 6 大类、32 个亚类、110 个型。其中，暖性草丛类草地 2384 万亩，暖性灌草丛类草地 1913 万亩，温性草原类草地 657 万亩，山地草甸类草地 556 万亩，低地草甸类草地 52 万亩，沼泽类 3 万亩（Huyghe et al.，2010）。

山西境内的草本植物群落依照水平地带的分布规律，在植被高级分类单位上可以分为两个植被型。分布在落叶阔叶林地带的适宜暖温性中生和中旱生禾草组成的草丛植被；分布在草原地带的适宜温性旱生和旱中生禾草和杂类草组成的草原植被型。

省境内中南部分布有黄背草草丛，主要生长在太行山南端及中条山海拔 600 ~ 1300m 之间，立地水分条件较好，是南暖温带的标志群落之一。

省境中部及中北部，除广泛分布的白羊草草丛和嵩类草丛外，出现了以中旱生禾草为优势的草丛类型，且向北逐渐增加其发达性。常见的有野吉草草丛、隐子草草丛和兴安胡枝子草丛等（上官铁梁，1989）。

山西省草地多分布在晋北地区，其中高覆盖度草地集中在晋东北五台山地区，中覆盖度草地分布相对较少，山西省绝大多数草地均为低覆盖度草地。晋南地区则受到光照等的影响，鲜有草地。

5.1.3　山西省湿地生态系统现状

湿地是介于水陆之间具有独特水文、土壤、生物特征的过渡性生态系统。《湿地公约》对湿地的定义是指天然或人工的、永久性或暂时性的沼泽地、泥炭地或水域，蓄有静止或流动、淡水、微咸或咸水水体，包括低潮时水深不超过6m的海域，包括与湿地毗邻的河滨和海岸地区，以及位于湿地内的岛屿或低潮时水深超过6m深的海域。在世界自然资源保护联盟、联合国环境规划署和世界自然基金会共同编制的世界自然保护大纲中，湿地与森林、海洋并称为全球三大生态系统，具有涵养水源、净化水质、调蓄洪水、调节气候和维护生物多样性等重要生态功能。湿地在蓄洪防旱、调节气候、控制土壤侵蚀、促淤造陆、降解环境污染物、维持生物多样性、为湿地生物提供栖息地以及为人类提供生物资源、生态景观等方面起着极其重要的作用。因此，湿地又被称为"地球之肾"（谢传宁，2011）。

山西省地处内陆腹地，是湿地资源较为贫乏的省份之一。全国第二次湿地资源调查数据显示，山西省共有四大湿地类，12 种湿地型，湿地总面积15.19 万公顷，占到山西省土地面积的比率为 0.97%，其中河流湿地 9.69 万公顷，湖泊湿地 0.31 万公顷，沼泽湿地 0.81 万公顷，人工湿地 4.38 万公顷（见图 5－1）。山西省湿地主要分布在 9 大河流、63 个大中型水库及为数不多的天然湖泊周边，共有 36 个湿地面积大于 8 公顷的自然保护区，其中 6 个为国家级自然保护区，其余均为省级自然保护区。这些湿地自然保护区的建立有效保护了局部地区的自然生态系统，减轻了洪涝等气象灾害的影响（王璐等，2014）。

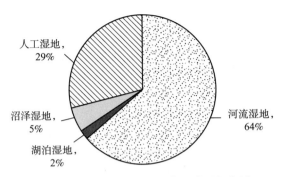

图 5 – 1 2014 年山西省各类湿地面积比例

资料来源：《山西统计年鉴（2014）》。

已有研究（张峰、上官铁梁，1999）对山西省湿地类型、分布及基本特征进行了梳理，将山西湿地类型划分为河口湿地、河流湿地、湖泊湿地、水库湿地及沼泽和草甸湿地五大类型。其中河口湿地主要分布在黄河河津—万荣段，面积 33km²，由汾河携带的大量泥沙沉积而成，以河津的连伯滩最大，有香蒲、假苇拂子茅等群落分布；河流湿地中，永久性河流与溪流大部分发源于本省境内，以汾河、沁河、涑水河、桑干河为代表，季节性河流主要分布于晋西北及吕梁山以西黄土丘陵区，以朱家川、岚漪河上游等为代表，河流短促、枯水季节长、洪水季节集中、急涨暴落是其主要特征；湖泊湿地中淡水湖泊主要有管涔山的马营海天然湖群（海拔 1700m）和析城山的山顶湖泊（海拔 1888m）以及太原晋阳湖东湖等，咸水湖为运城近郊的盐湖，海拔 322m；水库湿地于山西省 30 余座大中型水库均有分布；沼泽和草甸湿地分别分布在河流沿岸、湖泊边缘等地。

山西省 40.53% 的湿地纳入了自然保护区和湿地公园保护范围。山西省范围内被国家林业和草原局命名的国内重要湿地有三门峡库区湿地。到目前为止共有三个湿地保护区，山西运城省级湿地保护区、山西桑干河省级湿地保护区和山西壶流河省级湿地保护区和 50 个湿地公园，其中 15 个国家湿地公园、35 个省级湿地公园。经过多次调研论证，湿地生态红线初步拟定为 15 万公顷。湿地保护网络体系和管理机构不断完善，《山西省湿地保护条例》相关立法得以推进。"汾河流域湿地保护项目"等湿地保护工作顺利实施。

5.2　气候变化对山西省自然生态系统的影响

由于区域环境条件的不同，气候变化对陆地自然生态系统的影响也会随之变化。目前观测到生态系统总体受益于气候变化，包括森林植被总体表现为碳汇增加，高山草甸/灌丛面积略有增加，温带草原增幅较大。但也存在很多不利影响，北方落叶林面积大幅度减少，森林火灾发生和火烧面积的增加；气候暖干化使得荒漠化地区呈扩大趋势并导致草原植被生产力显著降低，生物多样性丧失，草原生态系统稳定性降低；湿地面积缩小且退化；动物物候、分布区域和物种数量等受气候变化和人类活动的双重影响，一些物种发生局部消失。未来气候变化对于自然生态系统将以不利影响为主，极端天气与气候事件的增多也加大了对自然生态系统的损害程度，降低其自我调节能力。

山西省地处黄河中游、华北西部的黄土高原地带，具有保护黄河中游生态状况和保障环京津地区生态安全的重要作用，生态地位十分突出。1980年至今，山西省已建立了47个自然保护区，其中7个为国家级自然保护区，基本形成了纵贯南北、横跨东西、覆盖山西省的自然保护区体系，对绝大部分有代表性的自然生态系统、珍稀濒危野生动植物物种集中分布区、生物多样性关键地区和典型生态脆弱区的保护发挥了重要作用。山西省自然生态系统以山区的森林为主体，有许多保存完好的森林生态系统，北部还有部分草地，沿黄河有少量湿地。近几十年来，黄土高原的年均温度逐渐增加，而降水波动性减少，水热组合变化导致明显的暖干化趋势。以暖干化为主要特征的气候变化对山西省的生态系统产生了深刻影响。

5.2.1　气候变化对山西省森林生态系统的影响

气候变化导致山西省极端天气气候事件呈增多趋势，干旱、暴雨、洪涝、大风等自然灾害使得山西森林生态系统受到了严重影响。

1. 气候变化对山西省森林分布的影响

暖干化的气候变化趋势使得山西省中南部地区暖温带落叶阔叶林区域扩

大，针阔叶混交林中阔叶林比例将会上升。山地海拔高处的寒温性针叶林将不适宜变暖的气候条件，物种数量也会减少。山区地带暖温带植被将可能向更高海拔上移。夏季充沛的降雨将促进植被地带的生长，使得山西省森林面积在自然条件下有增大的可能性。

2. 气候变化对山西省森林生产力的影响

温度升高将会使得植物生长期延长，加上 CO_2 浓度增加带来的"施肥效应"，山西省各森林植被带，包括南暖温带落叶阔叶林带、北暖温带落叶阔叶林亚地带以及零散植被地带，总体上将会呈现生产力增加的趋势。

3. 气候变化对森林生物多样性的影响

伴随着山西省森林结构和分布的缓慢变化，加之不断更新的气候状态，物种的更新周期将在未来一段时间内呈现加快趋势。濒危物种可能消失，外来物种的迁入可能造成物种入侵的情况，增加山西省各个森林生物多样性的不稳定因素。气候变化和不合理的人类活动导致山西省森林生物多样性减少，生物多样性保护工程势在必行。

4. 气候变化对森林火灾的影响

我国北方森林火灾发生密度的变化和温度、降水变化的程度呈正相关。山西省属于中纬度大陆性温带、暖温带季风气候区。森林所处山区、丘陵区的气候主要特征是：春季干旱多风、夏季短促凉润、秋季降雨集中、冬季少雪寒冷。主要气候灾害为普遍性的春季干旱、高温，其次是风灾和极端天气引发的干雷暴等，对森林防火极为不利。

气候变化引起山西省许多地区的温度升高和降水减少，这将增加森林火灾的风险、频率、严重程度和受灾面积，导致森林生产力和生物多样性下降，同时森林大火作为温室气体和颗粒物排放的重要来源，又会加速气候变暖的进程并污染空气。造成山西省森林火灾发生的主要极端天气是干雷暴等雷击引发的森林火灾。近年来晋中、长治、晋城、临汾等市时有干雷暴等雷击引发的森林火灾。未来无论在哪种气候变化及 CO_2 排放情景下，北方林火灾发生的次数和火烧面积均将增加，而且在 21 世纪 80 年代达到高峰，防火期明显延长（Yang et al.，2010）。

5. 气候变化对山西省林业重大工程的影响

山西省境内有很多重点防护林建设工程、退耕还林工程、太行山绿化等国家重点生态工程。气候暖干化将使得黄土高原造林的困难程度进一步加深，一些宜林地可能要被灌草植被所取代。

6. 气候变化对森林病虫害的影响

山西省是林业有害生物灾害较严重的省份，共有林业有害生物种类800多种，每年发生各种林业有害生物面积400万亩左右，2015年发生357万亩。林业有害生物的发生危害，特别是松材线虫病、美国白蛾等外来有害生物对山西省生态安全构成较大威胁。

5.2.2 气候变化对山西省草地生态系统的影响

在全球气候变化大背景下，草地生态系统具有一定的敏感性和脆弱性。温度和降水的变化格局对中国草地生态系统的诸多影响存在很多不确定性。

1. 气候变化对山西省草地土壤的影响

山西省地处黄土高原东部，土质较为疏松，坚固性较差。山西省中北部地区气候特征呈现干旱半干旱特征，气候变化将使得草原区干旱持续时间延长，土壤含水率降低。在干旱气候、盐碱化以及大风的作用下，山西草地更为脆弱，极易演变为荒漠。

2. 气候变化对山西省草原植被生产力的影响

未来山西省范围内气温的升高、干旱化加剧将导致草地水分的丧失，在降水出现微弱增加的晋北地区，草地生产力有提高的条件和可能，植被覆盖率也有可能增加。但是，降水微增的同时，温度也略微上升，干旱程度也可能不会改善。山西中部、南部地区由于降水呈现减少趋势，在一定程度上会降低草地生产力，但由于这两个区域草地植被较少，所以影响不大。

3. 气候变化对山西省草原类型和分布的影响

晋北半干旱地区潜在荒漠化趋势将增大，吕梁山、五台山等高地山区的草地面积将会减少。南部地区由于降水变化不大，草原面积可能进一步增加。

近年来，由于风速减弱，沙尘暴发生次数呈波动减少趋势，加上实施京津风沙源综合治理和退耕还林还草工程的生态效益逐渐显现，草地的风蚀沙化有所减轻。但局部地区的沙质荒漠化和草地退化仍较严重。

5.2.3 气候变化对山西省湿地生态系统的影响

湿地生态系统对气候的变化较为敏感。气候变化是导致湿地生态系统退化的主要原因。

1. 气候变化将造成湿地生物多样性变化

极端气象灾害频发使得山西省原本脆弱的湿地生态系统遭遇干旱、洪水、冰冻等灾害的困扰进一步加大，以及部分河流断流及干涸，可能导致动物种群因生存需要而迁徙离开原居地，湿地物种资源减少，生物多样性降低。

2. 气候变化会加剧湿地水资源短缺状况

气候暖干化趋势无形中增加了经济社会用水和农业用水，一定程度上挤占了湿地生态用水，山西省湿地水资源短缺状况更为严重。气温升高将使得山西省湿地蒸发量增加。山西省雨季和旱季分明，温度升高易导致旱季部分湿地干涸，进而导致湿地面积缩小，湿地和物种栖息地"片段化"程度加重。

3. 气候变化对湿地面积的影响

山西省降水具有明显的季节性，这将加大山西省主要河流径流量的变化，由此引发湖泊蓄水量和水位的较大变化，湿地面积变化加剧，湿地生态环境承载力下降。晋中、晋南地区的暖干化趋势也有可能造成湿地面积减少。

5.3 山西省自然生态系统已有的 适应方案及尚未解决的问题

山西省自然生态系统整体脆弱，气候变化敏感度大，适应气候变化难度大。目前山西省自然生态系统适应气候变化的工作主要围绕生态功能区建设和常规生态保护工作展开，气候适应性工作开展的较少，对植被立地环境进行气候适应性改造的工作开展较少。本节对山西省自然生态系统已有的适应气候行动进行了梳理，并归纳整理了现有工作中的不足之处。

5.3.1 山西省自然生态系统适应气候变化现状

1. 造林绿化、生态修复方面

山西省积极践行"绿水青山就是金山银山"的生态观，设定了"绿化山西、生态兴省"的总目标和"山上治本、身边增绿、产业富民、林业增效"的总发展思路。沿流域按山系集中布局，以生态脆弱区、重要水源地为重点，实施大规模植树造林，启动新一轮退耕还林，推进城乡绿化广覆盖，加强永久性生态公益林立法保护，持之以恒构筑京津冀绿色屏障，大力推进林业六大工程，以增加绿色为基础促进绿色发展。

2. 森林火灾防治及安全防护方面

山西省设立森林公安局和森林防火预警监测中心，努力构建山西省森林防火防灾体系。同时积极与周边省份合作，共同保护森林系统。晋豫冀三省森林公安局警务合作联席会议上三省分别签署了《晋豫冀交界三市森林公安机关警务合作协议》，为促进边界林区治安工作的健康有序发展做出各自努力。此外还开通森林防火短信服务平台，以短信群发方式及时发布大风天气预警、森林火险等级预警预报、森林防火注意事项以及森林防火信息等，加强森林防火警示提醒服务。

3. 在病虫害防治方面

山西省林业有害生物防治检疫局于 2016 年建立山西省林业有害生物防控专家库，力求进一步完善山西省森林病虫害防控工作机制，同时与周边省份（如陕西、河南等）合作联防联治，提高防控水平，设置极端天气与病虫害防治应急预案，有效预防和减少林业有害生物灾害事件的发生。

4. 重点生态功能区建设方面

根据国家和山西省关于主体功能区规划工作的部署，山西省重点生态功能区分为水源涵养型、水土保持型、防风固沙型三种类型，具体范围如表 5－1 所示。重点生态功能区是指生态脆弱、生态功能重要、关系到山西省乃至国家生态安全、以提供生态产品为主、不宜进行大规模高强度工业化城镇化建设的区域，实施限制性开发强度。

表 5－1   **山西省重点生态功能区（2016 年）**

生态功能区类型	区域范围
国家级限制开发的重点生态功能区（共 18 个县）	忻州市：神池县、五寨县、岢岚县、河曲县、保德县、偏关县； 临汾市：吉县、乡宁县、蒲县、大宁县、永和县、隰县、汾西县； 吕梁市：兴县、临县、柳林县、石楼县、中阳县
省级限制开发的重点生态功能区（共 28 个县）	太原市：娄烦县 大同市：灵丘县、左云县 阳泉市：盂县 长治市：平顺县、黎城县、壶关县、沁源县 晋城市：沁水县、阳城县、陵川县 朔州市：平鲁区、右玉县 晋中市：左权县、和顺县、灵石县、榆社县 运城市：平陆县、垣曲县 忻州市：五台县、繁峙县、宁武县、静乐县 临汾市：古县、安泽县 吕梁市：岚县、方山县、交口县

资料来源：据国家和山西省主体功能区规划资料整理（2016）。

在退耕还林还草、保护森林生态系统方面，山西省委、省政府高度重视退耕工作，于 2016 年秋季提前启动实施 2017 年度新一轮退耕还林还草建设任务，同时紧跟国家思路，不再限制生态林和经济林比例。

5.3.2　山西省自然生态系统适应气候变化存在的问题

山西之长在于煤，山西之短在于林，山西之少在于水。近年来山西省森林生态系统发展良好，生态环境得到改善。但存在水平低、速度慢、差距明显等不足之处。与周边省份相比，山西省的森林覆盖率较低，呈现南高北低的特点，且有相当一部分森林质量不高，再生能力和防护能力较差，这主要与宜林地土质差有关，山西宜林地面积相对较大，但绝大多数为干石山、盐碱地等"硬骨头"地带，因此立地条件差，未来造林难度极大。

造林的成败主要取决于两方面因素：一是苗木本身的状态，即苗木质量；二是立地环境所能提供给树木所需要的物质的丰歉程度。黄土高原地区由于降雨少而集中，且易于流失，从而导致土壤干旱，干旱的土壤又对大气产生影响，而春季的大气干旱又促使土壤朝着更为干燥的方向发展。春季长刮的"黄风"给刚栽植的苗木雪上加霜，导致生理干旱而死亡。山西省人工造林未成林地难成林，除土壤干旱贫瘠、水土流失严重、蓄水能力差等自然因素导致的人工造林地苗木长势差外，营造林质量管理意识差、造林技术不科学、幼林抚育不到位、管理管护滞后等主观因素也造成了人工造林存活率较低。

此外，山西省森林的树种结构单一，比例严重失调，林龄结构不合理，林业产业化水平相对较低。这一系列问题制约了山西省森林生态系统的进一步发展，也在一定程度上增加了森林在气候变化中的风险程度（冯建成，2012）。

山西省草原植被总体长势良好同时草原退化状况较为严重。2012 年，草原综合植被盖度为 75%；天然草原鲜草量达到 1545.3 万 t，折合干草 478.4 万 t；山西省各类饲草产量共计 4288.8 万 t，折合干草 1889.6 万 t，载畜能力 2494.3 万羊单位。草原退化面积占天然草原面积的比重较大，沙化、盐渍化在部分地区日趋严重。18 个县草原退化面积总计 409717 公顷，占天然草原面积的 9%；沙化面积总计 32885 公顷，占天然草原面积的 0.7%；盐渍化面积总计 5140 公顷，占天然草原面积的 0.1%。另外，开垦草原、乱征滥占草原、乱采滥挖草原野生植物等人为破坏草原生态的现象时有发生。

山西省湿地类型多样，且以河流湿地为主，而季节性河流相对较多也导致了河岸盐碱地和滩涂面积较大，湿地资源较为分散的现状。此外，盐碱地、滩涂、沼泽和水库往往伴河流而存在，各类型湿地之间较强的镶嵌性和交错性也导致了湿地生态系统脆弱性增加。

随着全球气候的变暖，山西省内降水不稳且不均，湿地雨季水量大，随地表径流迅速排出，许多地区持续高温、干旱，使山西部分地区湿地的地表水面积锐减、矿物质富集，盐碱化湿地增多。围河围湖造田现象严重、湿地盲目开垦和改造、过度使用直接造成了山西省湿地面积减少、功能下降。过度的和不合理的用水已使山西省湿地供水能力受到重大影响，出现大面积湿地干涸现象。各种工农业废水、污水直接排入水体，加之农药、化肥用量逐年增加，致使湿地水体富营养化和遭到不同程度污染。山西湿地污染不仅使水质恶化，而且对湿地的生物多样性造成严重危害。河流流域的森林资源遭到过度砍伐，水土流失加剧，致使山西省湿地泥沙淤积严重。涉及多部门的湿地保护体系、法律法规制度仍需完善。湿地保护与恢复资金缺乏是山西省湿地保护和管理面临的主要问题。

5.4 山西省自然生态系统转型适应对策

气候变化对山西自然生态系统的影响主要表现为物候期提前，自然灾害增加，病虫害流行加剧；土地荒漠化增加，植被防风固沙、蓄水保土、涵养水源、净化空气和保护生物多样性等生态功能降低，生物多样性损失加重。暖干化会使原本脆弱的生态系统面临更为严峻的环境条件。将使生态恢复、农业生产、人居环境面临新的考验。但目前山西省自然生态系统治理仍以修复和综合治理为主，对气候变化的前瞻性适应考虑较少，山西省自然生态系统转型适应的对策包括以下几个方面：

5.4.1 加快自然生态系统经营管理转型，提升气候变化适应能力

加强森林经营管理，提高森林生态功能。提高在气候变化条件下造林良种壮苗的使用率。培育适应气候变化的优质健康森林。构建稳定高效的森林生态系统，增强抵御气候灾害能力。加快制定森林公园管理等方面的规定，

为提高森林和其他生态系统适应气候变化能力提供法制化保障。合理调整与配置造林树种和林种，优化林分结构，构建适应性强的人工林系统。强化对现有森林资源有效保护。加强森林资源保护和生态公益林建设。全面开展森林抚育经营，加强抚育间伐管理，改善林木生长环境，构建健康稳定、抗逆性强的森林生态系统。

增强荒漠生态系统适应气候变化能力，综合防治西北地区的沙质荒漠化。进行季节性放牧以减轻草场负载，促进植被恢复。加强草地火灾的监测、预防和扑救力度和有效性。

开展湿地资源清查，积极开展湿地生态系统对极端气候事件的响应研究。进一步加强自然保护区建设，防止生态系统退化。构建湿地保护区域网络体系，加快湿地公园建设，加强湿地保护管理，使部分湿地萎缩与功能退化的趋势得到明显遏制。建立政府各部门之间的协作机制，将气候变化及其导致的极端气候事件应对机制纳入保护区管理计划。提升湿地生态系统适应气候变化能力。

提升气候变化情况下生物多样性保育水平，提高气候变化情况下重要物种和珍稀物种适应性。重点实施褐马鸡、金钱豹、青羊、猕猴等重点野生动植物物种和林业生态系统保护工程。

5.4.2 推动重点生态功能区气候适应性转型，保障生态安全

在严格落实国家和省级主体功能区布局，发挥主体功能区作为各市县空间开发保护制度的作用的基础上，加快构建气候适应型重点生态功能区。依据国家和山西省主体功能区规划，根据山西省各地区的地貌类型、资源禀赋、产业结构、开发强度，结合气候变化下主体功能区生态生产力和资源环境承载力的变化趋势，对主体分区的功能定位、发展方向、保护重点和实施政策进行气候适应性调整，确保不过度开发，以保障生态安全。对于禁止开发区，要加强气候适应工作指导，减少气候变化对区域内生态系统的不良影响。对于限制开发区，要在生态优先、适度发展的基础上充分考虑气候变化的影响，保障生态安全。对于重点开发区域，要将气候变化影响考虑在内，制定动态可调的气候适应型开发发展模式。对于优化开发的区域，在生态保护和修复治理过程中要将气候变化因素考虑在内，前瞻性推进生态系统适应气候变化

工作。加强以区域内县城和中心城镇为依托的生态型社区建设，发展不与生态保育主体功能相冲突的生态型产业，适度集聚人口。继续加强生态建设，最大限度地维护生态系统的稳定性和完整性。

5.4.3 发挥自然生态系统工程的综合效益

根据气候变暖和降水的变化，适度调整天然林保护、退耕还林、晋北晋西北防风固沙、太行山和吕梁山水土保持等生态工程的布局与树种结构。实施森林质量提升工程，提高森林生态系统适应能力，发挥森林生态工程的综合效益。继续推进草原保护建设工程，提高草原综合植被盖度，促进草原生态良性循环。新建和扩建自然保护区和野生动植物保护区，划定县级以上自然保护区生态功能红线，维持关键物种、生态系统生存的必需面积，保护山西省生物多样性。

5.4.4 加强生态服务功能监测评估及预警能力

加大投入，完善监测站网，配套建设气象站、碳通量塔及大气环境监测场等生态服务功能的基础设备。加强气候变化对林业影响的监测评估，开展对不同功能区典型的森林植被定位观测系统的各项生态因子的机理研究和监测，科学评价山西省森林生态效益和生态建设成效，建立森林生态环境动态评价、监测和预警体系。加强草地生态服务功能监测评估。完善省内草地生态系统定位监测站网的建设，加强气候变化对草地影响的监测评估，开展对不同植被的各项生态因子的机理研究和监测，建立气候变化背景下针对草地生态系统的动态评价、监测和预警体系。加强湿地等自然保护区生态服务功能监测评估。加大自然保护区监测站网及配套设施建设，加强气候变化对湿地影响评估，针对不同类型保护区设定不同的评价指标体系，建立相应的监测、预警和适应体系。加强对森林火灾与火险的监测和预警，加强森林防火专业队伍建设，健全森林防火责任制。适度调整以提前春季防火期，并延后秋季防火期。干旱少雨地区应着重加强对草地火灾的监测与预警，将干旱等极端天气下草地生态系统的损失降至最低。

第 6 章

气候变化对山西省基础设施的
影响及适应对策

近年来，山西省基础设施整体水平提升较快，但是基础设施气候适应能力不足的问题仍然存在。尽管以几十年为跨度单位的均态气候变化暂时没有对基础设施提出明显挑战，但各种极端天气气候事件发生对基础设施的影响不容小觑。一方面，随着全球性的气候变暖，山西省极端高温事件频发，对基础设施的耐热性能带来考验，也使交通、建筑等基础设施胀裂的风险加大；另一方面，由气候变化引起的暴风、暴雨、洪涝、干旱和雾霾等极端天气气候事件对基础设施造成了极大的影响。提升基础设施适应能力对于保障山西省人民人身财产安全，为山西省经济发展、构建和谐安全的社会具有较大意义。

6.1 山西省基础设施现状

山西省内共有11个地级市，26个市辖区，80个县，577个镇与612个乡（截至2020年9月）。根据世界银行（World Bank）的标准，基础设施领域大致分为环境、农业、水资源、建筑、能源、交通与信息通信七个方面，结合山西省具体的基础设施情况，本书主要从交通、建筑、环境三个方面介绍山西省的基础设施现状。

6.1.1　山西省交通基础设施现状

本书从铁路、公路与机场三个方面对山西省交通基础设施现状进行具体叙述。

1. 铁路基础设施现状

山西省太原铁路局线路总延展长度 7764.34km，营业里程共 2973.16km，所设路线通达国内所有省会城市及其他重要城市，是连接山西与国内其他区域的重要通道，也是国家铁路网中的重要组成部分，太原也是国家铁路网中重要的东西枢纽之一。山西省铁路网承担着重要的陆地运输责任。

2. 公路基础设施现状

2018 年山西省公路通车里程为 143326 公里，其中高速公路通车里程达到 5605 公里，112 个县（区）通高速，农村公路里程达到 12.52 万公里。就通达程度而言，山西省内若干条高速公路通达周围所有重要城市，交通相对便利，高速公路事故处理机制已基本完善；就路面材质而言，省内各城市的道路基本已经完成路面硬质化工程，乡村也已经普遍实现了"路路通"。

3. 机场基础设施现状

山西省共有 7 个民用机场，分别是太原机场、大同机场、运城机场、吕梁机场、长治机场、临汾机场及忻州机场。2018 年，全省客运航线达到 252 条，通航城市 214 个。其中太原武宿机场规模最大，截至 2017 年底，开通客运航线 130 条，通航城市 72 个（其中国内航线 120 条，通航城市 61 个；地区航线 3 条，地区城市 3 个；国际航线 8 条，国际城市 8 个），货运航线 1 条。承担着重要的航空运输责任。

6.1.2　山西省房屋建筑基础设施现状

关于房屋建筑基础设施现状，大致分为房屋建筑设计、房屋建筑材料与房屋供暖系统等三方面。

1. 房屋建筑设计现状

随着人民生活水平的提高，人们对于建筑设计的要求普遍提高，房屋建筑的采光性、安全性、舒适性、耐久性等都在考虑的范围之内。与此同时，气候变化导致的温度持续升高使人们对房屋建筑设计的通风性有了更高标准的要求，对隔热材料的社会需求也逐渐增大，温控逐渐成为对建筑设计的必要要求之一。

2. 房屋建筑材料现状

城市方面，随着环境变化以及人们健康环保意识的提高，在建筑材料使用方面，已经有购买环保、无污染建筑材料的明显趋势，尤其是随着全球气候变化，绿色建筑材料已经逐渐成为城市建筑材料的首选。乡村方面，因受到经济能力制约以及绿色意识不强等主观因素的影响，农村居民在建筑材料使用方面考虑的因素依然以价格低廉为主，绿色建筑材料使用率偏低。

3. 房屋供暖系统现状

城市方面，县级及以上城市几乎都实现了集中供暖，覆盖面广、供暖面积大，完全可以满足人们对冬季供暖的日常需求。乡村方面，由于乡村村户之间聚集度不是很高，因此没有采用集体供暖的方式。之前每家每户在冬天均为单独取暖，以烧炉为主，热量利用率不高且污染相对严重。现在随着经济的发展，多户农村采用了水暖这一取暖工具，将取暖与做饭两个供热系统融为一体，较高程度上利用了热量。

6.1.3 山西省环境基础设施现状

环境基础设施主要分为排水系统、垃圾处理与绿色基础设施三方面。其中，排水系统指的是排水的收集、输送、水质的处理和排放等设施；垃圾处理指的是垃圾的收集、运输、处理、污染控制等设备；绿色基础设施是指一个相互联系的绿色空间网络，由各种开敞空间和自然区域组成，包括绿道、湿地、雨水花园、森林、乡土植被等。

1. 排水系统基础设施现状

城市排水系统是处理和排除城市污水和雨水的工程设施系统，是城市公用设施的组成部分，通常由排水管道和污水处理厂组成，目前山西省各县级及以上城市污水处理系统已相对完善，排水系统覆盖广泛。乡村方面，排水系统仍然主要表现为"明沟排水"，缺少水质处理等环节，排水系统相对落后。

2. 垃圾处理基础设施现状

随着近年来城市环卫设施的发展，山西省的城市垃圾收集、运输、处理等体系已相对完善，山西省各地市、县居民生活垃圾收集主要由各区环卫服务中心进行，垃圾处理已基本上实现无害化，然而可循环垃圾的回收率依然有待提高。而在农村，由于城乡差距较大、村居环境建设相对滞后、村民环境意识相对薄弱、管理机制缺失及资金投入缺乏等因素，"脏、乱、差"现象普遍存在，目前乡村的垃圾收集主要靠垃圾车定时进行处理，效率低下。这有悖于新农村建设 5 个文明"生产发展、生活宽裕、乡风文明、村容整洁、管理民主"中的"村容整洁"的要求，因此在农村垃圾处理这一方面应加大力度，努力建设新农村。

3. 绿色基础设施现状

绿色基础设施是指一个相互联系的绿色空间网络，由各种开敞空间和自然区域组成，包括绿道、湿地、雨水花园、森林、乡土植被等。山西省各县级及以上城市的绿地种植百分比基本已达到城市绿化标准要求，灌溉及后续维护保养机制已相对完善，承担着城市内微气候调节的重要作用。农村方面，山西省住房和城乡建设厅已经颁布有关"绿色村庄"的具体政策，努力建设农村绿色基础设施，为村民们创造良好的人居环境。

6.2 气候变化对山西省基础设施的影响

气候变化对基础设施领域的影响日益凸显。IPCC 第一工作组联合主席、中科院院士秦大河认为"对于同一个极端天气气候事件，由于发展中国家的基础设施落后，适应能力差，造成的影响要大于发达国家"。受气候变化影响的基础设施主要有交通设施、房屋建筑、环境设施、水利设施、通信设施、供电系统、供水系统和供气系统等，结合山西省的客观情况，以下重点介绍交通设施、房屋建筑、环境设施三个方面的情况，按受影响程度的强弱来说明气候变化对基础设施的影响。

6.2.1　气候变化对山西省交通设施的影响

1. 气候变化影响交通设施的通达性

暴雨、暴雪、结冰、雾、霾、强风等极端天气气候事件容易影响交通的正常运行，造成高速公路关闭、飞机停航，严重的会使得交通瘫痪，引发交通事故，从而给经济带来巨大损失。山西多山，山区公路、铁路对降雪和大雾天气的敏感性要强于平原区域，特别是冬季强降雪，将对省内几条主要的高速公路、国道、省道的通行带来严重影响。对于五台山区、吕梁山区等偏远地区来说这一影响更大，由于偏远地区的交通设施很不完善，交通受到影响后会对人们的出行造成不便，甚至危及人们的生命财产安全。

2. 气候变化影响交通设施的安全性

气候变化已成为破坏交通设施的重要因素。山西省山区面积占全省总面积的80%左右，山地区域铁路里程和公路里程也占有相当的比重。这两类基础设施在极端天气事件之下的暴露性要高于平原地区。极端降水事件已经成为影响山西省交通基础设施安全性的最大因素。在2016年7月全省范围的极端降水中，忻州市内出现路面塌陷、省道218临县钟底段出现塌方、临县—离石高速两度中断、娘子关一级公路、娘子关隧道由西向东方向入口处山体滑坡封住隧道入口、山西铁路大规模停运等交通基础设施损毁事件，造成巨大损失和风险。

3. 气候变化影响交通设施的耐久性

气候变化导致暴雨等极端天气气候事件时常发生，进而导致地表雨水径流大量增加，在自然地表被大量人工道路所取代的情况下，人工道路即使提高雨水的深层渗透系数依然无法有效降低地表径流，使得山西省各市区道路长时间的处在被雨水覆盖的环境中，受潮程度大大增加，影响其耐久性。此外，低温冻雨、高温炙烤、热岛效应加剧等，都在一定程度上加速了山西省交通基础设施的老化速度，影响其耐久性。

6.2.2 气候变化对山西省房屋建筑的影响

1. 气候变化影响房屋建筑的舒适度

对于山西城市来说，温度升高使得建筑通风散热效果降低，这意味着目前很多建筑在未来将不再满足舒适度要求，进而影响人们的工作和学习效率。山西多风，冬春秋三季持续有风，风与建筑发出的噪音也是影响房屋建筑舒适度的重要因素。因此改变建筑整体的设计，并对已建成的建筑进行新的设计调整，以满足人们对建筑适用性的需求。对于山西农村来说，极端高温和极端低温频现，已经突破了传统窑洞的自然温度调节能力，导致山西农村居民的高温/低温胁迫风险加大。

2. 气候变化影响房屋建筑的安全性

气候变化的表现之一是大暴雨频率和强度增加，会导致洪水发生频率和强度增加。对于山西城市来说，暴雨对建筑墙壁的缝隙会产生渗透作用导致墙体内部发潮，建筑地基进水，严重时侵蚀地基、出现变形和裂缝，形成安全隐患。对于山西农村来说，盆地农村遭遇洪涝的风险增加，山区房屋建筑遭遇泥石流和山体滑坡等地质灾害的风险增加，大暴雨和初秋的连阴雨对于山西土窑洞和石碹窑洞的损害都是巨大的，大暴雨会冲蚀石碹房屋、窑洞的缝隙，导致房屋倒塌；连阴雨会浸软地基、导致房屋渗漏，甚至土窑洞前墙倒塌，对建筑安全造成很大威胁。气候变化还会改变地表蒸发和植物蒸腾的作用，从而导致土壤含水量的变化，加上降雨和大风的作用，对土壤造成冲蚀和风化，这些会给黄土层众多的山西建筑基础带来危害，发生基础移位、下沉，影响建筑安全。

3. 气候变化影响房屋建筑的牢固性

气候变化带来的环境的温湿度变化、大气中 CO_2 浓度的增加，将会导致混凝土内部含水率的改变，并加快混凝土的碳化速度，还会导致塑料、石材、金属、砖瓦和木材等建筑材料的脆弱性增强，从而降低建筑的抗压强度，给建筑工程的牢固性带来影响。在正常情况下，一般建筑可使用 50 年，重要建筑工程可使用 100 年甚至更久，牢固性受到影响后建筑的使用年限将大大缩短。目前，中国部分地区的建筑由于"楼歪歪""楼脆脆"等质量问题使用寿命只有 30 年。

4. 气候变化影响房屋建筑的经济性

山西属寒冷地区，冬季的采暖和保温成了最基本的要求。气候变暖会导致室外及室内温度上升，对锅炉采暖设施来说，会造成煤等燃料的大量浪费；对空调采暖系统来说，空调设计负荷偏大，也会使设备容量偏大，在空调系统自动控制不到位的情况下会造成设备运行效率低。两者都会导致能耗比实际需求偏高，不利于建筑节能，其经济性受到影响。

6.2.3 气候变化对山西省环境设施的影响

1. 暴雨导致排水设施受损，引起城市内涝

气候变化导致城市中大暴雨出现频率增加，由于山西省部分较落后地区的排水设施不健全、不完善，短时间的集中降水会造成排水管道堵塞，进而导致城市排水系统瘫痪，出现城市内涝的局面。

2. 高温对垃圾处理提出更高要求

垃圾长时间的堆放会对周围环境产生影响，在气候变化导致温度升高的条件下，垃圾腐烂的速度会加快，这就要求加快垃圾的处理效率。高温暴晒还会加快塑料垃圾桶的褪色、老化和变形，这使得对垃圾桶的材质也需要进一步改进。此外，高温导致垃圾腐烂变质可能会释放出有害气体，危害环卫人员的身体健康。因此为适应气候变化，垃圾处理方面的要求会越来越高。

3. 极端高温导致绿地干燥，破坏已有的绿化成果

绿地是环境基础设施中的一部分，气候变化导致的极端高温天气，使绿地植物过度蒸腾失水，影响其生长。在此基础上如果灌溉不及时到位，绿地会变得干燥、枯萎，其防止土地沙化、涵养水土、产生氧气、净化空气等效用可能会减弱。此外，绿地建设与管护不到位，还会影响人居环境的改善，对农村来说，不利于山西省"绿色村庄"的创建。

6.2.4　气候变化对山西省其他基础设施的影响

对于水利基础设施来说，山西省水库有一大部分修建于 20 世纪五六十年代，泥沙淤积、老化失修问题严峻，泥沙淤积量已达到总库容的 1/3 左右，调蓄量不到河川径流量的 1/10。当面临极端天气事件时，一方面老旧水利设施的调蓄功能大打折扣；另一方面，老旧水利设施的坚固性也将受到威胁，预期寿命必将大大缩短。对于电力及通信设备来说，山西省是我国西电东送的重要途径之地，山西省冬季极端降雪将会对电力基础设施形成安全隐患，且多山的地形增加了主要电力输送线路的维修抢修难度。随着 5G 时代的到来，密集的 5G 基站布局部将大大增加通信设备的气候灾害暴露性。另外，气候变暖将使山西省城市城区基础设施成为热源，加剧城市热岛效应。山西省基础设施空间布局的集中性以及硬质材料选择上的单一性使其储热较高，伴随着气候的变暖，在很大程度上导致了城市中的人工热源增多，呈现出消耗大、成效低、污染多的特征。同时，传统的灰色基础设施在应对城市热能、电能等生活用能的生产、消耗、释放方面存在较大的缺陷，也在一定程度上造成气温的升高，导致"城市热岛"的形成。

6.3　山西省基础设施领域已有的
适应方案及尚未解决的问题

近年来，极端气候事件频频冲击山西省基础设施和城市生命线系统，造成了一定的财产损失。在此背景下，山西省极端事件监测预警系统基础设施

建设加速进行，相关组织工作也逐步完善，但是存在监测预警系统应用不充分、不及时，基础设施气候适应性标准不健全等问题，山西省基础设施系统适应气候变化的任务仍然艰巨。

6.3.1 山西省基础设施领域已有的适应方案

灾害性天气短临预报的精细化程度增加。山西省、市气象台在加强气象灾害监测的基础上，完善灾害性天气落区预报、短临天气预报预警制作和发布业务，强化灾害性天气短临预报的精细化程度。省气象台、省气候中心和运城市气象局更新了静止卫星资料接收设备，新型极轨卫星资料接收设备投入汛期业务运行，公共气象服务从单纯的灾害性天气预报逐步拓展为干旱、暴雨、连阴雨、高温、寒潮、冰冻、沙尘暴、暴风雪、雷电、雾、霾等重大气象灾害的监测预报和预警服务，预报水平明显提高，实现了气象信息进农村、进学校、进社区、进企业、进公交、进列车，公众覆盖面不断扩大。通过气象信息服务站、手机、电子屏、大喇叭、气象预警调频接收机等多种手段，山西省的农村综合信息服务网络基本建立，实现了气象预警信息和农村综合服务信息乡村全覆盖。

交通领域初步建立了气象预警平台。2019 年 5 月，山西省人民政府发布《山西省初步建立气象灾害预警信息发布和传播管理办法》，要求当气象灾害（包括暴雨、暴雪、寒潮、大风、沙尘暴、高温、干旱、雷电、冰雹、霜冻、大雾等）发生时，各级人民政府会根据气象灾害防御的需要，在机场、车站、高速公路等公共场所利用现有设备播发气象灾害预警信息，保证各项基础设施正常运转。

组织保障工作机制逐渐建立。首先，是建立了指挥组织机构，并不断充实组织指挥机构力量，2004 年，省防办指挥机构新增加了国土资源厅、商务厅、省武警总队等单位。汛期之前由基层部门逐级开展防汛检查工作，并组织"防、撤、抢"演练。其次是落实防汛责任制。全省对 700 多座水库、206 座重点淤地坝、1200 多条边山峪口和重点河流进行了责任落实和分工，保证了守坝、巡堤、报汛、抢险、撤避组织和群众安置各环节有序。最后是防洪基础设施建设加强。加强了河道疏浚、管理和河道清淤除障工作，加强取缔河道非法采砂等，对功能基本丧失的水库及时作报废处理，积极开展了山洪灾害防治非工程措施建设。

6.3.2 山西省基础设施领域尚未解决的问题

监测监控基础设施预报体系不及时。当暴雨、洪涝、高温等极端气候来临时，未及时对重大基础设施应急能力进行及时监测，如山西省山地较多，加上矿产开采地区较多，在暴雨天气极易发生山体滑坡事件，预报人员在发布自然灾害预警时，应预报易发生自然灾害地区以避免人身安全和财产安全损失；再比如，当降雨过多时，城市发生内涝，汽车经过桥洞，容易熄火，车主人身安全受到威胁，在此之前应有专门的部门进行交通管理，对容易发生危险的基础设施进行预报。

部分基础设施建设有待加强。山西省大部分城市排水系统存在隐患，山西省大多城市地处盆地，地势低洼，每当降水过多，城市排水出现困难，造成城市内涝，影响城市交通正常运行，造成人们出行不便；还有部分山区城市和县区，地势存在明显的高低差别，地势低的建成区在暴雨冲击下，面临较大的排涝压力。要对桥梁进行安全检测和加固改造，严格落实桥梁安全管理制度，确保路桥运行安全。部分地区仍存在危桥，很难抵御极端天气，危桥应进行加固改造，无法改造的，则应拆毁重建。

基础设施适应气候变化的技术标准和规范体系有待完善。山西省目前的基础设施建设标准一般是从基础设施的应用场景和国家相关技术规范制定和实施的，缺乏针对山西省气候条件和气候变化的影响的技术规范，如城市排涝系统在不同地势上的建造标准、房屋建筑防风噪标准等，都需要根据特定气候条件进行完善。

6.4 山西省基础设施领域转型适应对策

气候变化所导致的影响不容忽视，气候的持续变化对基础设施领域提出了新的挑战，这不仅影响现有的基础设施，还影响未来基础设施的建设，因此本节试图在受其影响的基础上，结合山西省基础设施现状，提出一些切实可行的解决措施。

6.4.1 山西省交通基础设施转型适应对策

1. 推进交通基础设施风险管理向气候适应型转变

建立并完善气候变化对道路影响的风险评估与信息共享机制，制定灾害风险管理措施和应对方案。全面组织开展灾害风险调查和隐患排查，推进重大工程气象灾害风险评估和气候可行性论证，加强气象灾害风险评估和气候可行性论证的有效应用，在城乡规划编制过程中充分考虑气象灾害风险因素，为有效防御气象灾害提供科学依据。完善突发事件预警信息发布系统，建立极端天气气候事件信息管理系统和预警信息发布平台。完善互联互通和信息收集交流制度，拓展动态服务网络，优化突发事件预警发布；建设灾害预警信息发布传播设施，建设有较高发送速率、双备份、全网发布的手机短信平台；建立共享气象防灾减灾综合信息平台，增加小区广播、电视频道插播、信息反馈评估等功能模块，解决预警信息传播"最后一公里"问题。

2. 提高交通设施建设标准和维修技术的气候适应性

严格执行国家根据气候条件变化修订的基础设施设计建设、运行调度和养护维修技术标准。根据气候变化的影响改进公路和铁路等基础设施的设计建设、养护维修的技术标准。采用高抗性铺路材料，提升道路的耐受性，增强公共交通、公交站台、停车场和机场等对高温、严寒、强降水的防护能力；对道路实施扩建；健全道路照明、标识、警示等指示系统，提高城市道路安全性，推广隧道通风照明智能控制技术，降低暴雨、浓雾等极端天气带来的风险；考虑气候变化带来的气温、空气湿度和冻土变化等对铁路设施的影响，完善铁路建设标准，提高铁路基础设施的耐久性。完善道路勘测技术和修护标准，定期对公共交通及铁路设施进行检查，及时对受损设施进行处理，提高公共交通安全性。

3. 完善铁路线路规划，加强动态监测力度，提升运输能力

合理规划线路布局，完善气候监测体系，加强监测力度，提升突发气候事件应对能力；考虑气候变化带来的低温、水分和冻土变化等对铁路设施的

影响，完善铁路建设标准，提高铁路基础设施的耐久性；发展节能低碳机车、动车组，加强车站等设施低碳化改造和运营管理；加快铁路电气化改造，提高电力机车承担铁路客货运输的工作量比重，提升铁路的运输能力。

4. 完善气象灾害预警与应急系统

完善突发事件预警信息监控系统，实现对预警信息及时反馈、评估、处置等。发展精细化气象预报业务，开发具有实时自动识别、报警、预报分析制作功能的强天气短时临近预报预警业务系统，联合开发次生灾害预报预测系统。开发公共气象服务业务平台，根据监测预报评估预警结论，面向重大活动、突发事件等提供公共气象服务业务。完善灾害监测、预报和预警体系，向交通运输等部门提供大风、雷电、浓雾、暴雨、冰雪等的预警，及时发布极端天气道路安全应急播报。针对山西省滑坡、泥石流等灾害发生风险增大、灾害损失增加等问题开展试点示范工程，以加强灾害监测预警和风险管理系统、灾害应急响应系统、防治灾害信息化等系统建设为重点，推广防御极端天气事件应急系统建设的经验。建设灾害应急响应信息服务平台，编制和修订灾害应急预案并组织演练。加强灾害应急救援和抢险队伍建设，建立应急设备和物资储备制度，建设布局合理的灾害应急避难场所。

6.4.2 山西省房屋建筑基础设施转型适应对策

1. 推动建筑设计标准转型，提高建筑适应气候变化能力

在建筑设计方面，应在建筑的建造以及使用过程中充分考虑气候变化带来的影响，在新建建筑设计中充分考虑未来气候条件，例如：鼓励屋顶花园、垂直绿化等方式来增强建筑集水、隔热的性能，保障高温热浪、低温冰雪极端气候条件下的室内环境质量；提高现有建筑节能、节水的改造标准，加快更换老旧小区的落后用水器具；合理增加小区绿地、植被数量，设置遮阴设施等等；鼓励城市广场、停车场等公共场地建设采用渗水设计，加强城市排水能力，加强雨洪资源化利用设施建设；加强供电、供热、供水、排水、燃气、通信等城乡生命线系统建设，提升建造、运行和维护技术标准，保障设施在极端天气气候条件下平稳安全运行。

2. 推动传统建筑向绿色建筑转变，增强建筑适应气候变化基础能力

就整个山西省而言，力争到 2020 年城镇绿色建筑占新建建筑比重达到 50%。在建筑材料使用方面，城乡建筑都应积极发展超低能耗的绿色建筑材料，例如可以通过采用高效高性能外墙保温系统和门窗等，提高建筑的气密性；结合各城市的资源条件和市场需求，因地制宜发展生态环保、安全耐用的绿色新型建筑材料；采用先进的节能减碳技术和建筑材料，因地制宜推动太阳能、地热能、浅层地温能等可再生能源建筑一体化应用，太阳能富集地区要出台强制性太阳能推广应用措施；合理布局建设绿色建材的生产基地，重点做大做强一批龙头建材企业；加强建筑节能管理，提升并严格执行新建建筑节能标准，推广绿色建筑标准。同时，绿色村庄的理念应宣传到位，改善村容镇貌，提升村民人居环境。按照住建部提出的至 2020 年全省 60% 以上行政村、2025 年所有行政村达到绿色村庄的目标，结合山西省地域差别和各市建设实际。山西省创建目标是：至 2020 年长治、晋城、临汾、运城市实现 70% 以上村庄达到"绿色村庄"建设要求，太原、晋中、阳泉市 65% 以上村庄达到"绿色村庄"建设要求，吕梁、大同、朔州、忻州市 60% 以上村庄达到"绿色村庄"建设要求。

3. 推进城市生命线系统气候适应性转型，保障城市气候安全

加强供电、供热、供水、通信、排水等城乡生命线系统建设，提升建造、运行和维护技术标准，保障设施在极端天气气候条件下平稳安全运行。在供暖系统方面，应尽量缩减城市里单独取暖的住户数量，减少单个住户取暖热量浪费，提高热能利用率，推广太古大温差长输供热项目模式。在城市生命线系统建设方面，根据地温、降水等要素的改变，调整供电、供水、通信、重要桥梁和隧道、城市地下管廊等城市生命线系统埋设架设的耐热、抗寒、耐涝、抗台风等的安全标准。按照城市内涝及热岛效应状况，调整完善地下管廊或管线布局、走向以及埋藏深度。加强极端气候的监测预警，保障城市生命线的安全运行。鼓励城市广场、停车场等公共场地建设采用渗水设计，加强城市排水能力。

6.4.3 山西省环境基础设施转型适应对策

1. 提高排水系统设施标准，增强城市排涝能力

根据气候变化对城市降水强度的影响，重新修订道路设计中排水设计的标准要求。健全城市防洪排涝应急预案管理，完善城市应对洪涝灾害尤其是城市内涝的处置方案；加强城市地下排水系统建设和易涝点整治，加快城市排水管网、排涝泵站等基础设施的建设改造，提高城市防汛排涝能力；妥善安排城市洪涝外排出路，增强雨洪径流调控能力；完善雨水蓄滞、收储系统，适当增加下凹式绿地、植草沟、人工湿地和自然地面等，减少不透水地面面积；提倡"海绵城市""森林城市"等建设理念，增加城市雨水吸收能力。

2. 完善垃圾运力及处理体系，推进无害化处理

统一进行系统规划，减少处理设施重复建设，增加对未来气候变化导致各种不确定性问题的适应能力；提高可循环垃圾的使用率，宣传可循环垃圾的积极作用，加强垃圾分类意识；加强垃圾的分类处理和集中处理能力，全面推进城市垃圾分类工作，对生活垃圾进行统一收集和集中处理；采用污染更小的处理方式，提高垃圾无害化处理率，增加无害化处理形式；促进垃圾处理投资主体多元化、运营主体企业化、运行管理市场化的竞争性建设。乡村方面，应加强宣传环保力度，建造全村固定丢弃垃圾的地点，有健全的垃圾收运体系，鼓励垃圾分类减量和资源化利用；鼓励残渣无害化处理后制作肥料，在具有甲烷收集利用价值的垃圾填埋场开展甲烷收集利用及再处理工作；加强管制体系，禁止露天秸秆焚烧，建立清扫保洁长效管理机制，配备专人做好日常保洁，建立村级公共卫生管理机构，改善长期无人抓、无人管、放任自流的局面；建立环卫工人健康管理机制，改善环卫工人工作设备，降低变质垃圾影响环卫工人身体健康的风险，并定期组织体检工作；健全垃圾处理资金体系，县、乡两级政府应对农村环境卫生建设进行长期的资金扶持。

3. 科学规划城乡绿地系统，提高城市绿地率

因地制宜，根据城市生态环境条件及气候变化趋势的具体情况，选择适

宜的林草地物种，建设节约型绿地；增强城市中绿地、森林、湖泊、湿地等自然系统在涵养水源、调节气温、保持水土等各个方面的生态功能；提倡建设绿色友好型环境理念，依托各城市的地理、气候及生态等特征，充分挖掘传统城市建设、园林设计的经验智慧，通过绿楔、绿道、绿廊等不同形式加强城市绿地、河湖水系、农田林网等各自然生态要素的衔接连通，构成"绿色斑块—绿色廊道—生态基质"的系统格局。乡村方面，根据山西省住房和城乡建设厅的"绿色村庄"评定体系，公共场所、游园或休闲绿地，村内道路、坑塘、河道周边，村庄周边都要求普遍有绿化林带，并在一些地区建有"乔—灌—草"混层种植结构、观花观叶植物、立体绿化等一定景观效果的绿化工程。同时，加强绿地管护工作，重视绿化成果的保护，禁止乱砍滥伐树木、侵占绿地的行为；注重绿化树种的病虫害防治、修剪养护；注重绿地防火，无重大林木火灾发生。总体而言，为了改善乡村人居环境及适应气候变化，村庄绿化覆盖率需不小于20%。

| 第7章 |

气候变化对山西省重点产业的
影响及适应对策

山西省是我国重要的综合能源基地，不仅煤炭资源极为丰富，风能、水能、太阳能、地热能等可再生能源资源也相对富集。山西省煤层气、铝土矿、耐火黏土、镁矿、冶金用白云岩等矿产资源储量居中国第一，其中煤层气剩余经济可采储量为 2304.09 亿 m^3，居全国第一，开发潜力巨大。此外，作为中华民族的发祥地之一，山西省历史文化遗产灿若繁星，旅游资源丰富。能源产业、旅游业、制造业和物流业是山西省资源经济转型发展的重点领域，也是气候敏感型产业，极易受气候变化影响。研究气候变化对这些产业的影响机制和转型适应对策，是实现山西省经济社会转型发展、高质量发展的迫切要求和战略选择。

7.1 气候变化对山西省能源产业的
影响及适应对策研究

能源产业是基础工业的重要组成部分，也是保障社会生产和人民生活的支柱产业，经济发展离不开能源产业的支撑。能源的种类主要包括煤炭、原油、天然气、煤层气、水能、核能、风能、太阳能、地热能、生物质能等一次能源和电力、热力、成品油等二次能源，以及其他新型能源。能源产业具有在生产过程中伴随高排放与高污染的特征，导致能源与环境之间的矛盾日益突出，这已经成为当前全社会关注的焦点之一。

　　山西省是我国重要的综合能源基地，是典型的资源依赖型省份，经济发展在相当大的程度上依靠煤炭为基础的能源工业，能源产业已经成为关乎山西省国民经济发展最关键的领域之一。然而，IPCC 发布的气候变化第五次评估报告指出，未来风暴寒潮和高温热浪会日趋频繁且愈加剧烈，对城乡居民生活、基础设施等构成巨大威胁。在全球气候变化的背景下，山西省气候因地形特征而表现出自身的特点，例如年均气温上升、干旱化加剧、极端天气事件频率增加、部分地区年均风速降低等，这将对能源产业的生产、运输、消费与安全等各方面造成影响。因此，分析和研究山西省能源领域因气候变化而可能受到的影响，并提出相关政策建议，对提高山西省能源领域适应气候变化能力、推动山西省能源产业健康发展、保障国民经济稳定运行具有重要意义。

7.1.1　山西省能源生产和消费现状

　　当前，山西省能源产业的生产与消费结构仍然以煤炭为主，煤层气开发渐成规模，电网装机能力进一步增强，风光水电等非化石能源及新能源利用程度逐年提高。但是，在能源产业发展过程中的问题也不能忽视，工业生产高能耗、高排放、高污染的特征仍然存在，能源利用效率有待提高，产能过剩问题仍然严峻。

1. 能源生产方面

　　山西省能源产品主要有原煤、洗精煤、电力、焦炭、煤气，及其他新能源。综合来看，能源产业的供给主要以原煤的生产、销售以及将原煤加工转化生成其他二次能源为主。

　　随着经济社会的不断发展，山西省的能源生产总体上呈迅速上升的趋势，2015 年山西的一次能源总产量为 72488.91 万吨标准煤，15 年间增长了近 3 倍（见图 7 - 1）。

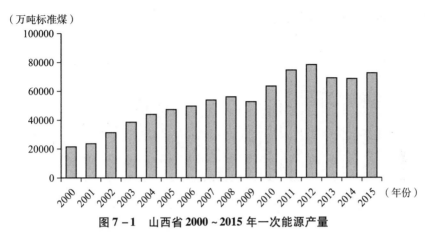

（万吨标准煤）

图 7 – 1　山西省 2000 ~ 2015 年一次能源产量

资料来源：《山西省"十三五"综合能源发展规划》。

（1）煤炭。

山西省境内煤炭资源丰富，且种类较多。据统计，省内煤炭保有资源储量 2709.01 亿吨，占全国保有资源储量的 17.3%。长期以来，山西省作为能源重化工基地，煤炭、焦炭、冶金、电力四大行业占山西省工业产值的 60% 以上，这些行业都离不开煤炭资源的大量投入。

根据《山西省"十三五"综合能源发展规划》统计，截至 2015 年底，山西省各类煤矿共有 1078 座，其中兼并重组保留 1053 座、国家新核准 25 座，总产能 14.6 亿吨/年，平均单井规模 135.4 万吨/年；生产煤矿 541 座，建设及其他煤矿 537 座。2015 年煤炭产量达 9.75 亿吨。

2015 年原煤生产 71590.05 万吨，占能源生产总量的 98.76%，近年来原煤所占生产比重有所下降，如图 7 – 2 所示。但从这个比例上看，煤炭还是山西的第一大能源。

（2）煤层气。

煤层气是指储存在煤层中以甲烷为主要成分、以吸附在煤基质颗粒表面为主、部分游离于煤孔隙中或溶解于煤层水中的烃类气体，是煤的伴生矿产资源，属非常规天然气，是近一二十年在国际上崛起的洁净、优质能源和化工原料。俗称"瓦斯"，热值是通用煤的 2 ~ 5 倍，$1m^3$ 纯煤层气的热值相当于 1.13kg 汽油、1.21kg 标准煤，其热值与天然气相当，可以与天然气混输混用，是一种清洁燃料。煤层气可以用作民用燃料、工业燃料、发电燃料、汽车燃料和重要的化工原料，用途非常广泛。

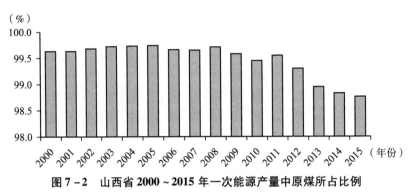

图7-2　山西省2000~2015年一次能源产量中原煤所占比例

资料来源：《山西省"十三五"综合能源发展规划》。

　　山西省煤层气资源丰富，煤层气剩余经济可采储量为2304.09亿 m³，居全国第一。根据《山西省"十三五"综合能源发展规划》统计，2015年，山西省煤层气（煤矿瓦斯）抽采量101.3亿 m³，其中，地面41亿 m³，井下60.3亿 m³，分别占全国的94%和44.4%；煤层气（煤矿瓦斯）利用量57.3亿 m³，其中，地面35亿 m³，井下22.3亿 m³，分别占全国的92%和46.8%。

　　（3）电力。

　　电力是二次能源最主要的能源形式，被广泛应用于社会各个领域。截至2016年，山西省共有905家发电企业，其中包括180家火力发电公司、114家水力发电公司、124家风力发电公司、357家太阳能发电公司。

　　根据《山西省"十三五"综合能源发展规划》统计，截至2015年底，山西省装机容量6966万千瓦，其中，煤电装机容量5517万千瓦，占山西省装机容量的79.2%，煤炭发电仍然是山西省电力生产的最主要形式。从发电形式上看，山西省的发电动力涵盖了煤炭及附属传统能源产品，又涵盖了水能、风能、太阳能等新型清洁能源；从发电量上计，煤炭是山西省电力供给的主要能源来源，以煤炭为原料的火电是电力生产的主要产出。2015年，山西省发电量达到2457亿千瓦时，比2010年的2150亿千瓦时增加了307亿千瓦时，图7-3反映了10多年来山西省电力生产总量的变化。可以看出，山西省历年发电量表现出与经济发展高度相关的趋势，2014~2017年山西经济增长低谷期，发电量也有相应地减少。

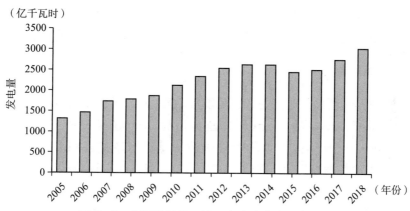

图 7 - 3 山西省 2005 ~ 2018 年电力生产总量变化

资料来源：历年《山西省国民经济和社会发展统计公报》。

（4）新能源与可再生能源。

根据《山西省"十三五"综合能源发展规划》统计，新能源发电在山西省电网的比重越来越高（见图 7 - 4），山西省新能源装机并网容量达到 1449 万千瓦，占山西省装机容量的 20.8%。其中，风电 669 万千瓦、燃气（含煤层气）发电 388 万千瓦、水电 244 万千瓦、太阳能发电 113 万千瓦、生物质（含垃圾）发电 35 万千瓦，风电是新能源电力最主要的部分。

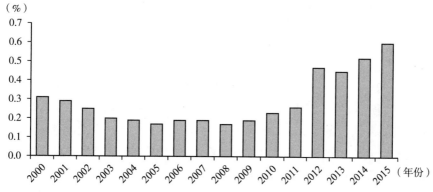

图 7 - 4 山西省 2000 ~ 2015 年水电、风电占一次能源产量比例

资料来源：《山西省"十三五"综合能源发展规划》。

尽管新能源发电占发电总装机容量的比例较为可观，但从一次能源生产总量上来看，与煤炭相比，新能源及可再生能源所占比例微不足道，以水电、风电为例，仅占一次能源生产总量0.6%，比例较低，其开发利用还处于初级阶段，形成规模尚需时日，但近几年可再生能源占生产的比重呈上升趋势。

2. 能源消费方面

山西既是重要的能源基地，也是能源消耗大省。随着经济的不断增长和人民生活水平的迅速提高，山西省的能源消费需求也在不断增加，如图7－5所示，2000～2016年山西省能源终端消费呈逐渐增长趋势。2017年达到16836.79万吨标准煤，相比2000年增长了11048.78万吨标准煤。

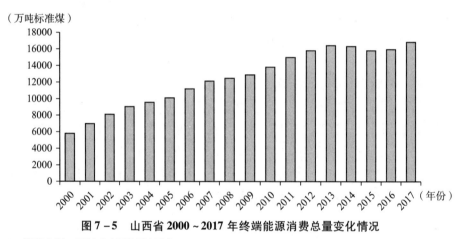

图7－5　山西省2000～2017年终端能源消费总量变化情况

资料来源：历年《山西统计年鉴》。

从消耗的行业上看，2017年第一产业能源终端消费量为323.6万吨标准煤，占1.92%；第二产业能源终端消费量为12712.58万吨标准煤，占75.50%；第三产业能源终端消费量为2125.8万吨标准煤，占12.63%；居民生活终端能源消费量为1674.81万吨标准煤，占9.95%，历年各部门的能源终端消费量变化如图7－6所示，可以看出，第二产业对能源的需求量最大，在消费数量上逐年上升，但所占比例在2017年前总体呈现下降趋势，第一产业的能源消费量趋于稳定，第三产业和居民生活部门的能源消费量和占比均有所上升。

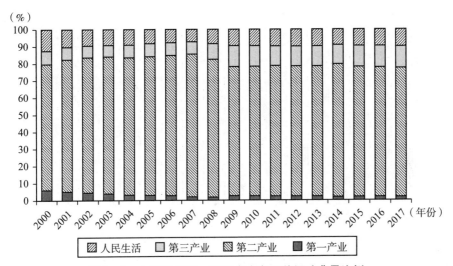

图7-6 山西省2000~2017年各部门能源消费量比例

资料来源：历年《山西统计年鉴》。

从山西省能源消耗结构看：

（1）煤炭。

2017年度山西省煤炭消耗量为42942.29万吨，在山西省能源消费结构中占主导地位。图7-7、图7-8分别反映了近年山西省煤炭消费量以及各部门煤炭终端消费比例的变化情况。

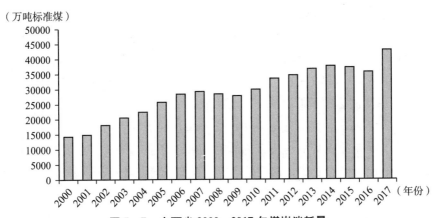

图7-7 山西省2000~2017年煤炭消耗量

资料来源：国家统计局。

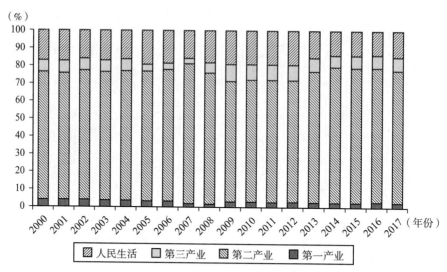

图7-8 山西省2000~2017年各部门煤炭终端消费比例

资料来源：历年《山西统计年鉴》。

从煤炭消费的数量变化来看，煤炭消费量总体呈现上升趋势，且与经济增长速度呈现出较大的相关性，在2008年全球金融危机的冲击下，山西省经济增长速度有所放缓，煤炭消费量也有相应地下降，2013年煤炭黄金十年结束后，山西经济进入短暂的低速增长阶段，体现在煤炭消费量上则表现为煤炭消费量的快速回落。2017年山西经济恢复中高速增长，带动了煤炭消费量的增加。煤炭消费量与经济增长保持相关不脱钩，说明煤炭在山西省能源消费结构中占比较大，但煤炭作为高排放能源，煤炭能源的大量应用给适应气候变化工作带来较大的压力，山西省能源消费结构绿色低碳化调整还任重道远。

分部门来看，2000~2017年，第一产业的煤炭消费占比始终较低，除了2008年前后比例达到最低以外，没有明显的变化趋势。第二产业煤炭消费占比始终在70%左右，尤其是近几年占比较高，说明煤炭消费有向第二产业集中的趋势。受能源消费结构改善的影响，第一产业、第三产业、居民消费的煤炭消费占比有减少趋势，尤其是适应气候变化背景下冬季采暖方式多样化、散煤治理和集中供暖推广，近几年居民生活用煤比例下降较快。

（2）电力。

山西省是典型的资源型地区，经济发展很大程度上依靠煤基工业，每年煤炭产量的大约 1/3 用于火力发电，这反映出山西省经济发展对电力也有很强依赖性。2017 年山西省电力终端消费量 1797.2 亿千瓦时，是 2000 年消费量的近 3 倍。2007 年之前，山西省电力终端消费量保持一个稳定的增长态势，2007 之后，呈现波动型增长。在此期间，电力终端消费量的增长主要是由工业用电量的增加引起的，其他领域的用电量也有相应地增加。

从各领域消费量的比例变化来看（图 7-9），2000~2016 年期间，第三产业用电比例保持相对平和的增加，第二产业、第一产业的用电比例呈现下降的趋势，居民生活用电量所占比例则有较为明显的提升。这一方面与居民生活水平的提升有关，另一方面也与气候变化背景下居民制冷和采暖需求增加有关。

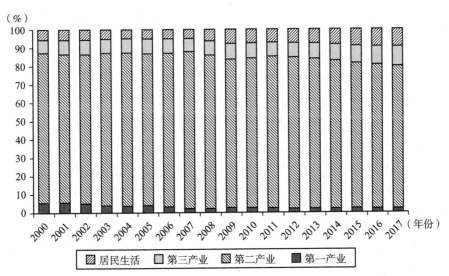

图 7-9　山西省 2000~2017 年各部门电力终端消费比例

资料来源：历年《山西统计年鉴》。

（3）其他类型能源。

除煤炭外，山西省消耗的能源类型还有原油、汽油柴油等成品油，煤气以及煤层气（天然气）、风能、水力、太阳能等新型能源。石油油类能源主要用于煤化工产业和交通运输行业，新型能源主要用于并网发电，有效地改善了山西省电力系统以火电为主的局面。

7.1.2 气候变化对山西省能源产业的影响

气候变化将对山西省能源系统的供给和需求方面产生影响。对能源供给的影响主要体现在传统能源开采、运输、新型可再生能源的资源及能源相关基础设施等方面，对能源需求的影响主要体现在冬季采暖需求减少、夏季气温上升对制冷耗电量的增加及由此带来的高用电负荷等方面。

1. 气候变化对能源供给的影响

（1）对传统能源产业供给的影响。

传统化石能源的形成需要几亿年，其资源量受气候条件的敏感度较小。但由于气候变化导致极端天气频率的增加，会使得传统化石能源在开采和运输过程产生更多的安全隐患，增加生产事故，造成产量减少，并对相关产业造成一定的影响。

煤炭工业是山西省能源系统的主导产业，虽然过去一段时间掠夺式开发和安全管理不到位是煤矿事故频发的原因，但近些年来气候变化也加剧了煤矿生产事故的发生，造成煤炭产量的减少和生产现场生命财产的损失。气候变化对山西煤炭生产的影响主要集中在以下几方面：

①气温状态的变化使得瓦斯爆炸、煤炭自燃等事故更易发生。盛夏是全年气温最高和气压最低的季节，高温天气容易造成瓦斯爆炸，且在外界气压低的天气，井下瓦斯大量涌出，严重威胁矿工生命安全，也增加了煤层气资源的利用困难及浪费。以晋城市为例，根据该市煤矿事故 20 世纪 90 年代到 21 世纪初十年的统计，瓦斯爆炸事故发生的高峰期是 7 月和 8 月，造成的死亡人数占到全年的30.7%，次高峰在 4 月和 10 月，这与气候的季节变化有着密切的关系。随着气候变暖，冬季冷空气活动减弱，自然风不易渗入，由于高纬度地区升温大于低纬度地区，南北气压差缩小使得全球各地风速普遍减小，如不加强井下强制通风排气，瓦斯爆炸事故发生的风险会明显增大。

②干旱化使得煤层气自燃风险增大。气候变化会造成山西省地区降水在时间上更加集中和不均匀，无雨期将会延长，造成局部区域进一步干旱化。井下空气中的含水量（即空气的湿度）也会降低，从而导致煤层瓦斯更易发生自燃和爆炸。

③极端天气对能源运输造成影响。山西省是一个内陆省份，煤炭运输主要以陆路和铁路方式进行，陆路和铁路建设依山傍水，极端天气导致的洪涝冰冻极易导致道路安全事故，一定程度上影响着煤炭运输的效率；暴露在大气中的高架桥的大量运用，存在热胀冷缩的可能，夏季易扭曲，冬季易断裂，极端气候中的较大温差加剧了道路安全隐患。

（2）对可再生能源供给的影响。

可再生能源依赖于风、日照、降水等资源，而这些资源与气候息息相关。根据围绕可再生能源的开发利用展开的有关气候变化对能源生产影响的大量研究（主要研究气候因子变化造成的能源资源禀赋以及生产能力的改变），可再生能源生产受气候条件影响比化石能源（即传统能源）更大，因为这种"能源"与全球能量守恒及所导致的大气流动相关（樊静丽，2014）。由于全球变暖会导致原先保持平衡状态的气候系统不再稳定，局地气象要素也随之发生变化，从而当地可再生能源政策也应随之调整。

①水电产业。水电产业的基础是水资源，水资源量对于气候变化是十分敏感的，丰水年的水电产量明显高于枯水年。监测结果表明，近50年以来，山西省的降水呈略微下降趋势，但不显著。但从预估结果上来看，未来30年山西省大部分地区呈减少趋势，有可能造成径流量的减少，对水力发电产生负面影响。

而且山西的水资源短缺，河流也多为小支流，可利用空间小，可再生能源主要以风电为主。

②风电产业。统计分析表明，以山西省1960年建站的67个气象站逐月风速资料为依据，1960~2012年，山西近地面年平均风速呈现显著的减小趋势，各季的平均风速都呈现出减小趋势，其中冬季和春季平均风速减小趋势最大，夏季最小，这对风力发电将造成一定的影响，减少可利用的风力发电资源。

③太阳能发电。山西省的太阳能资源也呈减少趋势，如图7-10所示，近60年平均减少幅度为25小时每10年。

④生物质能。气温的升高有利于生物量的蓄积，气候变化对于山西生物质能的影响总体以正面为主。

对于水力、风能、太阳能等可再生能源，气候变化的影响均负面为主。

（3）对能源相关基础设施要求提高。

能源设施是关系着国计民生的关键基础设施之一，能源领域基础设施的日常运行直接关系到各个行业，能源生产与能源传输的脆弱性较为明显，最容易受到气候变化的影响（朱寿鹏等，2017）。即使是短时间因功能故障而导致的能源系统中断，都会给全社会带来严重后果。山西省的能源基础设施也容易遭受到由极端天气造成的负面影响。

图 7 – 10　山西省 1957 ~ 2016 年年均日照时数变化

资料来源：中国气象数据网。

①能源生产设施。气候变化所带来的持续升高的环境温度将对热力发电造成直接的负面影响，导致发电产能效率下降，且对燃气发电的影响最为严重；另一方面，水温升高导致冷却水质量降低，冷却效率不足，对热电生产造成巨大影响，导致大量的经济损失（朱寿鹏等，2017）。山西省电力系统热力装机容量占比超过80%，以热力发电为主要形式的发电系统将受到气候变化带来的严峻挑战。同样，诸多新能源的生产过程也受到气候条件的限制，如太阳能电池板、风电涡轮机等生产设备都极易受到极端天气事件的影响，这不利于山西省提高新能源利用比例和加快资源型地区经济转型。

②电力输送设施。极端气候事件有可能导致对电力设施的危害，这种危害所产生的后果经常是出乎人们意料的。由于电力设施通常是根据气候平均状态适当增加保险系数，所以当极端气候事件发生时，所带来的影响对电力设施会产生极大的破坏，造成发电设施和供电线路中断，进而导致电力供应瘫痪。

极端高温、低温天气的增加对电力设施影响较为明显，电线会因热胀冷缩而出现较以往更多的安全事故，山西省是华北地区主要的电力输出地，气温升高后，高压线受热膨胀，如电杆或线塔间距过长，输电线有可能下垂甚至着地，对地面物体造成损伤。极端低温雨雪冰冻事件可能引起供电线路的毁损，2008 年 1～2 月南方持续雨雪冰冻天气导致大批高压线塔倒塌和高压线垂地，造成数省的大范围电力供应系统瘫痪，严重干扰了正常的生产生活秩序，造成了巨大的经济财产损失。山西省冻雨天气虽然不像中国西南地区那么频繁，但随着冬季变暖和南部地区冬季降水的增加，冻雨天气出现的概率也在加大。2012 年 3 月，晋南地区的平陆和晋城就同时发生了冻雨天气，且在山区的迎风坡冻雨的强度最大，对高压线和线塔的威胁更大。

大风、暴雨不仅会对电力传输线路提出更多要求，并且对于水电设施，极端暴雨洪灾可能会引起水库溃坝和水力发电设施的损坏。

气溶胶和雾霾天气增多是华北气候变化的一个显著特征。在空气污染较重和湿度较大时，存在较多带电离子的雾霾天气容易诱发输电设备跳闸的"污闪"事故。北京市 1992 年 2 月的一次污闪事故曾导致大范围停电，一百多家企业停产，多个郊区县拉闸限电。随着华北雾霾天气的增多，这种事故在山西省也很容易出现。

夏季局地暴雨引发的山洪、滑坡和泥石流等山地灾害对当地的输电线路也构成严重威胁。

2. 气候变化对能源需求的影响

经济的发展伴随着人民生活水平的提高，也伴随着能源的需求增加。山西省的能源需求主要来自生产部门和居民生活部门，生产部门的能源需求更多与产出相关，分行业而言，气候变化对于能源消耗最大的第二产业的影响并不直接，与经济和社会的高速发展的能耗增长相比，气候变化所带来的影响程度相对较小；对于第一产业，气候变暖可能导致的干旱发生的概率和强度增大，抗御灾害所需要的能源消耗将会增大；居民生活部门的能源需求在随着经济发展而增加的同时，更易受到气候变化的影响。学界也更多关注气温变化下居民部门能源需求的变化，尤其是电力需求的变化情况。对于生活消费，随着年均气温呈现逐渐升高的趋势，夏季会更加炎热，降温需求增加所需要的能源消耗也与日增加，电力负荷也会增加；而冬季采暖的能源消耗压力有所减轻，而由于气候系统不稳定，偶然出现的极端低温天气也会造成取暖能耗的增加，造成一定时期的能源供应紧张。所以，气候变暖对于山西省能源消耗的影响总体上以负面为主。

根据电力部门 2000 ~ 2003 年 3 ~ 11 月城乡居民生活用电资料统计分析，高峰值集中在 7 ~ 9 月，其中以 8 月最大。由于夏季气温的升高，炙热天气空调制冷负荷猛增，山西省不得不采取拉闸限电措施，空调负荷高峰加剧了夏季气候变化对电力供需平衡的影响。生活能源需求对气候的敏感性不断增强，使得两者的相关关系越来越密切。与此同时，工业冷却耗电也会因高温天气的增多而增加。

度日数是一个能够反映供暖和制冷所需能源的时间温度指数，被广泛用在气候变化和建筑能源需求的研究应用领域。研究者利用度日方法分析气候变化对能耗以及电力消耗的影响，已有研究表明气候变暖会造成制冷度日数明显增加、采暖度日数减少。

制冷度日数呈上升趋势。自 1961 年以来，制冷度日呈现出先减少后增加的趋势。由于 20 世纪 70 ~ 80 年代中期的夏季温度明显偏低，60 ~ 70 年代制冷度日呈减少趋势，1984 年达历年最低值。90 年代开始随着夏季气温升高和城市居民消费水平提高，呈显著增加趋势，特别是 21 世纪的最初几年增加趋势明显，以 2005 年夏季制冷度日数最多。

冬季采暖度日数明显减少。由于中国目前冬季供暖期以日平均气温低于 5℃ 为标准，明显低于国际标准。随着人民生活水平的提高，对初冬和早春的供暖需求也会增加，加上城镇人口的不断增加，供暖耗能总量在短期内仍会继续增长。

另外，经济发展过程本身就伴随着能源消费增加，山西省经济发展依赖煤炭资源，电力产生业主要以火力发电为主，经济发展对气候环境的负外部性影响表现明显。随着国内外各界对气候和环境问题的重视，政策偏向及技术进步，山西能源消费结构在逐渐发生改变，煤炭消费在能源消费总量中所占的比重不断减少。

综合来看，具体到山西，气候变化造成能源需求的不确定性增加。在气候暖干化及极端天气事件的增加趋势下，其对能源需求的影响主要表现在三个方面。第一，伴随着夏季高温天气的增加，用电量也会增加，而山西省主要是以火力发电为主，因此，夏季煤炭需求呈现上升趋势；第二，由于气候变暖，冬季采暖日减少，供暖的煤炭需求量下降；第三，极端天气事件的增加，电力需求会出现波动。

3. 能源产业其他气候相关问题

山西省能源产业以及经济发展因其煤炭依赖的特殊性，在气候变化面前还有其他相关问题同样要求政策制定过程中加以关注。

①山西省的能源消费过度依赖煤炭资源。化石能源的大量消耗所产生的 CO_2 是全球气候变暖的一个重要原因，从整体出发，主动改变人类自身经济活动，也是适应的方式。山西省以煤为主的能源消费结构急需加快调整步伐，降低对煤炭等化石燃料的依赖，积极发展其他可再生能源，促进山西省能源产业的可持续发展。

②能源开采、利用过程中环境污染严重。煤炭、石油在使用过程中会排放大量二氧化硫等有害气体，很多企业在废气处理方面做得还不够，相当一部分废气经过简单处理或者根本未经处理就直接排放到空气中，造成酸雨等一系列的环境问题，没有形成一套完整的环保产业，在环境治理上暴露了很多问题与困难，使人们的生产、生活受到威胁。

③资源二次利用能力弱，不健全的管理机制、单一的资金渠道都已成为阻碍结构调整的重要原因；其他可再生能源利用率低，开发利用结构不完善。

7.1.3 山西省能源产业适应气候变化已有方案和尚未解决的问题

1. 山西省能源产业适应气候变化已有方案

①节水政策。山西省提出了要推进冶金、煤炭、电力等重点行业的节水技术改造，重点抓好山西省高耗水企业有关节水技术的改造。加大了对工业用水回收处理和重复利用设施的投入，提高了设施的运行管理水平，减少了供水过程中的跑、冒、滴、漏。扩大了再生水使用范围，推广"一水多用"和"循环利用"技术，努力实现工业废水"零排放"。

②节能政策。山西省加强了流程工业能源高效利用、能源节约和替代、能量梯级利用、可再生能源开发利用、建筑节能、重大机电产品节能降耗、绿色再制造、节能产品标准以及节能监测等技术的研究与开发；加强了推广

洁净煤发电技术、区域热电联产、煤层气开发利用技术、煤基燃料甲醇、二甲醚等能源替代品及生产设备的研究与开发、生物质能气化发电技术及设备开发和推广，大幅度降低对不可再生能源的依赖程度、秸秆、粪便等农业废弃物和塑料、垃圾、工矿业废气等工业废物能源化利用技术与设备的研究开发。积极引进和研究开发了采、选、冶新技术、新工艺及新设备，有效降低了采矿对资源的破坏和浪费，不断提高采矿回采率和选矿回收率；加强开发了以煤系共伴生资源深加工利用为主的共伴生矿产资源综合利用技术，低品位及难选、难冶矿石开发利用技术，无尾矿及少尾矿综合利用技术等。

③保障体系。山西省在电力和燃气方面建立了较为完善的应急保障体系，针对极端高温和用电负荷过高的情况，进行电网应急演练，联合电力、消防、机场、铁路等相关部门应对突发公共事件应急联合演练，在电力应急物资保障组织体系、供应保障框架、信息平台建设等方面加强了电力应急物资物流保障。同时，有关部门组织了管道燃气应急演练，提升了应急处理能力。

2. 山西省能源产业适应气候变化尚未解决的问题

①供电、供气等城市生命线系统应对极端天气气候事件的弹性能力不足。随着气温的上升，山西省电力负荷出现峰值的频率将呈增加的趋势，采暖季能耗也会增加，以目前山西省天然气管道设计和供应能力来说，可能难以满足人们对天然气的需求，在极端天气频发的影响下，能源基础设施脆弱性直接影响能源供应系统、生产系统和输送系统的稳定性，目前山西省对于能源系统的弹性调节能力仍有所欠缺。

②山西省在重点开发区、农产品主产区和重点生态功能区等方面，因地制宜制定适应措施，以增强应对气候变化政策的针对性和有效性，但在法律法规、激励机制、人才培养以及国际合作交流等方面工作还有待加强和完善。

③能源基础设施建设、运行的技术标准尚未充分考虑气候变化的影响。山西省是一个典型的能源消费和能源输出型省份。随着社会经济和城市化发展，山西能源消费总量上升明显，尤其是近年来山西省积极展开能源转型，可再生能源消费占比得到大幅提升，能源消费结构发生显著转变。但是随着近年来年平均气温明显上升、热岛效应加强、年降水量减少，能源系统的脆弱性愈加凸显，尤其是在极端天气下的电力供应和天然气供应方面。因此，加强能源系统气候变化适应能力建设势在必行。

7.1.4　山西省能源产业转型适应对策

1. 推动传统能源生产方式与生产结构转型，提升传统能源生产适应气候变化能力

关停存在气象灾害隐患区域煤矿，大力整合重组小煤矿，强化大型煤矿适应气候变化生产安全设施，尤其在通风、排水方面，加强高温天气瓦斯溢出安全隐患排查；改善工人工作生产条件，优化采煤技术方法，提高煤炭资源回采率，减少不合理开采浪费，提升传统能源开采生产适应气候变化能力。

对传统高耗能产业结构进行调整，整合资源，优化产业布局，做大产业规模，不断提高集中度。目前，山西省煤炭工业企业数量多，小型企业的比重高，2003 年小型企业占煤炭工业生产总值的 44.1%，大型企业比重为 54.1%；百万吨以上煤矿产量占山西省原煤产量的比重仅占 41%。有必要基于山西煤炭资源的空间分布特点，加快晋北、晋中、晋东三大煤炭基地建设，支持煤炭大企业兼并、收购、整合小煤矿，扶持发展一批以现代化大型矿井为主业的大企业，使百万吨以上煤矿产量占山西省原煤产量的比重达 80% 以上。电力行业淘汰小火电机组，依托现有能源重点企业（集团），通过企业重组、兼并、收购等手段使电力生产适度集中。

2. 发展清洁能源，充分利用气候资源发展可再生能源

加强技术创新，鼓励煤化工产业的发展，减少煤炭直接燃烧利用，提高煤炭利用洁净化水平；结合"碳捕捉"技术，大力发展煤层气综合利用。加快发展可再生能源，在气候资源丰富或有潜力地区推广太阳能、风能、地热等可再生能源，鼓励城市发展垃圾发电或热力利用，鼓励农村推广生物质能的应用，推广应用沼气和秸秆气化发电等生物质能技术。要"综合利用、因地制宜、能源互补"，既注重能源利用效率，也注重能源节约。

围绕山西新型能源和工业基地建设的目标，以山西被列入第二批循环经济试点省为契机，大力推进经济增长方式的转变，在生产、流通、消费、回收等环节落实循环经济理念，在企业、行业（产业）、园区、社区和产业多个层次着力推进资源循环利用，产业循环式组合，区域循环式开发、建立适合山西特点的循环经济发展模式和保障体系。建造以煤炭基地为核心的循环产业链。按照产业发展规律和新型工业化要求，鼓励大型煤炭企业以低消耗、低排放、高效益为目标，以多联产、洁净化为方向，延伸煤电铝、煤焦化、煤化工等产业链，实现上下游联动，发展煤炭循环经济，加快产品产业结构调整步伐，促进煤炭产业优化升级。

大力发展煤层气综合利用。结合"碳捕捉"技术，积极开发利用煤层气，将地面煤层气用于大中城市民用和工业燃气，发展气代油，作为化工原料向精细化工产品转化。重点支持沁水、河东两大煤田内的大型煤炭企业采取联合的方式与中联、中石油等公司对煤层气进行商业性开发，建成沁南、阳泉、大宁—吉县、保德四大煤层气开发基地。大力推广煤炭的清洁高效技术。加强清洁煤的生产和利用，加快洗（选）煤厂建设与改造步伐，提高煤炭洁净化水平。针对山西省范围内已有或在建的大型矿井，建设与其规模相匹配的洗（选）煤厂，中小型矿井依托大型煤炭集运站建设规模大、清洁生产水平高、有利于污染集中防治和资源综合利用的区域集中型洗配加工中心。

加快发展可再生能源，稳步提高可再生能源利用比重。加快推广太阳能、风能、地热能源，鼓励城市发展垃圾发电或热力利用，鼓励农村推广生物质能的应用，推广应用沼气和秸秆气化发电等生物质能技术。要"因地制宜、综合利用、能源互补"，既注重能源节约，也注重能源利用。太阳能不仅可再生，且清洁无污染，近几年，山西省虽在太阳能使用上取得了显著成效，但使用规模依旧较小。生物能利用上，秸秆资源非常丰富，利用率也较高，使用秸秆能够制造出燃气资源，这种低档次能源能够在很多领域使用。沼气是一种节能环保的可再生能源，推广试用以来取得了显著的应用效果，应用已经趋于稳定。风能的开发利用上山西省有着独特地理优势，50%的区域是风能可利用地区，其中30%的山区风能利用率较高，为各项生产提供了保障，但鉴于这些地区风能开发与利用时间较短，推广应用有很多阻碍。

3. 提升能源系统适应气候能力，实现能源产业可持续发展

由于气候变化对能源系统的影响和不确定性风险的存在，将气候变化对能源供需的影响纳入能源长期规划中具有重要意义，提高能源系统的气候变化适应性就显得尤为重要和紧迫。能源产业的发展不仅要适应气候暖干化趋

势影响下的供需变化，还要能够应对极端天气情况下的能源安全稳定。

改进建筑防护标准以适应可能出现的暴雨现象，提高风机的耐狂风、耐永冻性能，开发设计智能电网以适应气温变化带来的用电峰谷等重要措施均可提高能源系统的适应性。因此，为有效适应气候变化，实现可持续发展，在脆弱性研究基础上的适应性研究尤为重要。有关能源产业对气候变化的适应性是未来的重要研究方向。

7.2 气候变化对山西省旅游业的影响及对策研究

旅游业是以旅游资源为依托、以旅游设施为条件，向旅游者提供旅行游览服务的行业。旅游资源、旅游设施、旅游服务是旅游业赖以生存和发展的三大要素。旅游业不同于其他产业，其对自然资源、生态环境和气候条件更为依赖。山西省是旅游资源大省，旅游业在山西省资源型经济转型发展总体布局中具有重要地位，分析气候变化对山西省旅游业的影响，探索旅游业适应气候变化影响的科学对策，促进旅游产业的可持续、高质量发展，是一项迫切而有意义的工作。

7.2.1 山西省旅游业现状

山西是中华民族的发祥地之一，历史悠久，人文荟萃，历史文化遗产灿若繁星，旅游资源丰富，其文化内涵和自然奇观一直都吸引着大量游客，旅游业也成为山西一个可观的经济增长点。《山西旅游绿皮书》的数据显示2014 年，山西省共实现旅游总收入 2846.51 亿元，同比增长 23.47%，旅游总人次首次突破 3 亿人次。2016 年上半年，山西省旅游总收入 1914.11 亿元，累计接待国内游客 20416.33 万人次，山西省商业住宿单位累计接待入境过夜游客 249986 人次，实现海外旅游创汇 13259.43 万美元。总体看，山西旅游经济指标在连续多年高速增长之后增长有所放缓，并且正在从数量型向效益型转变，观光游览型与休闲度假型旅游并存，新业态发展迅猛，个性化旅游快速发展，旅游市场的繁荣已成为社会经济生活中的焦点。

山西省的旅游资源丰富，人文景观与自然景观并重。山西可供观赏游览的自然景观多达 200 余处，河流水域、森林草甸、三晋名泉等自然奇观更是数不胜数。此外，山西省还包含了多处 A 级人文景观，平遥古城和云冈石窟这两处更是被列为世界级文化遗产。按照地区进行粗略统计如表 7 - 1 所示。

表 7 - 1　　　　　　　　　　山西省部分旅游景观地区分布

地区	人文景观	自然景观
忻州市	五台山、雁门关、显通寺	五台山国家地质公园、万年冰洞国家地质公园、芦芽山
临汾市	洪洞大槐树寻根祭祖园、尧庙、广胜寺	壶口瀑布、云丘山景区
运城市	大禹渡、永乐宫、解州关帝庙、普救寺	盐湖、神潭大峡谷、五老峰
晋城市	皇城相府、太阳古城	王莽岭、蟒河自然保护区、九女仙湖
长治市	太行水乡、八路军太行纪念馆	太行山大峡谷、天脊山自然风景区、黄崖洞、通天峡风景区
朔州市	应县木塔、崇福寺、广武长城	南山森林公园、苍山河生态走廊
吕梁市	碛口古镇、杏花村、汾酒文化景区	卦山
阳泉市	娘子关景区	藏山风景区、翠枫山自然风景区、狮脑山公园
太原市	晋祠、双塔寺、天龙山石窟	汾河景区、台骀山
大同市	云冈石窟、悬空寺、鼓楼	恒山
晋中市	平遥古城、双林寺、乔家大院、王家大院、文庙	绵山景区

7.2.2　气候变化对山西省旅游业的影响

1. 对旅游主体的影响

旅游者作为旅游业的主体，他们的思考方式及行为会对当地旅游业产生极大的影响，旅游的目的大多是放松身心以及感受当地的特殊民俗风情文化。对于外出旅游的游客而言，气候舒适度成为大家在出行过程中考虑的一个重要因素，气候作为构成环境的重要条件之一，不仅影响旅游活动的环境和旅游活动本身，更为重要的是影响着游客的体感舒适度（王华芳，2007）。

气候变化会对旅游者的生理、心理及行为造成一定的影响。一般认为，最适于人类活动的月均温在 15～18℃之间，气温升高会使人们感到身心疲倦，烦闷不堪，降低旅游气候舒适度，影响当地的客流量。山西省位于大陆内部，不受海风影响，属于温带大陆性气候，全年降水量较少，气候比较干燥，直接影响山西省游客的身体感受及心情愉悦度。

气温上升，大雨天气频发等会在一定程度上影响旅游者的旅游意向，使得一些地区，特别是自然景观比较多的地区游客减少。山西省的雨季集中在 6～8 月，且多为大到暴雨，这对旅游者的出行造成了不利影响，从而降低了景点客流量，影响当地经济的发展。但另一方面，由于气候变化的影响，山西省近年气温有所上升，全年中适合旅游的时间有所延长，在某种程度上吸引了更多的游客前来旅游。

2. 对旅游客体的影响

（1）自然景观。

洪涝和干旱灾害对旅游景观带来周期性的负面影响，导致景观观赏价值的降低。全球气候变化将通过加速大气环流和水文循环而在一定程度上改变水资源在时空上的分布，进而加剧区域洪涝和干旱灾害，这一过程将影响到山西水域类旅游资源的品质及其开发利用。据资料显示，未来 50～100 年中国北方径流将会减少，南方径流量将会增加，黄河及一些内陆河在未来存在季节性断流的可能性，势必给黄河壶口瀑布、汾河景区、蟒河自然保护区等相关景区的旅游景观带来周期性的负面影响，导致景观观赏价值的降低。

地势较高且不平坦的地区，其旅游资源最易受到暴雨天气影响。山西省的自然景观中山脉居多，增加的暴雨天气容易引起滑坡等自然灾害，使游客出游的风险增加，并影响当地旅游业的发展。大同、太原、忻州、运城等地处于盆地，地形相对平坦，这些地区的旅游业受气候变化影响较小。但晋中、吕梁、朔州等地地势较高且地形不平坦，所在地旅游业受暴雨等天气灾害影响较大。

（2）人文景观。

气候变化对建筑类旅游资源造成破坏，缩短了其生命周期。据统计，风速每提高 6% 将导致 100 万座建筑不同程度的损坏，损失将高达 20 亿元（周峰，2009），全球气候变化已经对建筑环境产生显著影响。许多遗址遗迹类文化遗产本身较为脆弱，经气候变化影响，可能进一步加剧这类旅游资源的破坏，缩短旅游资源生命周期。山西境内，雁门关、悬空寺、云冈石窟、应县木塔、皇城相府等人文景观历史悠久，相对脆弱，受气候变化影响较大。气候变暖将导致石刻风化剥离、青铜有害锈蚀、砖瓦酥碱粉化、壁画褪色起甲、木材干裂糟朽、织物粘接腐烂、纸张虫蛀霉变、牙骨龟裂翘曲、毛皮脆裂脱毛等折耗速率增大，即气候变暖将导致物质文化遗产受损变质加快，寿命缩短。

气候变化对旅游景点的完整性造成不利影响。随着温室气体排放的增加，全球气温呈现上升趋势。就北方地区而言，高温干旱天气日数增加，加剧了一些人文景观，如乔家大院、雁门关等旅游景点的风化。另外，频繁发生的暴雨天气在各地引起了多起城市积水事件，对于以人文资源为主的旅游景区而言，许多建筑建造时间较早，其排水系统也会有很多不足，大量的积水会进一步破坏人文景观的完整性。

（3）对旅游服务体系的影响。

气候变化使旅游设施与旅游交通遭到较为严重的破坏。气候条件的持续反常变化，将提高旅游基础设施、接待设施的建设和维护成本，对旅游业造成一定冲击。山西省位于黄土高原东部，境内有恒山、五台山、中条山、系舟山、太岳山散列其间，地形不平坦。极端的暴雨天气对交通影响特别突出，主要体现在旅游交通设施的损坏、旅游交通安全性与旅游交通可运营与否，如暴雨、台风、冰冻、大雾等可能造成旅游交通瘫痪，严重制约客流量的增加。

气候变化对旅游服务体系的综合管理能力提出了严峻的挑战，影响着相关资源与资金的重新配置，主要体现在旅游保险业、旅游医疗卫生、旅游安全等服务体系方面。气候变化将直接导致旅游保险成本变大，增加游客出行费用，对出游率造成一定负面影响。

气候变化对餐饮业、住宿业等相关产业造成影响。由《山西统计年鉴》可知，2014年山西省住宿业和餐饮业营业额总计达到959324万元，旅游饭店营业额为281377万元，占比29.33%，可见，旅游业的发展对餐饮业和住宿业至关重要。由于气候变化会在一定程度上影响游客的出行，因此景区附近的住宿业、餐饮业等也会受到影响。

（4）对旅游社会经济效益的影响。

气候变化对旅游业社会效益的影响主要体现在：首先，气候不适当变化导致旅游业的发展受阻，严重影响产业本身社会效益的发挥，尤其是就业方面；其次，严重影响依托旅游业而形成的第三产业，特别是与其相关联的服务业的社会效益将受到严重影响；最后，气候变化导致的极端天气事件频发和引起的传染性疾病的传播也将使游客对外出旅游产生恐惧心理，形成不利于旅游的社会影响，这也会严重影响到旅游业的社会效益。

7.2.3 山西省旅游业转型适应对策

1. 旅游资源保护转型：运用先进技术手段构建旅游资源保护工作体系

山西省地上文物和旅游资源数量在全国首屈一指，处于第二阶梯向第三阶梯过渡地带也造就了山西省独特且数量众多的自然景观，这也意味着山西省旅游资源的气候风险暴露性高于其他一般省份。山西省应该组织建筑学、气象学、地质学等相关学科专家组建山西省旅游资源保护研究团队，开展气候变化对旅游资源影响的定量评估和相关适应技术和标准体系的搭建工作，明确不同类型旅游资源的气候保护标准和保护工作范畴，并对不同类型、不同个体的旅游资源划分气候风险脆弱性等级和气候风险防范等级，有针对性地开展旅游资源特别是云冈石窟、悬空寺、平遥古城等人文建筑的保护，提前预判化解自然景观的极端天气事件风险和地质风险。

2. 旅游主体意识转型：提高旅游人员对气候变化的认识

气候变化对旅游业的影响具有长期性和潜在性，这就需要旅游管理部门在日常工作中不断引导全行业提高对气候变化的认识，普及气候变化方面的相关知识，营造全行业适应气候变化的良好环境。

具体可以做到以下几点：第一，开展一系列有关气候变化的培训和研讨活动，提高认识，积极承担社会责任；第二，宣传和鼓励游客在出行时尽量选择环境友好型交通工具和旅游活动；第三，通过制定、修改相关标准及条款来引导全行业增强对气候变化风险的认识，比如在旅游景区评定标准中要求景区配备高标准的防范气候灾害设备、细化旅游发展规划中的防灾规划等。

3. 旅游基础设施转型：完善基础设施建设，加强旅游资源保护

地方政府以及管理者应加强基础设施建设，为适应气候变化做好充足准备，保护人文、自然景观。相关部门应加强旅游资源的保护与创新，增强其适应气候变化的能力，促进旅游资源的可持续利用。山西省境内地形不平坦，应该加强铁路、高速公路等道路建设，以确保旅游者通行顺畅。适当的开通通往各地区的山底隧道，进一步扩展山西省的交通网络，为旅游业的发展打下坚实的基础，同时为适应气候变化做好相应的预防工作。

4. 适应模式转型：增强行业主动适应气候变化的能力

当前，山西省的旅游业仍在被动适应气候变化对其的影响，应该增强其主动适应气候变化的能力。例如：吸引相关管理人才，为适应气候变化制定相关的方针策略；开发气候适应性强的旅游产品，比如在一些以室外项目为重点的旅游景区建设室内娱乐设施，减少恶劣天气带来的损失；发展用于统计旅游业和气候影响的数据工具，为进一步制定方针策略提供科学依据。

7.3 气候变化对山西省制造业的影响及对策研究

制造业是指从事一种或主要从事一种生产活动的企业单位的集合。依照中国国民经济行业分类标准，将制造业分成食品制造业、医药制药业、金属制品业等 29 个行业。

山西省的装备制造业、食品制造业以及纺织业等行业易受气候变化影响。受近几年来极端天气影响，制造业中的食品制造业、医药制造业、纺织业等不同行业都受到了一定程度的影响。就山西省而言，制造业是山西省的重要产业之一，除食品、纺织等行业之外，山西省的装备制造业在整个山西省国民经济发展中更是起到了举足轻重的作用，目前已发展成为山西省的第三大支柱产业。

基于制造业在山西省的重要地位，面对气候变化有必要采取相应的措施，以使山西省制造业能够更快更好地发展。本部分针对气候变化对制造业产生的影响以及可采取的措施进行分析。

7.3.1 气候变化对山西省制造业的影响

1. 气候变化对山西省装备制造业的影响

装备制造业是山西省的支柱产业，是山西省经济的重要组成部分。2010年，山西的几大支柱产业分别是煤炭、焦化、电力、冶金，经过多年的发展，装备制造业成为这四大产业之后的第五大支柱产业。2011年前11个月，山西省规模以上装备制造业实现工业增加值286.3亿元，占山西省规模以上工业增加值的比重为5.4%，超过电力工业，位列煤炭、冶金、炼焦工业之后，居五大支柱产业的第四位。2013年1~7月，山西省装备制造业累计增加值同比增长30%，同比加快10个百分点，快于山西省工业增速19.4个百分点。已经成长为山西省继煤炭、冶金产业之后拉动山西省经济增长的第三大支柱产业。

然而，经济增长的同时也会带来一些负面影响，高产出伴随着高污染，以金属制品业、通用设备制造业等行业为主的山西省装备制造业面临的主要问题是碳排放量过高。随着全球气候变暖，国内外各界对气候变化都逐渐重视起来，低碳经济时代的到来不可逆转。装备制造业作为典型的高消耗、高污染行业，必定会受到低碳经济的影响。同时，低碳经济和节能减排必将引发装备制造业发展模式转变，因此山西省不能一味追求产业规模，应该向以提高自主创新能力、国际竞争力为目的的发展方式转变，发展环境友好型产业。

2. 气候变化对山西省其他制造业的影响

山西省制造业中，除装备制造业外，食品制造业、饮料制造业、医药制造业以及纺织业都易受气候变化影响。

（1）气候变化对食品制造业的影响。

食品工业是国民经济中的一个重要组成部分，是农业生产的延伸，食品工业的发展也是一个社会经济发展程度的重要体现。气候变化对山西省食品制造业的影响主要是极端天气导致的原料供应短缺问题。以山西省的食醋业为例，山西老陈醋作为"四大名醋"之首，是山西省对外形象的一块金字招牌。但是，气候变化对山西食醋业的进一步发展产生了许多亟待解决的问题。

山西省地处黄土高原东部，是典型的温带季风气候区。境内地形复杂，呈现有山地、高原、台地、盆地、丘陵等多种地貌类型。独特的地理特征造就了山西省高粱作物粒大、皮薄、营养价值高的特点，是酿造老陈醋的最佳原料。

然而，近50年来，山西省气温上升趋势明显，平均气温升高了1.1℃，1986年以来，山西省冬季增温明显，出现持续暖冬。《气候变化国家评估报告》指出未来100年，山西省将会是我国最大的增温地区之一，增温范围将在2.5~6.5℃之间；未来山西省极端降水事件（旱涝灾害）的频率和强度将会明显增加，降水量波动幅度也会增加。另外，随着人口、煤炭、电力消费量及居民汽车拥有量增加等人类活动的影响，年总太阳辐射量发生了较明显的下降趋势。

在气温升高、旱涝灾害频发以及太阳辐射量下降等气候变化条件下，山西省的高粱、玉米等原材料产量将会明显减少，需要从外地引进，增加了运输成本以及储存成本，直接导致了食醋制造业的成本增加。

（2）气候变化对医药制造业的影响。

在国家推出"中国制造2025"之后，2015年6月中旬，山西省出台了《山西省新兴制造业三年推进计划（2015—2017年)》和《新兴制造业2015年行动计划》，规划布局、重点扶持八大新兴制造业。医药制造业也属于山西省重点扶持的八大新兴产业之一。

气候变化引起的生态环境变化会对人类健康产生巨大影响，一方面增加了医药产品的需求，另一方面也对当前医药制造业提出了更高的要求。"十三五"时期，山西省已进入累积性环境污染健康危害的凸显期和环境健康事件的频发期。山西省各医药企业应该研发出更有效率的医药产品来应对这些疾病的产生。

（3）气候变化对纺织业的影响。

纺织业作为山西省重点扶持的八大新兴产业之一，这几年来稳定发展，为山西省经济发展起到了一定的推动作用。截至2015年，山西省共有50余家纺织服装企业，对于这些企业来说，气候变化最显著的影响体现在原材料供应问题上。

棉花作为纺织业的主要原材料之一，其本身是一种耐旱作物，由于日渐频繁的洪涝灾害，导致供给减少，从而造成棉花价格上涨，成本增加，利润减少。

除此之外，受气候变化影响的产业还有饮料制造业，由于气温呈上升趋势，饮料、冷饮等市场需求增加，进而使得厂商的销售收入及利润增加。

7.3.2 山西省制造业转型适应对策

气候变化对制造业带来的影响是多方面的，为了促进山西省制造业的发展，企业和政府应该共同努力来适应气候变化。就企业而言，当气候变化影响到原材料供应时，一方面要合理配置现有资源，另一方面要积极开发原材料的替代品，把气候变化带来的负面影响降到最低。就政府而言，应该加强对低碳发展理念的宣传力度，营造良好的发展氛围。除此之外，为了更好地适应气候变化带来的影响，具体还应做到以下几点。

1. 积极适应气候变化，推进制造业低碳环保转型

制造业是山西省经济发展的重要支柱，也是山西省资源型经济转型的主战场。气候变化下，山西省应该推进制造业向低碳环保转型，以降低环境污染与气候变化交互下的污染加重风险。对于传统产业来说，一是提高低碳节能环保标准，加大技改投入力度，降低污染和碳排放；二是推动高耗能高污染行业合理布局，尽可能布局在城市下风向地区，以适应部分地区风速减弱的事实，减轻城市雾霾的影响。对于新兴产业来说，加快发展新能源装备制造等气候适应型产业，加快智能制造和高端制造等气候不敏感型产业的发展。对于食品制造、纺织、医药等气候敏感型制造行业，应该加强气象预警，采取有效措施保障原材料供应安全，探索设立行业原材料成本风险相关保险和其他金融产品，降低气候变化引起相关行业成本大幅波动的风险。

2. 提高自主创新能力，向创新型产业转型

控制制造业的碳排放量离不开技术方面的支撑。低碳技术是低碳制造发展的推动力，是降低碳排放强度和能源强度的主要途径。山西省一方面可以进行自主创新，提高技术研发能力；另一方面应该学习其他先进省份或者国外的低碳技术，通过技术突破，为自身经济发展提供良好的条件，进而促进

山西省低碳制造业的发展。此外，山西省应该利用好高耗能、高污染行业低碳转型这一机遇，依托山西省内污染治理市场广阔的优势，加大基础创新力度，大力发展环保产业。

7.4 气候变化对山西省物流业的影响及对策研究

物流业是融合运输、仓储、货代、信息等产业的复合型服务业，是支撑国民经济发展的基础性、战略性产业。加快发展现代物流业，对于促进经济结构调整、增强产业发展活力和提高区域综合竞争力具有重要的战略意义。随着电子商务的发展，物流业从内容、技术等方面都与传统意义下的物流有了较大的不同。在日常生活中，物流业更发挥着不可替代的作用。但是随着全球气候变化，山西省极端天气出现增多，对物流业亦提出了严重挑战。

7.4.1 山西省物流业发展的现状和存在的问题

山西作为一个传统的资源输出型省份，物流行业在山西毫无疑问有着重要的地位，而且与现代物流发展息息相关的互联网电子商务又是山西省产业发展的短板。适应气候变化、发现并解决现有物流产业存在的问题就显得尤为重要。

1. 发展体系不够完善，物流运作效率较低

山西省的企业主要以资源类、制造类企业为主，近几年来，受经济全球化影响，山西省的企业与国内外的企业展开了深入合作。在市场供求的影响下，山西省在输出本省丰富的资源同时引进我们稀缺的资源和商品。这一系列的合作离不开物流业的支持，然而有很大一部分企业选择自建物流而不是把物流外包给物流公司，这一方面导致企业的销售成本增加，另一方面也阻碍了山西省物流业的发展。

另外，作为能源资源输出的重要省份，煤炭资源在山西物流行业占有举足轻重的地位，然而在确保煤炭等重要物资及时调运的前提下，运输难以形成回流，空箱率、空驶率很高。据统计，煤炭物流运输的出省水平与进省水

平为 9∶1，这表明山西省的物流企业缺乏分工，难以合理配置资源。极大的空箱率和空驶率降低了物流运作的效率，还带来了能耗的增加和能源的浪费。

2. 人才队伍建设不足，低碳理念尚未深入

在现代行业激烈竞争的今天，人才拥有指标是一个行业快速、持续发展的重要智力支撑。物流人才的严重匮乏，导致物流业的从业人员整体素质较低，缺乏既懂管理又懂技术的复合型人才，从而使得山西物流行业发展后继乏力。

山西省铁路运输与公路运输的比例为 5∶5，较排放相对比较低的铁路运输而言，公路运输所占比例较大。由于山西省近年来交通运输业发展迅速，使得交通方面出现了较大的问题，同时还造成了大量的汽车尾气排放，而且由于汽油、柴油等使用量的加大，导致大气中的碳排放量不断增加。汽车尾气中含有 150～200 种不同的化合物，对人体健康和大气环境的危害比较严重。因此道路交通已成为交通领域碳排放量强劲增长的主要驱动力和绝对主体。对于山西省而言，无论是作为煤炭能源输出的主要省份，还是其他钢铁、食品制造业的输送，无疑会产生对环境有害的物质，从而对环境造成污染，更不能真正地做到"绿色物流"。

3. 物流装备落后，技术手段不高

在物流装备方面，由于山西省的物流企业大多是原来一些运输、仓储、商业、货代企业的"翻牌公司"，所以企业的组织管理落后，服务项目单一，难以跟上当前大背景下物流业的发展步伐。物流设施落后导致运输过程中出现运力不足、运输成本高、运输效率低等状况。

在技术方面，虽然山西省已有一些相关的信息调剂网络平台，但这些平台的使用和发展都存在着自身的局限性，使得在物流信息的收信、过滤、分类、发布、反馈过程中信息的"损耗"和"扭曲"比例过高，平台之间又没有足够的互补、协调机制，物流业中至关重要的信息流遭遇瓶颈，使得山西省本身起步就较晚的物流产业更是放慢了脚步。

7.4.2 气候变化对山西省物流产业的影响

随着近几年来物流业的热门发展，各企业已离不开物流。经济的发展也

同样需要物流作支撑，气候变化会在运输、配送以及包装等环节对物流业产生一定的影响。近几年来，伴随着全球气候变暖、极端气候出现频率的增加，低碳经济逐渐引起人们的关注，低碳生活也已经深入人心，物流业的发展也与低碳经济的发展息息相关。

1. 气候变化对运输和配送的影响

气候变化特别是极端天气频发对物流业的交通运输环节有着直接的影响。山西省作为一个内陆省份，物流运输主要以公路和铁路为主，相对铁路运输而言，公路运输更容易受到气候变化的影响。在众多影响山西省交通安全的因素中，影响最大的是强降雨。其特点是范围广、时间长、损失大。例如：2016年6月13日下午，山西长治遭遇强降水和冰雹袭击；6月22日，运城（万荣、河津、临猗、绛县）、晋城（市区）两市多地突遭暴雨；6月30日至7月1日，忻州市连续两天遭遇冰雹袭击。这些极端天气的出现严重影响了山西省的物流运输，对山西省的物流业造成了极大的经济损失。

2. 气候变化对物流仓储的影响

仓储在企业物流中起着举足轻重的作用，仓储过程中对储存物品的要求相当严格，存储物品的良好与否将直接影响着商家的营销状况。影响存储物品良好的因素包括温度、湿度、通风情况和堆放状态等，而气候变化将直接影响着这些因素。山西省目前的工业产品以大宗货物为主，煤炭、钢铁、建材、焦化、有色金属等传统行业，小杂粮、食品加工、药茶和药材、生物医药等新兴行业等，都面临着较大的仓储需求。气候变化下，这些仓储设施可能存在安全风险、品质保障风险等。

7.4.3　山西省物流业转型适应对策

1. 加强道路运输安全，提高物流运输效率

运输作为物流体系一个关键的环节，其运输安全是物流业发展不得不提高警惕的一个方面。据"新浪新闻"2016年8月2日报道称"天热难耐，马路膨胀拱起"。根据报道的内容了解到由于江西连续多日的高温天气，都昌

县春西公路春桥乡春桥村路段和春流公路春桥乡老山村路段的公路晒至膨胀拱起,形成一座"拱桥"。作为一个内陆城省份,山西省的物流运输主要以公路运输和铁路运输为主,江西省因高温天气而引发的道路膨胀事件也为山西省的公路运输敲响了警钟,山西省之后在道路建设时必须要考虑到当前极端天气的问题,想办法解决由于极高温或者低温天气造成的热胀冷缩进而引起的道路安全问题。为山西省的物流运输营造一个安全的运输环境。

2. 增强仓储环节适应气候变化能力

一是增强极端天气事件下仓储环节的安全性。创新仓库搭建材料,选取强度大的材料建造或改造现有仓储设施,防止大风吹垮或大雪压垮仓库;评估现有仓储设施选址的气候风险,对存在气候风险的仓储设施予以搬迁。二是加强仓储设施适应均态气候变化的能力。对于温度敏感型产品的仓储要提高仓储设备的通风和温控性能,对于湿度敏感型产品要提高湿度控制性能,对于煤炭、水泥等风尘较多的产品,要搭建专门的仓储设备,避免直接暴露户外,杜绝"大风起兮尘飞扬"的现象。

3. 加强政府引导,鼓励企业发展低碳物流

在低碳物流发展过程中,政府可以采取税收优惠政策,减轻碳排放量低的企业的税收,对于过度消耗资源或者污染环境的企业加以处罚、增加税收。另外相关部门还可以制定相关的法律机制,制定合理的碳排放指标,强制要求企业减少碳排放量,通过技术手段实现低污染、低消耗。只有真正做到低碳发展,企业才可以实现可持续的发展。

总之,在物流业推行低碳物流,是转变发展观念、创新发展模式、破解发展难题、提高发展质量的重要途径,是物流业对发展低碳经济的积极倡导,是对人类生存环境改善的肯定行为。应采取物流业结构的调整、科学技术的创新、政策法规的完善等措施,大力发展循环物流和低碳物流,努力建设资源节约型、环境友好型、低碳导向型社会,实现我国经济社会又好又快发展。

第 8 章

气候变化对山西省人体健康的
影响及适应对策

　　全球气候变化导致极端气候事件发生频率和概率呈现增加态势，极温气候事件和由此造成对人体健康的不良影响越来越多。随着中国城市化进程中人口的迅速聚集，加之中国城市人口老龄化、流动差异化导致居民对高温和低温、寒潮的敏感人群增加，温度气象因子引起的人体健康问题愈演愈烈。山西省经济发展长期以煤炭产业为主，空气污染问题严重；煤炭开采等破坏了地表水体，严重影响地下的水质，生活污水和垃圾污染日趋严重，人体健康受到巨大威胁，而气候变暖又将与这些不良影响形成负反馈，恶化山西人居环境，严重制约山西省健康养老和大健康产业的发展。"十三五"时期，山西省已进入累积性环境污染健康危害的凸显期和环境健康事件的频发期。研究气候变化对人体健康的影响，完善公共卫生体系，制定适应对策，是不断满足人民对美好生活需要和全面建成小康社会的重要保障，也是实现山西省经济转型、高质量发展的迫切需求。

8.1　山西省人体健康领域的现状

　　气候变化引起的干旱、冰雹、暴雨、大风、雾霾、寒潮、连阴雨等都对山西省的人体健康产生很大的负面影响。

　　山西省长期以煤炭产业为主，经济发展建立在煤炭资源开采和利用的基础上，造成严重的空气污染，虽然在"十二五"期间，环保力度加大，但是环境压力仍在不断增加，CO_2、烟尘、工业粉尘排放量居全国前列，霾日数仍处于较高的水平，煤炭开采等长期高强度的资源开发不仅破坏了地表水体还严重影响地下的水质。另外，山西省地形复杂和城乡发展不平衡等问题造成广大农村地区环保基础设施落后，生活污水和垃圾污染日趋严重。纵观山西省近几十年的气候变化情况，山西省的气温呈现明显上升趋势，降水呈现总体下降趋势。进入"十三五"时期，山西省已进入累积性环境污染健康危害的凸显期和环境健康事件的频发期。

根据国家"突发公共卫生事件报告管理信息系统"的数据，2010～2014年山西省11个市共报告突发事件60起，发病数2629例，死亡数46例，总死亡率达到2%左右。在所有突发事件中，事件报告起数和发病人数最多的是传染病事件，第二为环境因素事件，环境污染事件也是死亡率最高的，达到了63%，由此可见环境污染事件对人体健康的威胁相对于其他疾病来说是危害性比较大，而山西省煤炭重化工密集的污染排放与气候变化的交互作用，又使得这一风险有加剧的可能。第三为食物中毒事件，这类事件也是多发性事件，特别是在学校等人群密集区，应加大该类区域的卫生监督检查，确保安全卫生，减少该类事件的发病率。第四是职业中毒事件，该类事件的发生死亡率也比较高，达到了61%，应加强对工作环境的环境质量检测及安全测试。最后是高温中暑事件，近些年高温频发，导致该类事件的死亡率达到50%。极端高温天气频发是气候变化的显著特征，也是气候变化危害人体健康的重要方面之一，山西省也应采取积极的应对措施，增强应对和解决能力。表 8-1 显示的是山西省 2010～2014 年突发的公共卫生事件的种类、事件总数、发病数、死亡数及死亡率的具体情况。

表 8-1　　　　　　　　山西省突发公共卫生事件情况

事件分类	事件总数（起）	发病数（例）	死亡数（例）	死亡率
传染病	40	2052	0	0
食物中毒	7	462	2	4‰
环境因素事件	9	46	29	63%
高温中暑事件	1	8	4	50%

续表

事件分类	事件总数（起）	发病数（例）	死亡数（例）	死亡率
职业中毒	2	18	11	61%
流感样病例暴发	1	43	0	0
合计	60	2629	46	2%

资料来源：根据山西省 2010～2014 年"突发公共卫生事件报告管理信息系统"报告整理。

　　其中，根据《山西省重点传染病疫情形势分析研判报告》的调查结果，目前在发生次数和发病数都最多的传染类疾病中，乙类传染病最多发的是乙肝、肺结核、梅毒、丙型病毒性肝炎、布氏杆菌病（布病），丙类传染病中最多发的是手足口病、其他感染性腹泻病、流行性感冒（流感）、风疹（于颖洁等，2015）。从 1998～2015 年的传染病报告死亡率与发病趋势来看，甲、乙类报告死亡率波动不大，在 0.06/10 万～0.25/10 万之间，处于较低水平；2004 年实行网络直报以来，报告死亡率呈逐年上升趋势。近年随着各单病种报告系统的上线，各地区加强了传染病专病死亡病例报告管理工作，使山西省报告死亡数在逐年上升，2011 年山西省甲、乙类传染病报告死亡率达 0.57/10 万，为 18 年来较高水平。2015 年山西省乙类传染病报告死亡率趋于平稳，略有下降。就丙类传染病而言，2015 年，丙类传染病发病趋势与去年基本相同，并出现明显的季节性高峰。报告发病数 1 月份开始逐渐上升，6 月份达高峰，7 月份疫情开始逐渐下降，全年 3 月、4 月、8 月报告病例数略高于去年同期，其他月份报告病例数低于去年同期水平。综观山西省 2011～2015 年的总体传染病形势，疫情仍处于较平稳的状态，2015 年法定传染病发病率波动在 17.44/10 万～25.35/10 万之间，2014 年在 20.74/10 万～28.18/10 万之间，发病趋势与 2014 年基本相同，图 8-1、图 8-2 是 1998～2015 年山西省甲、乙类传染病报告死亡数、死亡率趋势和 2011～2015 年山西省丙类传染病报告发病数月分布情况。

　　另外，据研究表明山西省的传染病构成发生了明显的变化：甲、乙类传染病构成已由 20 世纪 90 年代末以肠道传染病发病为主，逐渐转变为以血源及性传播传染病发病为主，2011～2015 年血源及性传染病所占比例逐年升高（59.3%～67.1%），其次为呼吸道传染病（26.5%～19.3%），并于 2003 年超过肠道传染病排名第 2 位（柴志凯等，2015），受空气质量下降的影响，

2015 年呼吸道传染病报告发病数略高于 2014 年的水平。自然疫源及虫媒传染病、肠道传染病近几年报告发病数波动不大，总体呈下降趋势。而且气候变化加剧导致传染性疾病的季节性分布特点愈发的明显，2011～2015 年的报告数据显示，肠道传染病以夏秋季为主。呼吸道传染病全年发病较平稳，未出现明显的高峰期。虫媒及自然疫源性传染病高峰期在 4～6 月，9 月以后发病迅速减少，所属病种中仅布病的报告发病数较多，占本类传染病报告发病总数的 98.76%。血源及性传播传染病全年无明显的发病高峰期。

　　由于山西省地势差异明显和经济发展不平衡导致一些脆弱人群受气候变化的影响较为严重，如老年人、儿童、体弱者以及患有疾病的人群等。其中处于生活贫困区的儿童受影响更为严重。儿童特别是在幼年时期，身体处于发育期，各种器官和神经系统发育尚不健全，抵抗外界干扰的能力较差。特别是处于农村地区的儿童，卫生意识不足，且由于农村地区大部分家庭生活环境较差，厕所建设比较简陋，人畜粪便处理和生活生产垃圾处理不当等原因，在高温环境下极易滋生蚊虫等一些虫源，另外由于农村地区供水设施简陋，饮用水以当地水源为主，当出现洪水等极端天气时污染物会随着流水影响居民的饮用水质，对水质监测和处理不足，极易导致儿童疟疾、腹泻等疾病的发病率增加。极端天气频发和预防、治理能力不足也导致的儿童鼻窦炎的发病率增高。

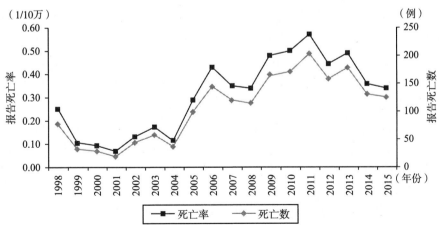

图 8－1　山西省 1998～2015 年甲、乙类传染病报告死亡数、死亡率趋势

资料来源：山西省疾控预防控制中心。

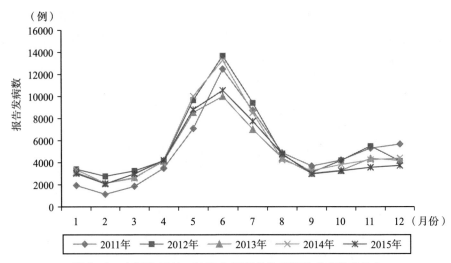

图 8 - 2   山西省 2011~2015 年丙类传染病报告发病数月分布
资料来源：山西省疾控预防控制中心。

8.2   气候变化对山西省人体健康的影响

气候变化通过改变生态系统从而影响自然疫源性疾病的分布和传播。由于自然疫源性疾病的传播媒介和中间宿主的地区分布和数量取决于各种气象因素（温度、湿度、雨量、地表水及风等）和生物因素（宿主种类及病原体变异和人类干预），气候变暖可以增强这些疾病的传播。

气候变化加快大气中化学污染物之间的光化学反应速度，造成光化氧化剂的增加并诱发某些疾病。例如，眼睛炎症、急性上呼吸道疾病、慢性支气管炎、慢性呼吸阻塞疾病、肺气肿和支气管炎哮喘等。此外，暑热天数延长及高温、高温天气可直接威胁人们的健康，如气温升高使城市热岛效应加剧，空气污染更为严重等，则更加影响人类健康。气候变化会使臭氧层遭到破坏，意味着地球上的生物将受到强紫外线的直接威胁。强紫外线可提高皮肤癌、白内障和雪盲的发病率。

气候变化会增强紫外线辐射强度，从而引起如白内障、雪盲、皮肤病等疾病。

气候变化通过摧毁住所、人口迁移、水源污染、粮食减产等损坏健康服务设施来间接影响人体健康。如山西省干旱表现较为突出,干旱一方面直接影响农作物产量,另一方面可以通过改变病原体所滋生的生态环境,造成病原体的变异而间接影响人体健康,如媒介传染性疾病的暴发或流行。

8.3 山西省公共卫生体系已有的适应方案及未解决的问题

本节从财政投入、环境监测整治和突发公共卫生事件的应急建设三个方面介绍了山西省公共卫生体系已有的适应方案及未解决的问题,为山西省制定人体健康领域适应气候变化对策,针对性地解决问题,促进健康养老和大健康产业发展,助力山西省转型适应和高质量发展提供依据。

8.3.1 财政投入方面

根据对《山西省统计年鉴》中山西省 2005～2014 年每年的全社会的总投资额和在卫生方面的资金投入量的数据收集及对比,发现山西省在公共卫生体系建设方面存在资金投入不足的问题。表 8-2 是山西省 2005～2014 年的相关数据及比较的结果。

表 8-2   山西省 2005～2014 年卫生投入量、总投资额及其占比情况

年份	卫生投入（万元）	总投资（万元）	百分比（%）
2005	76010	8786093	0.87
2006	88906	21214238	0.42
2007	86124	26659240	0.32
2008	172068	36351396	0.47
2009	306717	50335333	0.61
2010	497320	55728407	0.89
2011	476823	71376857	0.67
2012	454640	88979033	0.51

年份	卫生投入（万元）	总投资（万元）	百分比（%）
2013	419612	109136950	0.38
2014	497660	119773000	0.42

资料来源：2005～2014 年《山西省统计年鉴》。

  表 8-2 展示了山西省近 10 年来的投资总额和卫生投入的总量情况及占比情况，结果表明卫生投入总额相对其他投入占比比较小，总量占比尚不足 1%，体现了山西省对卫生投资的力度不足。卫生投资占总投资的比重在不同的年份呈现出有升有降的趋势，在投资总量逐年上升的情况下，卫生投资额出现了相对减少的情况，说明山西省对卫生投资的重视程度不足。

  山西省疾控机构作为公益性单位，财政投入不足，导致疾病检验监测、高发新发传染病防控、食品饮用水等健康相关产品风险监测能力长期不足，气候相关的大气、水、土壤等环境相关监测工作严重缺乏经费，难以满足社会发展的需求，负面影响尤为严重，特别是农村地区（周洁，2007）。投入不足导致缺乏开展预防工作的必要设备、日常的调查和预防工作难以展开。不同级别医疗预防保健网的作用没有得到有效发挥，导致公共卫生预防能力不足。另外，山西省长期的煤矿开采对矿区环境造成很大的损害，对人们赖以生存的水源等造成极大的破坏，对矿区修复力度不足，预防能力不足，导致公共卫生事件频发。

8.3.2 环境监测和整治方面

  山西省在环境监测方面的工作正在逐步推进和改善，以《大气污染防治行动计划》《水污染防治行动计划》和土壤污染防治工作为总体指导，结合山西省相关的条例为山西省环境监测和整治提出了政策依据。2016 年在以往年度环境监测的基础上出台了《2016 年山西省环境监测工作要点》和《2016年山西省生态环境监测及数据共享方案》。目前山西省环境监测和整治对象主要包括大气、生活用水和土壤三个方面。

1. 大气污染监测和整治

目前山西省针对雾霾天气严重进而重污染天气频发的情况，已经颁布并认真落实了《山西省重污染天气应急预案》《山西省落实大气污染防治行动计划实施方案》《城市大气重污染应急预案编制指南》。山西省卫生健康委通过对太原市 2013~2015 年度空气污染与人群健康影响数据进行时间序列分析，初步证实了雾霾天气与人群总死亡率、循环系统疾病死亡率的增加存在因果关系，与呼吸系统疾病死亡率的增加存在极可能的因果关系。目前山西省对大气污染的检测和治理都有了很大的改善，但是仍存在一些不足，在监测方面存在的主要问题：（1）山西省空气质量监测网络尚未做到全面有效运行，而且一些县级城市尚未实现监测数据联网，数据不能实时上传至国家监测网。（2）对雾霾产生的健康影响检测范围较窄，检测数据只在太原地区范围。主要通过时间序列分析的方法，分析了空气污染对人群死亡、医疗机构门诊，以及急救接诊的定量影响，得出一些初步阶段性结论。（3）一般情况下，数据的分析利用存在滞后性，即当年数据次年分析，相应的报告在第三年完成。但由于空气污染对人群健康影响监测工作的特殊性，目前此项工作的报告是当年收集数据，次年年初即要求完成，时间的紧迫性给数据分析和报告撰写带来较大的困难。同时，随着监测年限增加，收集数据量也越来越大，未来数据分析工作将无法在年初的短时间内完成。为了保证数据分析利用的完全性和合理性，多年收集数据的清理分析工作应安排日常进行（见表 8-3~表 8-5）。

表 8-3　　　山西省太原市 2013~2015 年度全市环保指标分析

污染物	年均值（微克每立方米）	四分位数			超标天数（天）	超标率（%）	月均最高月份/浓度（微克每立方米）	月均最低月份/浓度（微克每立方米）
		P25（微克每立方米）	P50（微克每立方米）	P75（微克每立方米）				
$PM_{2.5}$	85.8	72.6	47.9	116.9	526	48.0	1 月/113.3	8 月/58.0
PM_{10}	113.2	100.1	57.5	151.6	278	25.4	3 月/147	8 月/72.7
SO_2	71.9	50.6	29.9	96.0	127	11.6	1 月/147.4	7 月/28.1
NO_2	37.9	37.2	29.0	46.0	1	0.1	10 月/47.9	2 月/31.2

续表

污染物	年均值（微克每立方米）	四分位数			超标天数（天）	超标率（%）	月均最高月份/浓度（微克每立方米）	月均最低月份/浓度（微克每立方米）
		P25（微克每立方米）	P50（微克每立方米）	P75（微克每立方米）				
CO*	1.7	1.6	1.2	2.2	16	1.5	1月/2.4	7月/1.1
O₃-8h	62.5	50.3	28.6	82.7	51	4.7	6月/124	12月/22.6

资料来源：山西省疾控预防控制中心。

表8-4 山西省太原市2013～2015年度涧河监测点环保指标分析

污染物	年均值（微克每立方米）	四分位数			超标天数（天）	超标率（%）	月均最高月份/浓度（微克每立方米）	月均最低月份/浓度（微克每立方米）
		P25（微克每立方米）	P50（微克每立方米）	P75（微克每立方米）				
PM₂.₅	74.6	65.0	38.0	98.0	415	39.2	2月/103.8	7月/49.1
PM₁₀	157.3	141.9	92.0	200.0	480	45.3	10月/200.0	8月/113.7
SO₂	74.0	49.0	24.8	91.0	129	12.2	12月/194.8	7月/23.2
NO₂	40.4	39.0	30.0	48.0	14	1.3	5月/52.7	12月/33.5
CO*	2.0	1.8	1.2	2.5	51	4.8	12月/2.7	8月/1.3
O₃-8h	59.3	44.9	23.1	79.0	48	4.5	6月/122.1	12月/14.1

资料来源：山西省疾控预防控制中心。

表8-5 山西省太原市2013～2015年度桃源监测点环保指标分析

污染物	年均值（微克每立方米）	四分位数			超标天数（天）	超标率（%）	月均最高月份/浓度（微克每立方米）	月均最低月份/浓度（微克每立方米）
		P25（微克每立方米）	P50（微克每立方米）	P75（微克每立方米）				
PM₂.₅	68.0	56.8	34.0	87.0	361	33.0	2月/100.9	8月/42.3
PM₁₀	130.3	121.0	77.0	165.9	341	31.1	3月/164	8月/91.7
SO₂	68.6	45.0	27.7	87.0	127	11.6	1月/157.9	7月/23.8
NO₂	40.1	37.7	27.0	51.0	29	2.6	10月/50.2	7月/32.5
CO*	1.8	1.7	1.1	2.3	24	2.2	1月/2.9	7月/1.1
O₃-8h	52.9	37.2	22.0	70.0	40	3.7	6月/113.6	11月/18.9

资料来源：山西省疾控预防控制中心。

2. 水环境监测和整治

山西省将从 2016 年开始全面落实《山西省水环境防治工作方案》，加强对水环境质量的检测，主要涉及山西省地表水、地下水、集中式饮用水水源地及重点流域水质监测工作。但是，山西省总体来看是水资源短缺的大省，多年来生产生活废污水无序排放使主要河流水质恶化日趋严重，给山西省工农业生产、生态环境、城镇供水造成了严重影响。化肥、农药、人畜禽粪便以及城市地表污染物等随水流进入饮用水源区或地下水体，造成饮用水源的污染和地下水体的破坏，甚至一些农药的长期施用会缓慢渗入蔬菜、水果中，通过食物链威胁人体健康。目前，山西省的水质监测覆盖率和水功能区达标率都比较低，存在很大的饮水安全隐患（吴红燕，2011）。在治理方面存在力度不足的问题，导致山西省一些重点流域的水质不断恶化。根据山西省环境保护厅公布的地表水的质量报告情况显示目前劣 V 类水质达到 30.2% 的比例，在黄河流域中，汾河水系的水质属于重度污染，其他的入黄支流水系与涑水河水系水质也明显恶化。海河流域的桑干河水质为重度污染，滹沱河水质轻度污染，个别支流受到重度污染。万家寨水库和汾河水库都为中营养状态。

3. 土壤环境的监测和整治

目前山西省初步建设了土壤环境网络，并且根据《山西省土壤环境质量监测国控点位布设方案》的要求，开展 11 个市 391 个国控土壤环境质量特定点位的例行监测工作，并且山西省也根据地市发展的特点设定省控土壤环境质量监测特定点位。但是由于山西省的土壤环境网络尚处于初建期，针对重要的水源保护地和特定的土壤环境保护优先区域的分类管理工作尚待完善。另外，在山西省公布的土壤环境质量状况调查的重点区域和土壤污染状况调查的重点区域中没有明确指出对矿区土壤监测，山西省是煤炭开采大省，存在大量的矿区需要复垦和修复，所以要对矿区的土壤质量和污染程度进行实时监测。

总体来说，环境监测还存在以下几个方面的问题：第一，与气候、大气相关卫生监测力量不足，岗位编制少，基层专业人员短缺，缺乏高端专业人才，难以形成人才梯队。薪酬待遇低，留不住也引不来高端人才，导致科研创新能力极弱。第二，与气候、大气相关监测只有部分市开展了部分项目的监测，相关监测设备严重不足，导致难以全面开展相关监测工作。第三，部门之间、疾控与医疗机构之间，甚至单位科室之间存在信息不对称、沟通不畅、协调不力的现象，导致监测信息难以利用，信息不能实现实时共享，造成应急措施较落后现象。

8.3.3 突发公共卫生事件应急建设方面

由于山西省疾控机构卫生应急体系工作机制不健全并且从事环境卫生、气候变化、雾霾等监测人员严重不足导致山西省近些年突发公共卫生事件频发。目前山西省的应急处置体系建设经费投入水平偏低，与气候相关的卫生应急经费更是缺乏专项资金的支持，导致气候相关物资储备不足，应急物资储备不规范，资源配置效率较低。由于山西省应急工作没有独立机构托管，存在普遍的代管现象导致应急处置能力较弱。另外，由于山西省不同地区的经济发展状况、地势不同，导致农村地区的应急系统基础设施比较薄弱，特别是医疗卫生体系的基础设施的建设不足，人才稀缺，导致农村地区公共卫生事件频发。由于学校内人口密集，易感人群集中、个人卫生意识较差和疾病预防措施不足，也成为主要突发公共卫生事件的高发区（周飞燕，2018）。公共卫生体系的管理方面，由于公共卫生服务的管理能力不足，存在经费分配不科学、使用绩效不高和挤占挪用等问题，导致山西省公共卫生体系的服务能力较差。由于管理和重视不足还存在基层公共卫生服务机构虚报冒领专项资金的问题，导致一部分没用于公共卫生服务，山西省的基础服务水平较落后。政府对公共卫生服务的均等化宣传不足，不论是城市居民还是农村居民都不清楚自己应享有的基本公共卫生服务项目和标准，特别是一些弱势群体如孕妇的产前产后检测和儿童的免疫接种等工作不清晰，导致新生儿和儿童的患病率较高等问题。

8.4 山西省人体健康领域转型适应对策

本节在梳理山西省气候变化对人体健康影响的现状和机制的基础上，结合山西省公共卫生体系财政投入不足、环境监测力量弱和应急措施落后的问题，针对性地提出山西省人体健康领域适应气候变化对策。有效促进山西省健康养老和大健康产业发展，助力山西省转型适应和高质量发展的实现。

8.4.1　公共卫生投入机制转型，健全公共卫生体系的建设

完善公共卫生投入机制，健全公共卫生体系的建设。加强气候变化导致危害人体健康的传播性疾病监测和防控的范围及力度。根据山西本地区疾病流行的特点，有针对性地提高对传染性疾病、地方病的监测与防治能力。逐步完善公共卫生体系中对高血压、心脑血管病等非传染性慢性疾病防治工作的开展。完善敏感脆弱人群聚集地（如学校）的公共卫生监测体系，并加强相关的公共卫生基础设施的建设。切实加强和完善乡镇卫生院的急救能力，加强防疫队伍建设，提高农村卫生人员素质，进而提高农村卫生体系的服务水平。要着重加强山西省饮用水卫生监测和安全保障服务体系建设。特别要加强农村地区的水质监测能力和环境污染较重区域的水源监测。要加大对农村地区的公共卫生基础设施的建设，特别是针对儿童疾病的预防、监测及救治。

8.4.2　公共卫生体系监督转型，完善相关配套管理制度

加强对公共卫生体系的监督检查，完善相关配套管理制度，提高资金使用效率和服务水平。加强对食品安全监测能力的监督，特别是针对一些贫困地区和某些地方性疾病多发地区的食物的结构的调整能力。对居民住宅区的公共卫生情况进行实时监督和督促整治的能力。另外，要加强和完善气象部门和卫生部门之间的协作。各部门根据各自的专长和资源优势，明确分工，互相合作，互相监督。提高资金使用效率和服务水平。

8.4.3　突发公共卫生事件应急机制转型，提升应急事件处置效能

气候变化导致的极端天气气候事件对人体健康有很大影响，容易导致突发公共卫生事件。加强极端天气事件对导致山西省脆弱人群的心脑血管病、

意外伤害、中暑、呼吸道疾病等的发生影响研究。充分运用现代信息技术，加强极端气象事件监测，根据不同自然灾害类别做好相应的应急机制建设。编制山西省极端天气应急方案。加强应急队伍技术培训、提高现场处置能力和水平，开展突发事件事后现场环境调查、健康影响追踪监测及应急处置效果评估，指导现场环境修复和健康损害救治工作。加强各部门之间协同联动机制的建设，卫生部门要做好带头作用，统筹各部门、各组织并结合不同的学科体系，对气候变化可能对人体健康的影响做好全方位的检测、预警、防护和救治工作，从而快速有效地应对突发公共卫生事件。建立疾病气象条件监测和潜势预报预警系统，开展医疗气象预报服务。

8.4.4　人体健康影响监测预警系统转型，提升气候风险监测预警能力

充分发挥政府机构的应对气候变化的保障能力，调动非政府组织、专业团体的积极性，为适应气候变化提供辅助力量。建立和完善气候变化对人体健康影响的监测预警系统。加强环境与健康风险预警工作，对环境变化进行严格的监测并精准评估，实现科学决策，合理制订不同风险等级预警和救治方案，不断提高防范重大环境与健康风险水平。加强对雾霾天气的检测能力。加强气候灾害预警与响应能力建设，优化和完善气象综合监测体系，提高极端天气气候事件预警与防灾减灾的应急响应能力。加强重大工程建设的气象灾害风险评估和气象可行性论证工作，为提高适应气候变化的能力提供保障。要充分借鉴国际上已有的气候变化对人体健康影响的作用机制、评价和预测模型的研究及相应的政策措施和方法。

利用山西省各个地市的气象和气候数据资料，运用我国已经建立的我国气候变化对人体健康影响评价体系，对山西省不同地区的主要流行病、传染病开展气候风险评估和气候区划研究，并确定各地区在不同的季节出现的主要传染病，并建立信息库，根据具体气候变化实时更新，为疾病预防工作的实施提供信息保障，并开展短、中、长期的传染病预测、预警服务，形成系列产品，提高医疗技术水平，增加应急响应能力。

8.4.5 公众卫生意识转型，提高社会各界对气候影响人体健康的重视

大力开展气候变化对人体健康影响的科普宣传与培训，通过电视、广播、报纸和网络等媒体广泛宣传我国气候变化对人体健康影响所面临的现状、形势和挑战，增加公众对气候变化可能对人体健康引起的危害的认识，提高社会各界对气候变化对人体健康影响应对工作的重视，进而也要促进社会团体、非政府机构、科研与学术单位、企业以及媒体等自觉履行责任和义务，积极为应对气候变化对人体健康影响做出贡献。另外要组织专门的气候变化及预防的科普团队对生活条件落后的农村地区、人群聚集的学校等做专门的知识讲座，提高这些人群的防范意识，特别是要提高农村地区的儿童和妇女等脆弱人群的卫生意识，减少各种疾病的传播率和发病率。加大政策宣传引导，提高城乡居民特别是脆弱人群对公共卫生项目的服务内容和免费政策的了解，促进居民积极主动，降低公共卫生事件的发生，并实现居民享受公共服务的公平性。增加民间社会、企业、团体等的环境保护意识，以降低环境污染水平。

| 第 9 章 |

山西省适应气候变化的区域格局

按照《国家适应气候变化战略》中区域格局总体划分，结合《山西省主体功能区划》中国土资源战略要求，充分考虑山西省各个区域经济社会发展现状的差异，将山西省区域格局上划分为晋南、晋中、晋北三大地区。本章内容将结合前述气候变化事实与趋势，以及各领域的影响和适应对策，综合分析了山西省三大区域适应气候变化的重点工作与措施，以期为相关区域针对性开展适应气候变化工作提供借鉴。

9.1　晋　南　地　区

晋南地区气候条件整体优于晋北和晋中两个区域，雨热条件相对充足，是山西省农业现代化程度较高的区域和主要产粮区之一。晋南的气候变化主要表现为暖干化的变化趋势，适应气候变化的内容主要是极端气候事件下农业防灾减灾、自然地质灾害预防、脆弱人群高温胁迫的风险控制等。

9.1.1　概述

广义上晋南地区地理范围包括临汾、运城、晋城、长治四个城市。晋南地区北靠韩信岭与晋中、吕梁接壤；东依太行山与河南为邻；西、南隔黄河与秦豫相望。山西省境内晋南地区土地面积 5.66 万 km^2，占山西省总面积的 36%，常住人口共有 1560.54 万人，占山西省总人口的 42.15%。

①盆地特征显著。晋南地区山峦起伏、地形复杂，总体呈盆地状，分别有长治盆地、泽州盆地，临汾盆地、运城盆地，整个晋南地区具有山地、丘陵、平原、河谷 4 种地貌类型。

②气候温和，四季分明。晋南地区地处黄土高原东南部，属暖温带半湿润大陆性季风气候区，部分山区相当温带季风气候类型，主要特征是：四季分明，冬长夏短，春略长于秋；气候温和适中，雨热同季，大陆性季风强盛持久，海洋性季风的作用相对较弱。春季干燥多风，十年九春旱；夏季炎热多雨，热雨不匀；秋季温和，凉爽，阴雨稍多；冬季寒冷，雨雪稀少。灾害性天气出现频繁，常有干旱、霜冻、冰雹、暴雨、大风等灾害性天气发生，多地方性风。

③适宜农作物生长。晋南地区，年平均气温 10 ~ 14℃，适宜农作物的生长。农作物以棉花、小麦为主，其次为豌豆、大麦、谷子、玉米、高粱、花生和薯类等，同时种植苜蓿、豌豆等豆科作物，与棉、麦倒茬轮作，使土壤肥力得以维持。天然草场主要分布在盆地周围的山区丘陵地和汾河、黄河的河滩地带，给草食家畜据供了大量优质的饲料和饲草及放牧地。

④水资源空间分配不均。晋南地区河流主要有有浊漳河、汾河、沁河等，浊漳河属海河流域，汾河、沁河属黄河流域，有山西最大淡水湖伍姓湖，中国北方第二大岩溶泉辛安泉，水资源由南到北，由东到西减少，其中，晋城水资源相对丰富，水资源总量为 21.49 亿立方米，占山西省水资源总量的 15.1%，人均和亩均水资源占有量分别高出山西省平均数的 1 ~ 2 倍。临汾水资源相对匮乏，临汾多数河流源短、流急、坡陡，流域面积不大，地表径流拦蓄利用率低。

⑤矿产资源种类丰富。晋南地区矿产资源丰富，境内已发现的矿藏有 20 余种，不仅有大量的煤、铁、铝、硫黄、石膏、石英、石灰石、白云岩、耐火黏土、大理石、花岗岩等，而且还有稀有金属锰、铜、铅以及异常珍贵的铀。在各种矿藏中，煤、铁储量最大，临汾市是我国优质主焦煤基地之一。

⑥历史古迹、风景名胜众多。晋南文化旅游资源丰富，景点特色鲜明。临汾的陶寺遗址是帝尧都城所在，是最早的"中国"，洪洞大槐树寻根祭祖是海内外华人寻根问祖的圣地，"关庙之祖"的解州关帝庙是我国现存始建最早、规模最大、建制最高、保存最全的关帝庙；运城具有"中国死海"之称的盐池；除了这些古迹，晋南特殊地形还形成了多个名胜风景区，雄伟磅

礴的壶口瀑布，雄奇峻美的壶关大峡谷。

⑦野生动植物种类繁多。晋南地区生态资源丰富，生态资源主要集中在长治晋城。长治市境内共有野生动物 243 种，其中，国家一级保护动物 2 种：金钱豹、原麝；国家二级保护动物 4 种：石貂、青鼬、水獭、猕猴；晋城动物种类繁多，有存世稀少的褐马鸡和两栖动物娃娃鱼（大鲵）。长治市植物资源以针阔混交林为主，夹杂有灌木和草本植物；晋城的舜王坪有漫山遍野的山桃、山杏、枫、栎、榆、红桦等树木及金针、木耳、猴头、蘑菇、灵芝、菖蒲、麝香、野生人参等名贵药材和山珍，被誉为"北方植物宝库"。

9.1.2　气候变化事实

气温明显变暖，低温日数减少。在全球变暖的气候背景下，晋南地区近些年气温呈明显增暖趋势，年平均最高气温、最低气温，以及年极端最高气温、最低气温均呈不同程度的增高趋势，各市平均每 10 年升高 0.38℃，例如，运城市在 1961～2017 年间，平均增暖速率为 0.23℃ 每 10 年，最近 5 年连续年平均气温高于 14℃，呈明显偏暖状态。

年平均降水无明显趋势，极端降水次数增加。在气温发生突变初期，大暴雨日数是减少的，晋南地区年平均降水无明显趋势，各市情况不一，运城市年降水量呈减少趋势，雨日变化呈明显减少趋势，为每十年减少 4.7 天，雨日年代际变化特征很明显，而临汾市平均年降水量呈增多趋势。2000～2017 年平均年降水量（514.9 毫米），较累年平均值（502.5 毫米）偏多12.4 毫米。

极端降水天气普遍增多，随着气温由持续升高转为显著升高后，大暴雨、大雪和暴雪日数均有不同程度的增加，极端降水事件正在增多。

9.1.3　气候变化影响的重大问题

1. 早春作物易遇倒春寒

晋南地区春季气温回暖快，气温易出现明显起伏，发生"倒春寒"的风险较大，加之温度偏高，部分旺长小麦可能提前拔节，抗冻能力下降，一旦发生"倒春寒",将造成严重影响。小麦遭遇倒春寒危害后,植株叶片发白,经太阳照射后,逐渐干枯。幼穗的分生细胞对低温反应比叶片细胞敏感,已进入雌雄蕊分化期(拔节期)的易受冻害,幼穗萎缩变形,最后干枯。倒春寒可使小麦减产 10% ~ 30%,严重时可使小麦减产 50% 左右。

2. 极端降水给人们生活带来直接财产损失

晋南地区总降水量有减少的趋势,但是极端降水增加,暴雨、暴雪日数增加,为晋南地区的经济发展以及作物生长带来威胁。仅长治市各县 2017 年暴雨天气达 20 余次,各县区均遭受不同程度的风雹、洪涝、低温冷冻等灾害。共造成农作物受灾面积 16764.2766 公顷,绝收面积 1416.0964 公顷,倒塌房屋 272 间,损毁房屋 287 间,一般损毁房屋 331 间,因灾死亡人口 1 人,紧急转移安置人口 719 人,需紧急生活救助人口 81 人,受灾人口 161107 人,直接经济损失 8720.938 万元。暴雪天气导致部分大田未收获蔬菜严重受冻,而且还造成部分温室和大棚垮塌损毁,出现大面积因冻死苗。

3. 农作物极易遭受春旱及"卡脖旱"

每年的 3 ~ 5 月份,晋南地区可能会出现春旱,长时间不降雨或无有效降雨,致土壤持水不足或严重缺乏,无法满足玉米播种要求,此时如无灌溉条件,就无法播种,只得延迟播种或改种其他作物。土壤持水量 70% ~ 80% 最适玉米播种、发芽和生长发育等,若土壤持水量低于 60%,玉米播后难以发芽或发芽推迟,发芽不整齐,发出的芽小而弱,易出现缺苗和断垄等。玉米发芽后遇旱,生长发育不良,苗小、苗弱,植株整齐度差,根少而弱;旱情较重时,部分植株叶枯或整株枯死。长时间的干旱又无灌溉时,大片的玉米会全部干枯死亡;早春干旱对冬小麦的生长有严重的影响,小麦的生长对水分的要求比较高,出现春旱会影响小麦的光合作用,从而影响小麦的正常发育,最终影响小麦的产量。农作物生长关键时期"卡脖旱"问题。

晋南地区夏季由于降水持续偏少和气温持续偏高,造成土壤水分严重亏缺,部分作物发生萎蔫和枯萎现象,部分地区玉米、谷子等作物发生"卡脖旱",对作物的生长发育和产量提高十分不利。7 月份晋南地区春玉米大部分处于抽雄吐丝期,谷子、高粱处于拔节到抽穗期,马铃薯处于开花期,棉花大部分开花结铃,大部分作物都处于旺盛生长期,也是需水关键期,对水分需求十分敏感，严重的旱情对大秋作物的生长发育极为不利。

4. 晋南地区水资源时间、空间上分配不均

晋南地区各个城市都有大大小小的河流或者水库，但是水资源在时间、空间上没有实现统一，出现降雨过多发生涝灾或者气候干旱无水灌溉的情况。在区域上，长治和晋城相对丰水，仅晋城境内有沁河、丹河、卫河 3 条水系，总流域面积为 9422 平方公里；全市年平均降雨量为 650 毫米左右，水资源总量为 21.49 亿立方米，占山西省水资源总量的 15.1%，人均和亩均水资源占有量分别高出山西省平均数的 1~2 倍。运城、临汾相对缺水，尤其是临汾，由于临汾市的河流源短、流急、坡陡，流域面积不大，所以蓄水较少，加上临汾煤炭开采等人类活动，水资源污染严重。在季节上，晋南地区普遍是雨热同季，夏季降雨较多，冬季雨雪稀少。农业上，农业灌溉大部分采取大水漫灌或者一些地区无法进行灌溉，在整个地区不能实现水资源的良好调配。

5. 脆弱人群雾霾和高温天气健康受到威胁

晋南地区冬季雾霾严重，容易引发呼吸疾病。晋南地区冬季雾霾天气频发，空气质量较差，容易引发呼吸系统疾病，给公众身体健康带来不利影响。雾霾天气发生之后，人们在没有任何防范的情况下进入室外，空气中的颗粒物必然会通过呼吸系统进入到肺泡囊、肺泡间质中，同时还会对人们呼吸道黏膜带来刺激与破坏，降低其自我防御功能，从而引起呼吸道疾病，增大患肺癌的概率。

其次，晋南地区近年出现过持续多日的高温酷暑，增大了中暑和心脑血管疾病病发风险，对人们身体健康非常不利。人体的正常体温通常在 36.6~37.6℃。如果人体长时间在高温环境中停留，由于热传导的作用，体温会逐渐升高。当体温高达 38℃ 以上时，人就会产生高温不适反应。人的深部体温是以肛温为代表的，人体可耐受的肛温为 38.4~38.6℃。高温极端不适应的临界值为 39.1~39.5℃。当高温环境温度超过这一限值时，汗液和皮肤表面的热蒸发就都不足以满足人体和周围环境之间热交换的需要，从而不能将体内热及时释放到环境中去，人体对高温的适应能力达到极限，将会产生高温生理反应现象。体内温度超过正常体温（37℃）2℃，人体的机能就开始丧失。体温升高到 43℃ 以上，只需要几分钟就会导致人的死亡。

9.1.4 适应气候变化的目标

近期目标：到 2025 年，晋南地区适应气候变化方案得到有效实施，耐寒、耐旱农作物培育有所突破，水资源调配方案开始实施，水资源在空间、时间上分配不均的问题得到缓解，雾霾、高温天气人群适应能力得到提高，发病率降低，极端降水下洪涝山体滑坡等事件显著减少。

中长期目标：到 2035 年，晋南地区适应气候变化方案实施成果显著，农作物干旱缺水问题得到有效解决，水资源调配工作基本完成，人群基本适应极端高温天气和雾霾天气，极端降水下发生自然灾害的频率降到最低。

长期目标：到 2050 年，晋南地区适应气候变化方案基本实现，适应气候机制基本完善，适应气候变化的能力达到较高水平。

9.1.5 适应气候变化的具体方案

1. 加强农作物综合管理，有效降低倒春寒风险

一是选用抗性强的品种。近几年晋南地区连续出现倒春寒，给农作物生产造成严重损失，这就要求农民选择抗寒性好、适应性强的冬性或半冬性品种，同时更要注意优良品种和栽培方法的合理搭配。二是要对农作物分类管理。入春后，一般麦田应采取浅中耕措施，主要是达到提温保墒、除草等作用，对于旺长田块，应深锄断根，控制地上部分生长，对于弱苗田块应中耕，促进苗情转化，锄地时要锄细、锄匀、不压麦，返青时早追肥浇水，促苗早发。三是要适时灌水。应根据农业气象预报，在寒流侵袭来临之际进行灌水，提高地面和叶面附近的气温，形成小气候，防御或减轻小麦冻害。四是及时进行补救。小麦具有较强的适应能力，当主茎和大分叶冻死后，根系仍然可以吸收养分和水分，此时应及时追施少量速氮肥，结合灌水、中耕、松土保墒进行补救。

2. 提升农业对暖干化气候趋势的适应能力，扭转靠天吃饭的局面

加强农田基本建设、农田水利建设，加快汾河平原、漳河—沁河河谷盆

地等粮食主产区和重点灌区节水农业改造。加大农田微型水利工程建设，增强粮食主产区春季灌溉用水保障能力。精细化晋南山区农业气候区划，因地制宜发展林果、小杂粮、中药材农业经济。加强农业中长期气象预估精准性，适当延后玉米、谷子春播时间，防止夏季"卡脖旱"，延后冬小麦播种期防止提前拔节，暖春年份喜温蔬菜提前播种，提高土地复种指数。加大农业病虫害防治力度；增强禽畜圈舍夏季通风和环境卫生，重视高温禽畜中暑等其他疫情处置。精细化耕作，改土保墒，对于无法灌溉的玉米地，为防止春旱，冬季雨雪前要深翻和耙地 1~2 次，按照要求预先整畦作垄，遇几次雨、雪后用稻草等覆盖畦面，土壤能蓄贮大量水分，到春播时将垄上的表土扒于垄沟内，露出湿润土壤后尽快开沟播种，能保证出全苗。充分利用水资源，面对旱情，要变被动为主动，利用一切可以利用的水资源，浇灌抗旱。

3. 开展晋南地区水资源调配，加强水资源利用

一是要在空间上，进行东水西调，将长治、晋城的水资源充分运用，以满足整个晋南地区水资源使用。二是建立蓄水池，解决时间上水资源调配，近几年极端强降水增多，容易发生涝灾，可建立蓄水池、水库等，将降雨集中起来，用于缺水时运用。三是对于农业用水，可以采用喷灌、滴灌的方式，丰水地区节约水资源，缺水地区也能进行浇灌。

4. 加强应对极端气候能力，提高人群生活环境

一是提高夏季高温天气预警有效性，加强高温预警对老人、儿童等脆弱人群和室外工作者等高暴露度人群的防风险指导功能。二是加强夏季防暑和春秋防流感、呼吸道感染等科普宣传力度，通过戴口罩、污染天气少出门等方式阻隔雾霾直接接触口鼻，加强夏季门诊中暑和其他气候敏感型疫情处置能力。三是应当大力发展公共交通，适当增加公共交通工具数量，引入更多新能源公交车，以减少私家车的废气排放；与此同时还可以通过限行、限号，完善公交系统，建设地下公交线路等方式来降低废气。四是加大重点山区和黄土塬地区气象地质隐患排查力度，推进地质灾害易发区隐患消除和异地搬迁工作，强化汛情处置能力，降低高暴露区域人口的气候风险暴露性。

5. 严格落实防灾工作责任制，开展隐患排查治理

一是建立市、县 5 级防灾工作制。在各市实行了县领导包乡（镇）、乡（镇）干部包村、村干部包组、村民小组长包户、党团员和基干民兵责任到人的 5 级防灾责任落实机制，层层造册，户户建卡，逐级监督，确保落实。二是加强监测预警预报，加强对重要天气、水文情况的会商，在应对强降雨过程中，根据雨情、汛情发展，防汛部门通过电视、手机短信等发布防御强降雨通告和河道水文预警预报等信息。三是要强化防灾宣传引导，要强化防灾宣传。在电视、报纸等媒体开辟防灾宣传专栏，印制山洪灾害防御宣传挂图等，开展灾害防御进校园活动，通过广泛宣传，提高全社会的灾害忧患意识。四是通过组织各种形式的撤避演练，强化民众自我保护和防范意识。

6. 完善适应气候变化机制建设，提高各个主体对适应气候变化的认知

一是要建立健全适应气候变化机制，完善气候变化观测体系，加强对气象灾害预警信息发布系统建设，提高预警信息发布的时效性和扩大覆盖面，完成气象工作"最后一公里"。二是要加强对适应气候变化的科普宣传，提高全民对适应气候变化的认知，让政府、企业、公众都了解适应气候变化工作具体内容，学习防灾意识和自救能力，减少生命安全和财产安全的损失。三是要加强城市基础设施建设保护，当险情或极端天气发生时，城市道路、供电、供水、排水等能够正常工作。

9.2 晋中地区

晋中地区地处温带季风气候与温带大陆性气候交错地带，气候条件相对复杂，雨热条件较好，但春秋气候稳定性较差。晋中地区的暖干化变化速率虽然低于晋南地区，但由于气候条件先天不如晋南，气候变化带来的干旱风险加剧、农业防灾减灾压力加大、城市极端气候适应能力不匹配，以及脆弱人群气候风险提高等影响，是晋中地区适应气候变化的重点。气候变暖带来的积温条件改善，也是作为气候过渡区域的晋中可以利用的有利气候条件。

9.2.1 概述

晋中地区地理范围包括太原市、晋中市、吕梁市、阳泉市四个城市，晋中地区北临忻州，背靠云中山、系舟山，南临临汾，依靠太岳山、火焰山，东到太行山脉，西隔黄河与陕西榆林相望，晋中地区常住总人口1288.49万人，占山西总人口的36.08%。

①晋中地区地形复杂。山地、丘陵、盆地皆具备，四个城市中，太原主要为盆地，吕梁、晋中、阳泉山地、丘陵居多。晋中地区的山脉呈南北走向，西有吕梁山、火焰山，中有太岳山，东有太行山脉，北边背靠云中山、系舟山。

②晋中地区四季分明，雨热同季。晋中地区属暖温带大陆性半干旱季风气候区。气候的基本特征为：一年四季分明，春季干燥多风，夏季炎热多雨，秋季天晴气爽，冬季寒冷少雪，春、秋短促，冬、夏较长。由于受地形影响，气候带的垂直分布和东西差异比较明显，总体上热量从东向西递增，即西部平川高于东部山区；降水则自东向西递减，即东部山区多于西部平川。降水主要集中在夏季，形成雨热同季的气候。

③晋中地区特色农业发展迅速。晋中地区的产业基础的综合经济优势明显、特色农业发展迅速，核桃、红枣、小杂粮、畜牧、蔬菜、马铃薯、林下中药材等农作物快速发展，农业特色产业发展的格局初步形成，是山西省粮食、蔬菜、畜产品、干鲜果的主要产区之一，其中，吕梁市蔬菜和畜禽产品综合产量连续多年位居山西省第一，农业优势突出。

④晋中地区水资源较为丰富。晋中地区各市都有各自的水源供应晋中地区工业以及居民用水，汾河，自北向南横贯太原市、吕梁、晋中全境，晋中地区2017年年降水量310.76亿立方米，水资源总量46.35亿平方米，其中地下水资源量32.64亿平方米，在供水方面，太原、阳泉、吕梁供水以地表水源供水为主，占各市总供水量一半以上，晋中地表水源和地下水源供水基本各占一半；在用水方面，吕梁和晋中主要以农田灌溉为主，占各市总用水量一半以上，而太原和阳泉主要用于城镇工业，水资源供应满足不断增长的城市建设和工业项目建设需求（山西省水资源公报，2017）。

⑤晋中地区具有丰富的资源优势。晋中地区境内矿产资源极为丰富，具

有开采价值的煤、铁、铝土、硫黄、石膏、陶瓷土等已探明的矿产资源 40 多种，其中，煤炭极其丰厚，不仅储量丰富，而且煤种齐全，焦煤、肥煤、瘦煤、贫煤、气煤、无烟煤应有尽有，为发展能源、原材料工业提供了得天独厚的条件。晋中市煤炭储量丰富，是全国十大煤炭基地之一。

⑥独具特色的旅游资源。晋中地区旅游资源颇为丰富。星罗棋布的名胜古迹和丰富多彩的自然景观交织，构成独具特色的旅游资源，境内名山、石窟、寺院、庙宇、湖泊、森林、温泉、溶洞、峡谷、河流、古建筑、古遗址、名人故居、历史文化纪念地、博物馆等旅游资源的丰富，高品质的文物集中，在国内也是非常少有。境内有已形成世界文化遗产的平遥古城、驰名中外的万里长城第九关——唐代平阳公主驻守的娘子关，晋祠圣母殿内宋塑侍女像栩栩如生，姿态各异，"华北第一险洞"白马仙洞等在海内外享有盛名。

⑦晋中地区动植物资源种类繁多。晋中地区植物资源含有种子植物、蕨类植物、苔藓、地衣、藻类和菌类，具有植物资源丰富、植物起源古老、单种属植物较多等特点，最典型的就是吕梁的沙棘，吕梁是山西省天然野生沙棘的中心分布区，素有沙棘宝库之称。野生动物资源类型多种多样，资源比较丰富，有鸟纲、哺乳纲、爬行纲、甲壳纲、蛛形纲等 6 纲，其中褐马鸡属鸟纲雉科，是中国的国宝级物种，山西省的特产，也是世界稀有珍禽。其分布仅见于山西省吕梁山系的芦芽山、关帝山以及河北省西部的小五台山地区，交城县庞泉沟一带是褐马鸡的集中分布区，区内有褐马鸡 2000 余只。

9.2.2 气候变化事实

1. 气候变化观测事实

①晋中地区气温整体明显升温。根据前 40 年的资料分析，晋中地区各市县各季节情况不一，例如，阳泉市低温北边减少的多，南边减少的少，对最低气温来说，越北边变暖越明显；高温日数增加，与山西省趋势基本一致，极端最高气温升高，南北没有太大差异。但总体来说，晋中地区气候在波动中趋于变暖，年平均气温呈上升趋势，四季气温也呈上升趋势，其中冬季增温最为明显。低温变少、高温变多。

②降水整体偏少。在降水量的整体趋势偏少的背景下，年降水量呈减少

趋势，暴雨日数、降水总量、极端降水日数减少，降水强度减少，未趋于极端化。从阳泉市 30 年的降水量资料看，之前的降水量在 540 毫米左右，目前的降水基本在 510～520 毫米左右，但是极端气候频发，造成短时强降水比较多，尤其是近 5～10 年，个别年份降水异常偏多，比如 2016 年降水突破极值。

③极端事件增加。在气候变化的大背景下，异常气候事件出现的概率增加，尤其是极端天气现象的增多。

2. 未来变化趋势

通过对晋中地区近 40 年来的资料分析，该地区年平均气温总的来说具有波动升温趋势，尽管有短期降温波动，但总趋势是升温的，气候在波动中趋于变暖和干旱，年平均气温呈上升趋势。

9.2.3　气候变化影响的重大问题

1. 农业生产风险增大

寒潮天气危害农作物生长。晋中地区每年都会出现寒潮天气，寒潮的发生会带来大风和强降温天气，伴随着阳光减少，对农作物造成一定程度的影响。寒潮天气的过程主要是有高纬度地区大规模的冷空气南下，从而导致经过的地区出现降温大风天气。在降温过程中，当温度降低到零度以下以后，会对农作物产生一定的危害，导致农作物的枯萎和死亡。例如，2016 年 11 月 21～24 日，我国中东部大部地区受寒潮影响，将自北向南先后出现大范围大风降温天气，平均气温将普遍下降 6～10℃。春季出现的寒潮天气影响了设施农业生产，使冬小麦拔节期比历年推迟，春播作物下种受到影响，大棚蔬菜、正在开花的果树等遭受冻害，造成蔬菜价格上涨，水果减产。

此外，冰雹天气频发影响人们生活和农作物生长。冰雹是晋中地区常见的气象灾害，属于固体降水，冰雹下降时，以其特大的动量碰撞农作物，有极大的破坏性，冰雹对灾区经济作物、蔬菜、葡萄等的影响往往是毁灭性的。玉米、棉花、瓜菜等幼苗生长以及果树开花坐果期是降雹的主要危害时段之一。在农作物生长过程中，因冰雹灾害来时急促，并带有大风，会直接造成农作物大面积倒伏，无法恢复。粮食作物开花、灌浆时期和水果成熟前期是降雹的主要危害时段之二，即 8 ~ 9 月是冰雹造成的灾害最严重的时段。农作物在苗期遭受冰雹后，幼苗受伤而不能正常生长；若灾情过重，则延误农事。若农作物叶面砸碎，穗、茎折落影响正常光合作用，作物不能正常发育。

2. 气候变化下森林火灾隐患加剧

气候变化引起干旱天气的强度和频率增加，森林可燃物积累多，防火期明显延长，森林火灾多发，林火发生地理分布区扩大，加剧了森林火灾发生的频度和强度。近年来，夏季持续高温干旱，以及冬季气候干燥使森林火灾频发。

3. 雾霾天气日数明显增多，脆弱人群健康受到威胁

晋中地区矿产资源丰富，尤其是煤炭资源，加上其特殊的地理环境，以及燃煤和机动车尾气源的占比增加等原因导致雾霾天气频繁发生，空气污染问题十分严重，影响到晋中经济的发展，更重要的是直接导致环境空气质量下降，严重危害人们的身体健康。晋中地区冬季雾霾天气频发，空气质量较差，容易引发呼吸系统疾病，给公众身体健康带来不利影响。雾霾天气发生之后，人们在没有任何防范的情况下进入室外，空气中的颗粒物必然会通过呼吸系统进入肺泡囊、肺泡间质，同时还会对人们呼吸道黏膜带来刺激与破坏，降低其自我防御功能，从而引起呼吸道疾病，增大患肺癌的概率。

4. 极端降水下城市涝灾、滑坡等灾害频发

近年来，极端降水事件增多，晋中地区城市处于地势平坦的平原、盆地或丘陵地区，城市周边地势高，城区地势平坦，每遇强降雨会形成规模不等的积水。加上城区路面及居民居住区道路大面积硬化，雨水无法就近下渗，只能通过排水系统排泄，排水系统有限，使得来水量远远大于排水量，造成城市涝灾。

在晋中的山区以及丘陵地区，由于雨水冲刷，或者是人类开矿、修路等原因，易造成山体滑坡。严重威胁人们的生命安全和财产安全。当山体滑坡出现时，大块或者整块的山体相继出现较为缓慢、长期、有间歇地滑动，山体滑坡的土体有大有小，小的有几百立方米，大的有几十万甚至上百万立方米。山体滑坡危害较大，大型的山体滑坡可以摧毁整个村庄，截断河流，破

坏农田，在很大程度上损害国家和人民的生命财产安全。

5. 极端气候造成基础设施不能正常运行

晋中地区是山西省"两山夹一川"地理格局的典型代表，处于山西省"大字型"交通体系的核心地带，几大交通动脉都经过该区域。晋中东部太行山区和西部吕梁山区在极端降水事件下容易发生塌方和泥石流地质灾害，影响该区域基础设施的安全性，该区域的交通设施在冬季降雪情况下的安全性也大幅下降；处于晋中中部盆地和山口区域的边山公路、铁路、房屋建筑、水利设施则容易受到区域性洪水的侵蚀；晋中地区交错的黄土塬区因其脆弱和松软的地质环境，其房屋、交通、水利设施更容易受到极端降水事件的影响。

9.2.4 适应气候变化的目标

①近期目标：到2025年，晋中地区适应气候变化方案得到有效实施，农业生产风险降低，农作物产量受自然灾害的影响减小，森林防火体系有所完善，森林火灾发生的次数减少，雾霾天气有所改善，空气质量水平显著提高，人们应对自然灾害的能力提高，极端天气发生造成的损失大大减少，基础设施更加完善，极端天气下正常运转。

②中长期目标：到2035年，晋中地区适应气候变化方案实施成果显著，农作物受自然天气影响能稳定生产，森林防火系统健全，有足够应对火灾的能力，空气质量达到优质级别，人们有能力应对自然灾害，城市基础设施建造完全适应极端天气。

③长期目标：到2050年，晋中地区适应气候变化方案基本实现，适应气候机制基本完善，适应气候变化的能力达到较高水平。

9.2.5 适应气候变化的适应方案

1. 积极应对寒潮、冰雹，降低农业生产风险

应对寒潮来临，一是要在大风天气要做好防风，在冬季到来之前，阳

曲—盂县—寿阳—平定一带的种植户就要尽可能加厚大棚外部的草帘、棚被，并在起风的时候，及时顺应风向将棚被层层压紧，确保没有缝隙。捆绑棚被的绳墩要多，大风天气压紧拴牢。如果在大风来临时，不能及时将棚被全部放下，则需要迅速关闭通风口，将帘子压紧，待风力减弱时，再行放下帘子拴牢，增加温度。二是在温度降到一定程度时通过运用热风炉、电热加温线、临时火道煤炉等工具进行温度补充，但不能使用明火，以防烟雾损害。

应对冰雹天气，一是要深入开展对冰雹的研究，要以实际为主，并全面分析冰雹分布，及时了解时空特征，特别是在晋中地区中部盆地和东部丘陵山区等农业产区做好冰雹预警工作，为人工防雹提供信息。二是要加强观测，利用卫星、雷达、地面观测网，对冰雹进行全方位跟踪观测，根据产生冰雹的天气形势及发生、发展、出现时间、地理分布与移动路径等规律，提供定时、定点、定位的冰雹监测，预警信息，助力人工防雹，有效地防御和减轻冰雹灾害对农业和果业的危害。三是加强高炮防雹。高炮防雹是比较经济实惠的短期防灾减灾手段，炮点应布置在主要冰雹路径上、经济作物区及居民居住集中区。目前，各市已经建立了一支初具规模的高炮消雹队伍，有效减少了冰雹的灾害。同时队伍人员、技术、经费加强了投入，加大高炮布点密度，提高防雹效益。四是按照作物受灾的程度，采取相应的补救措施。根据受灾作物品种、面积、灾情程度以及不同作物在不同生育期的抵抗雹灾能力，采取针对性办法。

2. 严格落实森林防火工作责任，加强森林防火能力

一要严格落实森林防火工作责任。要落实行政首长负责制，要逐级压实行政首长负责制，做到市长、县长、乡长亲自研究部署、亲自检查督促、亲自解决问题。二要严密监测，严格做好火情预测预防。坚持预防为主、防灭结合，要做好隐患排查，加强火情监测。各级气象部门要加大与林业部门的配合，加强重点林区的森林火险预测预报工作，第一时间发布森林火险信息和高火险警报。三要疏堵结合，严格抓好野外火源管控。在重点林区、涉林景区以及主要路口，要及时增设临时防火检查站，对进入林区的车辆和人员进行检查，严禁火源进山入林，高火险期要停止一切野外用火。四要精准宣传，增强林区群众森林防火意识。要反复耐心地开展宣传教育，普及防火安全知识，不断提高农村留守人员防火意识和安全用火、火情处置、火场避险

能力。

3. 发展公共交通，提高空气质量

要减少雾霾天气，提高空气质量，一是发展城市公共交通。因为目前大部分汽车发动机依旧是消耗汽油能源，这些汽车在启动与行驶时必然增加废气排放，对空气带来直接污染，导致雾霾天气的发生。对此建议大力发展公共交通，适当增加公共交通工具数量，引入更多新能源公交车，从这方面来减少私家车的废气排放。二是主动树立低碳意识。由于雾霾天气对我们生活带来的危害和影响，作为新时代的公民我们应当主动树立低碳环保意识。我们每个人都需要从自己做起，坚持低碳出行，树立环保意识，必须要深刻反省自己在日常生活中的行为习惯，改掉曾经那些可能对环境造成危害和影响的行为，为雾霾危害的治理做出自己的一份贡献。三是积极进行环保宣传。对生态环境的保护和雾霾的治理并非单纯的是政府部门的职责，这直接关系到我们每个人的利益和身体健康。主动树立环保意识，积极参与环保活动，这是每一个公民都必须要履行的责任与义务。

4. 强化流域治理，提升水质、消除水患

加强汾河小店桥—义棠段、桃河阳泉—白羊墅段等重点河段水质治理，强化沿线工业企业排污管理和污水处理能力，加快建设沼气发电—农业肥料一体化的城市沼气发电站，加大城市生活垃圾和污水处理和资源化利用能力；增加太原汾河、阳泉桃河、吕梁北川河等市内河道夏季拦蓄储水功能，增强城市绿化用水保障能力；加强晋祠泉、兰村泉等地下水资源水量水质保护，减少地下水在供水结构中所占比例，加强煤炭开采水文条件论证，减少煤炭开采对地下水资源的影响；提升引黄水资源保护利用效率，多措并举建设节水型社会。为治理山体滑坡，一是要增加边坡的稳定性，通过人工装卸和锚固施工等方式，提高边坡的稳定性，能够减少滑坡事件的发生。二是做好截排水工作，截排水工作主要是对地质灾害发生区域内的水体进行及时的疏通、截流和排放。从某种角度而言，水体是诱发山体再次滑坡的重要因素。对于滑坡区域的地下水，可以通过抽排与导排等方式，减少滑坡区域地下水的含量，降低地下水对滑坡区域土体的危害（陈卫琴，2013）。

5. 加强基础设施建设，提高基础设施应对灾害的能力

一是全面开展隐患排查治理。为确保自然灾害来临时，城市基础设施可以正常运转，要全面开展隐患排查，对于防灾能力差或有安全隐患的公路、铁路、桥梁、堤坝进行修缮或者重建。二是提高预警能力，在发生自然灾害发生前预警，使人们能够提前获知，避开易发生自然灾害的地方。

6. 加强重点领域气候适应性调整

第一，增强气候过渡区域农业适应气候变化能力。推动冬小麦种植带向北推进，提高土地复种指数；充分利用暖冬条件下热量条件改善，在太原都市圈周边发展大棚等城郊设施农业，提升本地农产品反季供应能力，大力发展生态农业、观光农业；在太原盆地、寿阳阳泉盆地等农业产区推广滴灌、细流沟灌、不充分灌溉等节水灌溉方式，推广地膜覆盖、秸秆覆盖、沟植垄盖等节水栽培技术，在山地丘陵和黄土丘陵区域修筑水窖和微型水利集雨补灌；精细化山区农业气候区划，加快发展果木经济，引导葡萄等对昼夜温差要求较高的果木向高海拔地区种植，提升林果品质；减少花期较早果木种植比例，避免早春冻害绝收；加强禽畜饲养环境通风防寒建设和疾病防控，有效保障城市禽畜产品供应。

第二，加强旅游资源保护，开发气候适应型旅游产品。加大晋商传统院落、平遥古城等建筑防风化保护力度，注重建筑夏季除草、除藓和日常防火工作；大力发展又见平遥等室内文化体验旅游项目，如梦晋阳等夜间观赏消费类旅游项目，山涧漂流等夏季消暑类旅游项目，增加夏季游客舒适度；加快吕梁山区旅游和沿黄古村镇旅游交通基础设施建设和公共交通配套，提升旅游通达性。

9.3　晋北地区

晋北地区属于温带大陆性气候，在山西省气候区划中属于干旱缺水区域，尽管在60年的观测期内降水略微增加，但气温升高将继续维持晋北地区气候暖干化变化的趋势。晋北区域适应气候变化的重点，不仅在于适应气候变暖

的趋势，更重要的是要迅速补齐干旱缺水型气候适应能力的短板，在水资源跨时空调配能力建设、节水农业发展、畜牧业可持续发展、旅游业气候适应性保护开发等领域开展重点适应工作。

9.3.1 概述

晋北地区位于山西省的北部，包括大同市、忻州市和朔州市，占地面积 5.0348 万 km²，人口 835.32 万人，其中大同市位于山西省最北端，与内蒙古自治区乌兰察布市毗邻；忻州市位于山西省中北部，与大同、朔州为邻；朔州市位于山西省西北部，毗邻于内蒙古自治区。

①地形复杂多样。晋北地区地貌主要分为山地、丘陵、平原、高原四大部分。其中大同市山地、丘陵主要集中于西部、北部及东北部地区，山地面积占总面积的 13.4%，丘陵面积占总面积的 56.6%；而平川区位于东南部，仅占总面积的 30%。这就构成了大同市西北高、东南低，地形由西北向东南倾斜的主要特征。忻州市山岳纵横，地貌多样。山区、高原约占全市面积的 87%，川地占 13%。南、西、北三面环山。南有系舟山、阴山，属太行山支脉，西部云中山、马圈山系吕梁山余支；北部金山、大青山，为五台山支脉，海拔在千米以上；平川面积较大的有忻定盆地和五寨盆地，其中忻定盆地是山西省五大盆地之一，盆地的西端为黄土丘陵地带，地形较为破碎；朔州市整体是黄土覆盖的山地形高原，自然条件复杂多样，过渡性质明显。地貌轮廓总体上是北、西、南三面环山，山势较高，中间是桑乾河域冲积平原，相对较低，呈倒"V"形结构。其中山地面积占总面积的 26.5%；丘陵面积占总面积的 34.3%；平原面积占总面积的 39.2%。朔州盆地区属大同盆地，为一东北—西南向的长条状的半封闭盆地，地形平坦开阔。

②季风气候特征显著。晋北地区属于温带大陆性气候，受季风影响，四季鲜明。春季雨雪少，风沙大，蒸发量大，经常出现干旱天气；夏季雨量集中，间有大雨、暴雨、冰雹等；秋季雨水少，早晚凉爽，中午炎热；冬季风多雪少，气候寒冷；大同市年平均气温 6.4℃，忻州市在 4.3~9.2℃，朔州市年平均气温一般为 3.6~7.3℃左右。

③农牧资源丰富。晋北地区农业资源较为丰富，但降水较少，容易出现干旱，主要以种植玉米为主，兼以谷子、豆类、薯类等；同时以养殖猪、牛、

羊为主，兼以禽类产品为辅，而禽类产品以禽蛋产品为主要。2017 年大同市粮食总产量为 114.62 万吨，猪羊肉产量 12.8 万吨；忻州市粮食产量 183.2 万吨，猪牛羊肉总产量 11.7 万吨；朔州市粮食产量 131.3 万吨，猪牛羊肉总产量 9.4 万吨。

④水资源短缺。晋北地区地处干旱半干旱气候区，水资源总量相对缺乏。大同市水资源总量为 1.42 亿立方米，人均水资源量仅为 111 立方米，是全国人均占有量的 9% 左右，水资源十分贫乏；以全市河川径流量水平衡量，朔州市人均拥有量 370 立方米，低于山西省人均 375 立方米的平均水平。

⑤矿产资源丰富。山西省作为资源大省，拥有丰富的矿产资源，其中主要以煤炭为代表，还有石墨、岩石、铝土矿、耐火黏土、铁矾等。大同市境内含煤面积 632 平方公里，累计探明储量 376 亿吨。还拥有山西省唯一——处石墨矿，分布在大同市区北部的宏赐堡、六亩地两处，总探明储量石墨矿石 5162.3 万吨，内含石墨 224.7 万吨。忻州市矿产资源除五寨、岢岚两县较少外，其余各县市皆为富矿县市。已知矿产有煤矿、铁矿、铝矿、钛矿、钒矿、钼矿、金矿、银矿、铜矿、铅矿、锌矿、硅矿、石英、大理石、花岗岩等 50 余种。其中煤炭资源主要分布于河曲、保德、偏关和宁武等地。朔州境内已探明矿产有 35 种，主要有煤炭、石灰岩、铝土矿、耐火黏土、铁矾土、云母、石墨、石英、高岭土、沸石、长石、铁矿以及一定储量的金、铜、稀土等。各类矿产资源潜在价值 25870 亿元，占山西省 17%，位居山西省第一。

⑥旅游业呈现强劲实力。山西省拥有丰厚的旅游资源，大同市素有"三代京华、两朝重镇"的美誉，特别是以云冈石窟、北魏悬空寺为代表的北魏文化；以华严寺、善化寺、观音堂、觉山寺塔、圆觉寺塔为代表的辽金文化；以边塞长城、兵堡、龙壁、明代大同府城为代表的明清文化，构成了鲜明的地域文化特色；忻州市有世界文化景观 1 处，国家历史文化名城 1 座，各类文化旅游景区景点 294 处，其中国家级森林公园 4 处，国家地质公园 2 处，国家水利风景名胜区 1 处，国家自然保护区 1 处。五台山被评为"中国十大文化旅游品牌"，被列入世界文化遗产名录；朔州市有雁门关、应县木塔等旅游胜地。

⑦生态资源丰富。晋北地区动植物种类繁多，忻州市有国家一、二、三类保护动物褐马鸡、丹顶鹤、黑鹳、白鹳、金钱豹等共 17 种，占山西省 29 种的 59%。朔州市的国家一级保护动物，兽类有虎，鸟类有黑鹳；国家二级

保护动物，兽类有豹，鸟类有天鹅、金雕等；大同市有麻黄、甘草等具有很大的经济价值的野生药材植物。

9.3.2　气候变化事实

晋北地区气温总体呈上升趋势，降水总量微弱增加，日照时数显著减少，风速及相对湿度呈下降趋势，高温、干旱等极端天气气候事件频率呈上升趋势。降水、低温、寒潮等极端天气气候事件频率呈下降趋势。

近 30 年以来，晋北地区年平均气温为 6.9℃，年平均气温上升趋势显著，上升速率为 0.25℃ 每 10 年，各个季节均呈现气温上升的特征，升温最显著、速度最快的是春季。近 50 年以来，大同市区、天镇、灵丘气温经历了一次明显的增温过程，大同市区和天镇出现在 20 世纪 90 年代至今，灵丘出现在 20 世纪 80 年代至今（杨淑华等，2018）。1961～2010 年之间，忻州市春季和冬季气温上升率为 0.24℃ 每 10 年，夏季为 0.06℃ 每 10 年，秋季为 0.0℃ 每 10 年，表现为春季和冬季增温明显（张瑞珍等，2011）。

在山西省降水量减少的大背景下，晋北地区降水略有增加，年平均降水量为 406.2 毫米，增长速率为 1.8 毫米每 10 年，21 世纪以来，晋北降水呈微弱上升的迹象，降水的年际波动也比 20 世纪 60～70 年代明显减少。从降水的季节分布来看，由于晋北地区靠近季风气候，降水主要集中于夏秋两季；从降水变化来看，晋北地区春秋两季降水呈增加趋势，夏季呈减少趋势，冬季除大同盆地略微增加外，其余地区均呈现减少趋势。1961～2010 年，忻州市每 10 年平均降水量分析结果显示，夏季降水量呈减少趋势，下降率为 3.4 毫米每 10 年，冬季降水量呈波动式增加趋势，上升率为 0.9 毫米每 10 年。

2000 年以后，大同市极端最高温表现为升温的趋势，极端最低温升温则不明显（何正梅，2011）。2016 年 8 月以来，忻州市偏关县降水异常偏多，仅 8 月 12～18 日就出现三次暴雨，造成道路损毁、农作物大面积受损甚至绝收等；2017 年 7 月 21 日朔州市山阴县城出现了短时强降水天气，降水量 51.9 毫米（达暴雨量级），19～20 时 1 小时降水量 49.1 毫米，突破近 60 年以来有气象资料记载的历史极值。

9.3.3 气候变化影响的重大问题

1. 暖干化现象严重

随着山西省气候变暖，晋北地区气候也发生着变化，主要表现为：气温呈上升趋势且降水有微弱增加趋势，近年来，降水时空分布不均，年际分布也不稳定，同时干旱、洪涝也时有发生。在气候变暖的同时，随着气温的升高，暖干化趋势显现。在暖干化的背景下，阶段性的低温和洪涝的发生，造成了一定的经济损失，同时造成地下水的水位下降，对生态环境和持续发展都产生了一定的影响。

2. 对畜牧业发展产生不利影响

晋北地区畜牧业较为发达，气候变化对畜牧业的影响主要有两个方面：一方面，气候变化会对牲畜产生直接影响，主要表现在：当气温过低时会引起牲畜掉膘；此外，温度较低时，牲畜的抗病毒能力较弱，严重影响牲畜健康；气温过高时会使牲畜身体不适，导致产量下降。另一方面，气候变化通过影响牧草等进而对畜牧业发展产生影响。牧草是畜牧业生产经营的基础资源，由于山西省地处黄土高原，土质疏松，坚固性较差，而晋北地区气候属于干旱半干旱特征，降水量本身就很少的情况下，再加上气温升高，将导致土壤含水量降低，草场干旱持续时间加长，草地生产量将会下降，植被覆盖率降低，牲畜饲料难以保障，同时，气候变化会导致草地病虫害增加，使牧草遭受虫灾，从而影响牲畜的数量及质量（撒多文，2019）。

3. 水资源短缺影响地区经济发展

晋北地区水资源的主要补给来源于降水，晋北地区年平均降水量为406.2毫米，低于山西省年平均降水量（463.9毫米），是山西省降水量最少的地区，降水量偏低将导致地下水补给下降，从而导致水资源总量减少以及蒸发量的增大，加之晋北地区植被覆盖率较低，致使水中污染物浓度增加，恶化了水资源的水质，如在滹沱河济胜桥段，高锰酸盐等重金属污染物有所增加，从而影响该河段和该河段下游河段的水质。此外，由于晋北地区水资源远不如晋南地区丰沛，且晋北地区畜牧业规模较大，气温的升高将导致农田灌溉需水量和牲畜饮水量的增加，工业、生活、服务业等方面用水加大，致使水资源供不应求，严重时会影响地区经济发展。

4. 影响水利工程设施

气候变化会对水利工程设施产生较大影响。水工混凝土作为水利工程建设最主要的建筑材料之一，其对低温、干旱等气候条件较为敏感与脆弱，气候变化也将对水利工程的运行调度及自身安全造成直接的影响。低温对水利工程的影响主要表现在会使薄壁结构混凝土和复杂应力混凝土结构的开裂，大型调水工程常采用的渡槽就是典型的薄壁结构与复杂应力结构的组合体，易受突发寒潮事件冲击的影响，若调水输水链接上任何一段渡槽发生开裂、渗透等安全问题，都将影响整个调水工程的运行。干旱对水利工程的影响主要是会加快混凝土水分散失的速度，导致混凝土湿度条件出现较大的变化，进而使混凝土发生干缩变形，当变形受到约束时，混凝土将产生不均匀的干缩应力，直接导致混凝土表面的开裂或使已有表面裂缝扩展（张建云等，2015）。

5. 频发的气象灾害对农业产生不利影响

干旱和洪涝作为气象灾害中发生最为频繁的两种。干旱具有范围广、历时长、灾情重的特点，对农业造成的损失是极大的。2013 年，大同市 3 月份无一次有效降水，大部分地区干旱严重，造成春播推迟、作物出苗困难。据民政局统计，截至 5 月底，阳高、浑源和灵丘三县受旱面积达 110.07 万亩，经济损失 6250 万元。相比于干旱，洪涝灾害很少大面积连片发生，但一旦发生洪涝，造成的经济损失也是惨重的，2016 年 7 月忻州市五寨县遭受暴雨灾害袭击，受灾面积 4650 公顷，直接经济损失 232 万元。

6. 加大人文景观保护难度，威胁旅游基础设施

晋北地区是山西省佛教文化兴盛的地区，也是我国传统农耕文化与游牧文化交错地带，有五台山、云冈石窟、华严寺、悬空寺等一系列佛教建筑景观，也有雁门关、古长城群等历史文化建筑，还分布着北岳恒山、芦芽山、五台山等一批壮丽的自然景观。晋北地区气候变暖将加剧该区域石刻建筑和

木质建筑的风化速度，加速该区域壁画、彩塑等文化元素的老化与褪色，有可能引起应县木塔等木质建筑干裂糟朽，冬季强降雪事件也将会对木质建筑形成威胁。气候变暖还有可能影响芦芽山万年冰洞的稳定性，也可能加剧雁门关一带植被退化、沙化，降低一些自然景观的观赏性。

9.3.4 适应气候变化的目标

①近期目标：到 2025 年，晋北地区综合治理取得初步成效，暖干化现象得到缓解；牛、羊、猪等的抗病虫能力不断增强；水资源短缺问题已达到有效控制；水利工程设施更加完善及坚固；旅游业快速发展。

②中长期目标：到 2035 年，晋北地区适应气候变化机制已较为完善；植被覆盖率已达到较高水平；借助于农作物科技创新，作物抗旱抗洪能力大幅度提高；旅游资源抗灾害能力已得到明显提高。

③长期目标：到 2050 年，适应气候各方面机制更加完善、成果更加显著。

9.3.5 适应气候变化的适应方案

1. 加强农牧业适应干旱缺水型气候条件的能力

第一，提升种植业在夏季干旱频发、春秋气候不稳定下的适应性。推进晋北山区农业气候区划精细化工作，在晋北太行、吕梁和恒山地区等不适合大型农机作业的山区，加强选育和推广种植耐旱小杂粮、薯类等特色农业品种，发展延伸农产品产业链；大力发展节水农业，在桑干河河谷盆地、滹沱河河谷盆地等农业产区推广旱作节水农业技术，强化春季覆膜保墒；调整经济作物种植结构，减少花期较早作物的种植比例，加强大秋作物防霜防冻措施。第二，推进干旱地区牧业可持续发展。加强晋北农牧交错地带牧业规范化、现代化发展，强化牲畜饮水保障能力和越冬饲草储备，加大人工草地培植力度，增加圈舍通风性能和保暖性能。在科学技术上，要加强科学研究，有针对性的育种，研发新的饲草品种，改进食草家畜养殖技术，选育高原耐寒品种和抗病畜种，推广季节性放牧、划区轮牧等科学的畜牧业生产方式。

2. 增强干旱地区水资源保障能力

坚持生态优先，绿色发展，开展重点水源地生态治理，增强水源涵养能力。加强万家寨引黄北线沿线重点河段生态治理和水土流失治理。加大季节性储水水利设施建设，提升大同御河、忻州云中河等市（县）内河道季节性储水功能。提升册田水库和重点河段水质，加大排污源头治理监管力度，规范工业和城镇污水处理标准，避免水质性缺水。坚持以水而定，量水而行，全面推进节水型社会建设。建立人工增雨示范区，针对季节性干旱缺水、高温等问题，充分利用人工影响天气在预防减灾、人工增雨等方面的作用，缓解晋北地区水资源短缺问题。在干旱事件的应对方面，要提升水利工程材料的自身性能，选择气候敏感因子较低的高抗裂材料，并加强对水利工程施工期混凝土的养护工作；从材料防护角度考虑，可以从内部供水、外部防止水分散失两个方面进行防护，对于已建水利工程而言，在长历时高温干旱气候条件下，可在其表面涂刷养护剂，既对混凝土进行养护，提高相关性能以应对干旱，还可有效防止水工混凝土内部水分散失，减少水工建筑物的干缩变形；在低温时，可在水利工程表面覆盖保温材料，对于处在施工期水利工程，可以采用表面蓄热养护来应对低温，避免表面裂缝。

3. 提升区域旅游业干旱气候适应能力

加强应县木塔、悬空寺、大同市内寺庙群等传统木质建筑防火、防雨水工作，加强云冈石窟等大型室外文物的防沙尘、防暴晒、防雨水设施建设；加大万年冰洞、晋华宫矿国家矿山公园等岩洞旅游和巷道旅游建设和宣传力度，提升夏季旅游舒适度；加大雁门长城观光区、西部沿黄黄河观光区、东部恒山、五台山等太行观光区交通基础设施建设和公共交通投入，提升旅游通达性。依据各地旅游资源状况，制定出与气候变化相适应的旅游发展规划，比如：在一些以室外项目为重点的旅游景区建设室内娱乐设施，减少恶劣天气带来的损失；建立完善的旅游防灾减灾体系，增大游客出行安全保障；依靠科技创新开发旅游纪念品和服务产品，将当地特色融入旅游产品中。

4. 加强气候资源开发利用能力和能源保障能力

加大恒山地区、左右平台地、朔平台地等台地区域和其他山区等风能、太阳能资源丰富区域的气象资源开发利用力度，创新风能装机设备，提升发电效率和降低安装成本；建立能源供给结构季节性动态调整机制，增强夏季风能不足、冬季光能不足下新能源供给稳定性；增强冬季采暖需能等重点时段能源保障能力。

5. 提高全社会适应气候变化的意识

加大适应气候变化宣传、教育和培训力度，例如，通过编制适应气候变化教材、工具书、适应技术手册和文化读本等，制作适应气候专题电视片等，提高全社会适应气候变化知识水平和行动能力，提高适应气候变化意识；建立适应气候变化信息交流共享机制，建立适应示范地区、脆弱地区交流合作、援助建设机制。

参考文献

[1] 白国平.山西省玉米生产现状与发展对策 [D].杨凌:西北农林科技大学,2007.

[2] 蔡连文,蔡莲芝.季节性变暖对中国农作物病虫害的影响 [J].乡村科技,2016 (26):75.

[3] 曹建廷,邱冰,夏军.1956—2010 年海河区降水变化对水资源供需影响分析 [J].气候变化研究进展,2015,11 (2):111-114.

[4] 曹庆军,王洪预,张铭,等.高施肥水平下密度对春玉米产量的影响 [J].玉米科学,2009,17 (3):113-115.

[5] 曹秀清.浅谈江淮分水岭两侧易旱地区塘坝水资源调节作用与合理利用 [J].治淮,2017 (2):12-13.

[6] 曹永旺,延军平.1961—2013 年山西省极端气候事件时空演变特征 [J].资源科学,2015,37 (10):2086-2098.

[7] 曾海鳌,吴敬禄.蒙新高原湖泊水质状况及变化特征 [J].湖泊科学,2010,22 (6):882-887.

[8] 柴志凯,陈利民,李国华,等.山西省重点传染病疫情形势分析研判报告 [J].山西医药杂志,2015,44 (6):611-613.

[9] 陈静,刘洪滨,王艳君,等.华北平原干旱事件特征及农业用地暴露度演变分析 [J].中国农业气象,2016,37 (5):587-598.

[10] 陈双建.山西省桃的栽培现状及发展建议 [J].落叶果树,2012 (5):24-26.

[11] 陈伟,曾光.洪涝灾害与传染病流行 [J].中国公共卫生,2014,19 (8):899-900.

[12] 陈卫琴.山体滑坡的危害及其治理措施研究 [J].河南科技,2013 (19):178.

［13］崔小红，肖伟华，程兵芬，等．干旱对流域地表水体水质影响初探［J］．人民黄河，2013，35（5）：49 - 52.

［14］戴廷波，赵辉，荆奇，等．灌浆期高温和水分逆境对冬小麦籽粒蛋白质和淀粉含量的影响［J］．生态学报，2006（11）：3670 - 3676.

［15］丹利，杨富强，吴涧．1960—2009 年北京地区城市化背景下蒸发皿蒸发量的时空变化［J］．气象科学，2011，31（4）：405 - 413.

［16］邓荣华，高瑞如，刘后鑫，等．自然干旱梯度下的酸枣表型变异［J］．生态学报，2016，36（10）：2954 - 2961.

［17］邓缓林，刘文彰．地学辞典［M］．石家庄：河北教育出版社，1992.

［18］《第三次气候变化国家评估报告》编写委员会．第三次气候变化国家评估报告［M］．北京：科学出版社，2015.

［19］丁一汇．气候变化［M］．北京：气象出版社，2010.

［20］董朝阳，刘志娟，杨晓光．北方地区不同等级干旱对春玉米产量影响［J］．农业工程学报，2015，31（11）：157 - 164.

［21］董悦安．温度变化对地下水中微生物影响的研究［J］．勘察科学技术，2008（2）：15 - 18.

［22］樊静丽．城镇化及气候变化背景下我国能源经济系统建模研究［D］．北京：北京理工大学，2014.

［23］樊智翔．山西省玉米基础现状与可持续发展战略［C］//中国作物学会．21 世纪作物科技与生产发展学术讨论会论文集．中国作物学会，2002.

［24］范广洲，赖欣，刘雅星．中国木本植物物候对气温变化的响应［J］．高原山地气象研究，2012，32（2）：32 - 36.

［25］范广洲，吕世华，程国栋．华北地区夏季水资源特征分析及其对气候变化的响应（Ⅰ）：近 40 年华北地区夏季水资源特征分析［J］．高原气象，2001（4）：421 - 428.

［26］方修琦，王媛，徐锬，等．近 20 年气候变暖对黑龙江省水稻增产的贡献［J］．地理学报，2004（6）：820 - 828.

［27］房世波，齐月，韩国军，等．1961—2010 年中国主要麦区冬春气象干旱趋势及其可能影响［J］．中国农业科学，2014，47（9）：1754 - 1763.

［28］房世波，谭凯炎，任三学．夜间增温对冬小麦生长和产量影响的实验研究［J］．中国农业科学，2010，43（15）：3251 - 3258.

［29］冯建成．山西省森林资源现状及林业发展思路［J］．林业调查规划，2012，37（4）：58 - 61.

［30］冯黎，宋臻．黄河上游梯级水库对水资源调节配置的能力分析［J］．西北水电，2004（3）：27 - 33.

［31］冯利利，童晶晶，张明顺，等．北京市水资源领域适应气候变化对策及保障措施探讨［J］．中国环境管理，2014，6（3）：5－8.

［32］冯晓龙，刘明月，霍学喜，等．农户气候变化适应性决策对农业产出的影响效应：以陕西苹果种植户为例［J］．中国农村经济，2017（3）：33－47.

［33］高伟，陈岩，徐敏，等．抚仙湖水质变化（1980—2011）趋势及驱动力分析［J］．湖泊科学，2013，25（5）：635－642.

［34］高彦春，于静洁，刘昌明．气候变化对华北地区水资源供需影响的模拟预测［J］．地理科学进展，2002（6）：616－624.

［35］郭贝宁．冬小麦不同生育阶段对人工增雨的精细化需求指标探讨［J］．安徽农学通报，2017，23（21）：42－44.

［36］郭慕萍，刘月丽，安炜，等．山西气候．［M］．北京：气象出版社，2015.

［37］海群，张流波．我国洪涝灾害生活饮用水污染及肠道传染病的流行特点［J］．中国卫生标准管理，2012，3（4）：61－63.

［38］韩沙沙，温琰茂．富营养化水体沉积物中磷的释放及其影响因素［J］．生态学杂志，2004，23（2）：98－101.

［39］郝爱兵，康卫东，黎志恒，等．河西走廊张掖盆地含水层的水资源调节能力分析［J］．地学前缘，2010，17（6）：208－214.

［40］何霄嘉．黄河水资源适应气候变化的策略研究［J］．人民黄河，2017，39（8）：44－48.

［41］何正梅．大同市近40年极端气温的变化特征［J］．中国农业气象，2011，32（S1）：15－18，27.

［42］贺瑞敏，张建云，鲍振鑫，等．海河流域河川径流对气候变化的响应机理［J］．水科学进展，2015，26（1）：1－9.

［43］胡贝军，张兴华．山西省肉牛生产情况调查报告［J］．黄牛杂志，1992（3）：38－40.

［44］胡琦，潘学标，邵长秀，等．1961—2010年中国农业热量资源分布和变化特征［J］．中国农业气象，2014，35（2）：119－127.

［45］华北区域气候变化评估报告编写委员会．华北区域气候变化评估报告决策者摘要及执行摘要（2012）［M］．北京：气象出版社，2012.

［46］黄朝迎．京津冀晋地区80年代的干旱及其对水资源的影响［J］．灾害学，1994（4）：45－49.

［47］黄满湘，章申，晏维金．农田暴雨径流侵蚀泥沙对氮磷的富集机理［J］．土壤学报，2003，40（2）：306－310.

［48］季劲钧，黄玫，刘青．气候变化对中国中纬度半干旱草原生产力影响机理的模

拟研究 [J]. 气象学报, 2005 (3): 257 - 266.

[49] 国家防汛抗旱总指挥部. 中国水旱灾害公报 (2014) [M]. 北京: 中国水利水电出版社, 2015.

[50] 贾仰文, 高辉, 牛存稳, 等. 气候变化对黄河源区径流过程的影响 [J]. 水利学报, 2008, 39 (1): 52 - 58.

[51] 江伟钰, 陈方林. 资源环境法词典 [M]. 北京: 中国法制出版社, 2005.

[52] 江志新, 赵永根. 海门地区灾害性气候对种植业生产的影响及预防措施 [J]. 现代农业科技, 2009 (11): 160 - 162.

[53] 姜广辉, 赵婷婷, 段增强, 等. 北京山区耕地质量变化及未来趋势模拟 [J]. 农业工程学报, 2010, 26 (10): 304 - 311.

[54] 姜敏. 孝感市近 50 年气温和降水变化规律研究 [C]//中国气象学会. 第 34 届中国气象学会年会 S5 应对气候变化、低碳发展与生态文明建设论文集. 中国气象学会, 2017: 8.

[55] 李宝富, 陈亚宁, 陈忠升, 等. 西北干旱区山区融雪期气候变化对径流量的影响 [J]. 地理学报, 2012, 67 (11): 1461 - 1470.

[56] 李晋昌, 刘勇, 张彩霞. 山西省春季气温、降水及其极端事件的变化 [J]. 干旱区资源与环境, 2010, 24 (10): 55 - 60.

[57] 李阔, 许吟隆. 适应气候变化的中国农业种植结构调整研究 [J]. 中国农业科技导报, 2017 (1): 14 - 23.

[58] 李鹏, 王新娟, 孙颖, 等. 气候变化对北京地下水资源的影响分析 [J]. 节水灌溉, 2017 (5): 80 - 83, 89.

[59] 李沁, 张明忠, 郑小晶. 山西省养鸡小区生产现状、存在的问题及对策 [J]. 中国禽业导刊, 2006 (23): 15 - 16.

[60] 李瑞华, 李开森. 气候变化对金丝小枣裂果烂果的影响初探 [J]. 中国园艺文摘, 2015, 31 (10): 185 - 186.

[61] 李硕颀, 谭红专, 李杏莉, 等. 洪灾对人群疾病影响的研究 [J]. 中华流行病学杂志, 2004, 25 (1): 36 - 39.

[62] 李叶蓓, 陶洪斌, 王若男, 等. 干旱对玉米穗发育及产量的影响 [J]. 中国生态农业学报, 2015, 23 (4): 383 - 391.

[63] 李引平. 山西省小杂粮生产优势及发展思路 [J]. 山西农业科学, 2010, 38 (2): 3 - 5.

[64] 李智才, 宋燕, 朱临洪, 等. 山西省夏季年际气候异常研究 1. 山西省一致多雨或少雨型 [J]. 气象, 2008 (1): 86 - 93.

[65] 廉国武. 山西省苹果产业现状及发展思路 [J]. 山西果树, 2011 (6): 40 - 42.

[66] 梁艳. 近46年平阳县气温变化特征分析 [C] //中国气象学会. 第34届中国气象学会年会 S5 应对气候变化、低碳发展与生态文明建设论文集. 中国气象学会，2017：6.

[67] 林晨. 基于日照因素影响下的高密度住区设计研究 [D]. 大连：大连理工大学，2011.

[68] 林健燕，郭泽强. 气候变化对传染病发生的影响 [J]. 疾病监测与控制杂志，2013，7（7）：414 – 416.

[69] 刘彬彬. 水分胁迫对玉米幼苗形态建成、生理代谢及根系吸水的影响 [D]. 北京：中国科学院研究生院，2008.

[70] 刘建军，郑有飞，吴荣军，等. 热浪灾害对人体健康的影响及其方法研究 [J]. 自然灾害学报，2008，17（1）：151 – 156.

[71] 刘建康. 高级水生生物学 [M]. 北京：科学出版社，1999.

[72] 刘九夫，郭方. 气候异常对海河流域水资源评估模型研究 [J]. 水科学进展，2011（增刊）：27 – 35.

[73] 刘俊威，吕惠进. 生态功能法在计算湿地生态需水量中的应用：以天津滨海新区湿地为例 [J]. 湖南农业科学，2012（9）：68 – 70.

[74] 刘梅，吕军. 我国东部河流水文水质对气候变化响应的研究 [J]. 环境科学学报，2015，35（1）：108 – 117.

[75] 刘涛，丁国永，高璐，等. 洪涝灾害对心理健康影响的研究进展 [J]. 环境与健康杂志，2012，29（12）：1136 – 1139.

[76] 刘天军，蔡起华，朱玉春. 气候变化对苹果主产区产量的影响：来自陕西省6个苹果生产基地县210户果农的数据 [J]. 中国农村经济，2012（5）：32 – 40.

[77] 刘蔚，王涛，高晓清，等. 黑河流域水体化学特征及其演变规律 [J]. 中国沙漠，2004，24（6）：755 – 762.

[78] 刘文平，刘月丽，安炜，等. 山西省近48a来人体舒适度变化分析 [J]. 干旱区资源与环境，2011，25（3）：92 – 95.

[79] 刘喜生. 山西省养羊业现状和发展对策 [J]. 山西农业：致富科技，2006（20）：31 – 32.

[80] 刘秀红，李智才，刘秀春，等. 山西春季干旱的特征及成因分析 [J]. 干旱区资源与环境，2011，25（9）：156 – 160.

[81] 刘艳菊. 气候变化对山西省水资源的影响分析 [D]. 南京：河海大学，2007.

[82] 刘英霞，王建永，程正国，等. 人工选择下旱地小麦生长塑性与产量形成特征 [J]. 应用生态学报，2017，28（11）：3805 – 3814.

[83] 刘颖秋. 干旱灾害对我国社会经济影响研究 [M]. 北京：中国水利水电出版社，2005.

［84］刘拥军，黄保续.气候变化给亚洲动物健康带来的影响和风险［J］.中国家禽，2012，34（2）：67-70.

［85］刘忠霞，刘建朝，胡景江.干旱胁迫对苹果树苗活性氧代谢及渗透调节的影响［J］.西北林学院学报，2013，28（2）：15-19.

［86］卢红芳，王晨阳，郭天财，等.灌浆前期高温和干旱胁迫对小麦籽粒蛋白质含量和氮代谢关键酶活性的影响［J］.生态学报，2014，34（13）：3612-3619.

［87］陆咏晴，严岩，丁丁，等.我国极端干旱天气变化趋势及其对城市水资源压力的影响［J］.生态学报，2018，38（4）：1470-1477.

［88］雒文生，宋星原，水环境分析及预测［M］.武汉：武汉大学出版社，2004.

［89］马光跃，陈红玉，申仲妹.山西省梨业生产现状与发展对策［J］.山西农业科学，2008，36（5）：7-10.

［90］马芹.1957—2009年黄土高原地区风速时空变化趋势分析［D］.杨凌：西北农林科技大学，2012.

［91］马巍，廖文根，匡尚富，等.大型浅水湖泊纳污能力核算的风场设计条件分析［J］.水利学报，2009，40（11）：1313-1319.

［92］马玉华，马锋旺，马小卫，等.干旱胁迫对苹果叶片抗坏血酸含量及其代谢相关酶活性的影响［J］.西北农林科技大学学报（自然科学版），2008（3）：150-154，160.

［93］马忠玉.宁夏应对全球气候变化战略研究［M］.宁夏：阳光出版社，2012.

［94］宁浪.气候对真菌性阴道炎发病率的影响［J］.内蒙古中医药，2009，28（7）：48-49.

［95］宁晓菊，秦耀辰，崔耀平，等.60年来中国农业水热气候条件的时空变化［J］.地理学报，2015，70（3）：364-379.

［96］牛选明.干旱胁迫对薄皮核桃果实品质的影响［J］.山东林业科技，2018，48（5）：61-63.

［97］农业大词典编辑委员会.农业大词典［M］.北京：中国农业出版社，1998.

［98］潘根兴，高民，胡国华，等.气候变化对中国农业生产的影响［J］.农业环境科学学报，2011，30（9）：1698-1706.

［99］潘学标，龙步菊，魏玉蓉.内蒙古黄土高原区降水规律与集雨利用潜力分析［J］.干旱区资源与环境，2007（4）：65-71.

［100］潘志祥，廖玉芳，彭嘉栋.适应气候变化湖南战略研究［M］.长沙：湖南大学出版社，2013.

［101］祁秋艳.长期模拟升温对滩涂湿地芦苇生长和光合的影响［D］.上海：华东师范大学，2012.

[102] 气候变化框架公约政府间谈判委员会.联合国气候变化框架公约 [M].北京：中国环境科学出版社，1994.

[103] 钱颖骏，李石柱，王强，等.气候变化对人体健康影响的研究进展 [J].气候变化研究进展，2010，6（4）：241－247.

[104] 秦大河.气候变化科学概论 [M].北京：科学出版社，2018.

[105] 秦大庸，刘家宏，陆垂裕，等.海河流域二元水循环研究进展 [M].北京：科学出版社，2010.

[106] 任国玉，姜彤，李维京，等.气候变化对中国水资源情势影响综合分析 [J].水科学进展，2008，19（6）：772－779.

[107] 任健美，李盈盈，尤莉，等.近53年山西极端温度和降水变化趋势分析 [J].地理与地理信息科学，2014，30（2）：120－126.

[108] 任璞，郝寿昌，赵桂香，等.山西省2008~2009年秋冬抗旱气象服务总结和反思 [C].第26届中国气象学会年会，2009.

[109] 撒多文，王小龙，孙林，等.长期气候变化对草原畜牧业牧草及家畜的影响 [J].内蒙古科技与经济，2019（1）：70－73.

[110] 山西省重点传染病疫情形势分析研判报告 [J].山西医药杂志，2015（6）：611－613.

[111] 上官铁梁.山西植被的水平地带性分析 [J].山西大学学报（自然科学版），1989（1）：104－111.

[112] 上官周平，陈培元.玉米对渗透胁迫的反应和生理适应 [J].植物学通报，1990（3）：30－33.

[113] 盛海燕，吴志旭，刘明亮，等.新安江水库近10年水质演变趋势及与水文气象因子的相关分析 [J].环境科学学报，2015，35（1）：118－127.

[114] 盛建明，费志良，葛家春.洪灾对湖泊生态环境的影响 [J].南京林业大学学报（自然科学版），2000，24（S1）：112－115.

[115] 世界气象组织.WMO报告：WMO2015年全球气候状况声明 [R].世界气象组织，2016.

[116] 宋丽华，秦芳，白祥，等.气温升高与干旱胁迫对灵武长枣坐果与果实品质的影响 [J].西北林学院学报，2015，30（2）：129－133.

[117] 宋世凯.全球变暖背景下1960—2014年中国降水时空变化特征 [D].乌鲁木齐：新疆大学，2017.

[118] 苏坤慧，延军平，白晶，等.河南省境内淮河南北气候变化的小麦适应度比较 [J].地理科学进展，2012（1）：63－71.

[119] 孙海霞.外界气候变化对牛羊疾病的影响 [J].畜牧与饲料科学，2014，35

（11）：127-128.

[120] 孙红梅. 早实核桃对低温和干旱胁迫的生理响应及抗逆性综合评价 [D]. 杨凌：西北农林科技大学，2012.

[121] 孙智辉，王春乙. 气候变化对中国农业的影响 [J]. 科技导报，2010，28 （4）：110-117.

[122] 谈美兰. 夏季相对湿度和风速对人体热感觉的影响研究 [D]. 重庆：重庆大学，2012.

[123] 谭冬梅. 干旱胁迫对新疆野苹果及平邑甜茶生理生化特性的影响 [J]. 中国农业科学，2007 （5）：980-986.

[124] 王晨阳，苗建利，张美微，等. 高温、干旱及其互作对两个筋力小麦品种淀粉糊化特性的影响 [J]. 生态学报，2014，34 （17）：4882-4890.

[125] 王春乙，郭建平，崔读昌，等. CO_2 浓度对小麦和玉米品质影响的试验研究 [J]. 作物学报，2000，26 （6）：931-936.

[126] 王春乙，张玉静，张继权. 华北地区冬小麦主要气象灾害风险评价 [J]. 农业工程学报，2016，32 （S1）：203-213.

[127] 王春乙. 重大农业气象灾害研究进展 [M]. 北京：气象出版社，2007.

[128] 王国复，许艳，朱燕君，等. 近50年我国霜期的时空分布及变化趋势分析 [J]. 气象，2009，35 （7）：61-67.

[129] 王国庆，张建云，刘九夫，等. 中国不同气候区河川径流对气候变化的敏感性研究 [J]. 水科学进展，2011，22 （3）：307-314.

[130] 王浩，王建华，贾仰文，等. 海河流域水循环演变机理与水资源高效利用 [M]. 北京：科学出版社，2016.

[131] 王华芳. 山西省旅游气候舒适度分析与评价研究 [D]. 太原：山西大学，2007.

[132] 王慧敏，佟金萍. 水资源适应性配置系统方法及应用 [M]. 北京：科学出版社，2011.

[133] 王坚. 井渠结合灌区水资源多年调节研究 [J]. 科技情报开发与经济，2008 （6）：137-139.

[134] 王建华，王浩，李海红，等. 社会水循环原理与调控 [M]. 北京：科学出版社，2014：112-165.

[135] 王健，邱宗旭，韩勇. 核桃生长与气候 [J]. 新疆气象，2002，25 （5）：43-45.

[136] 王丽，霍治国，张蕾，等. 气候变化对中国农作物病害发生的影响 [J]. 生态学杂志，2012 （7）：1673-1684.

[137] 王丽亚，郭海朋．连续干旱对北京平原区地下水的影响［J］．水文地质工程地质，2015，42（1）．

[138] 王龙．浅析大气污染对商品储存的危害［J］．黑龙江科技信息，2010（22）：74.

[139] 王璐，上官铁梁，鹿宝莲，等．山西省自然保护区湿地植物群落物种多样性研究［J］．山西大学学报（自然科学版），2014，37（2）：316－324.

[140] 王梅．洪灾后相关疾病分布及其主要特征：长江流域救灾防病文献综述研究［J］．中国减灾，2000，10（3）：38－42.

[141] 王琦，张亚民，康玲玲，等．黄河中游干旱化趋势及其对径流的影响［J］．人民黄河，2004，26（8）：34－36.

[142] 王兴州，李喜明，吴香芝．低温环境对奶牛能量代谢的影响［J］．中国奶牛，1985（1）：42－50.

[143] 王亚楠．山西省极端降水变化特征和影响因素分析［D］．太原：山西大学，2017.

[144] 王雁，闫世明，孙鸿娉，等．20世纪后半叶山西省气温和降水变化分析［J］．山西气象，2004（4）：16－18.

[145] 王咏梅，秦爱民，王少俊，等．山西冬季气温异常的气候特征及成因分析［J］．高原气象，2011，30（1）：200－207.

[146] 王展，刘荣花，薛明，等．基于气候适宜度的夏玉米发育期模拟模型［J］．气象科学，2015，35（1）：77－82.

[147] 尉亚妮．山西省梨业生产现状与发展对策［J］．河北果树，2012（1）：1－2，7.

[148] 魏学良，张家骅，王豪举，等．高温环境对奶牛生理活动及生产性能的影响［J］．中国农学通报，2005（5）：13－15.

[149] 吴红燕．山西水功能区水质监测改进措施［J］．山西水利，2011，27（10）：10－11.

[150] 吴明久．畜禽体温的调节机制与实践意义［J］．畜牧兽医科技信息，2017（2）：39.

[151] 吴绍洪，尹云鹤，赵慧霞，等．生态系统对气候变化适应的辨识［J］．气候变化研究进展，2005，1（3）：115－118.

[152] 吴秀亭，张正斌，徐萍等．黄淮小麦农艺性状演变趋势［J］．中国农业科学，2013（18）.

[153] 武永利，刘文平，赵永强，等．山西省农业气候资源区划［M］．北京：气象出版社，2015.

[154] 夏星辉，吴琼，牟新利．全球气候变化对地表水环境质量影响研究进展［J］.

水科学进展，2012，23（1）：124 - 133.

[155] 鲜天真，任和平，杨玉文，等．气候变化对北方主要农作物生产的影响及对策 [J]．现代农业科技，2011（19）：314，324.

[156] 谢传宁．气候变化与湿地生态系统的关系 [J]．绿色科技，2011（7）：187 - 189.

[157] 谢立勇，李悦，钱凤魁，等．粮食生产系统对气候变化的响应：敏感性与脆弱性 [J]．中国人口·资源与环境，2014，24（5）：25 - 30.

[158] 谢立勇，林而达．二氧化碳浓度增高对稻、麦品质影响研究进展 [J]．应用生态学报，2007（3）：659 - 664.

[159] 熊立兵，杨恕，鲁地．亚洲中部干旱区水环境变迁及其生态环境效应 [J]．甘肃科技，2005，21（6）：1 - 5.

[160] 许梅，任瑞丽，刘茂松．太湖入湖河流水质指标的年变化规律 [J]．南京林业大学学报（自然科学版），2007，31（6）：121 - 124.

[161] 许永丽，袁长焕．气候变化正在影响人类健康 [N]．中国气象报，2009 - 03 - 20（5）.

[162] 薛昌颖，张弘，刘荣花．黄淮海地区夏玉米生长季的干旱风险 [J]．应用生态学报，2016，27（5）：1521 - 1529.

[163] 闫素辉，尹燕枰，李文阳，等．花后高温对不同耐热性小麦品种籽粒淀粉形成的影响 [J]．生态学报，2008，28（12）：6138 - 6147.

[164] 杨海．特大干旱对传染病流行趋势的影响 [J]．职业与健康，2001，17（2）：15 - 16.

[165] 杨红雁，程惠艳，冀爱青，等．左权气候变化对核桃生长的影响与对策 [J]．安徽农业科学，2013，41（11）：4923 - 4926.

[166] 杨磊，林逢凯，胥峥，等．底泥修复中温度对微生物活性和污染物释放的影响 [J]．环境污染与防治，2007，29（1）：23 - 25.

[167] 杨淑华，栗永忠，王和平，等．大同地区近50年来气温突变的诊断分析 [J]．山西气象，2008（1）：18 - 19，27.

[168] 杨晓静，徐宗学，左德鹏，等．东北三省农业旱灾风险评估研究 [J]．地理学报，2018，73（7）：1324 - 1337.

[169] 杨宇，王金霞，黄季焜．农户灌溉适应行为及对单产的影响：华北平原应对严重干旱事件的实证研究 [J]．资源科学，2016，38（5）：900 - 908.

[170] 杨志跃．山西玉米种植区划研究 [J]．山西农业大学学报（自然科学版），2005（3）：223 - 227.

[171] 杨子森，杭军，李沁．山西省肉牛业生产态势分析与思考 [J]．中国畜牧杂

志，2006，42（9）：48－49.

　　［172］于颖洁，武锤，马麟，等. 2010—2014 年山西省突发公共卫生事件分析［J］. 中国药物与临床，2015（10）：1427－1429.

　　［173］余卫东，陈怀亮. 河南省夏玉米精细化农业气候区划研究［J］. 气象与环境科学，2010，33（2）：14－19.

　　［174］张爱东. 山西省养猪业的现状和发展前景［J］. 当代畜牧，2015（10Z）：31－32.

　　［175］张保仁，董树亭，胡昌浩，等. 玉米的高温胁迫及热适应研究进展［J］. 潍坊学院学报，2006（6）：90－94.

　　［176］张春林，赵景波，牛俊杰. 山西黄土高原近 50 年来气候暖干化研究［J］. 干旱区资源与环境，2008（2）：70－74.

　　［177］张德林，陆佳麟，张佳婷，等. 气象条件对淀山湖水质的影响［J］. 湖泊科学，2016，28（6）：1235－1243.

　　［178］张峰，上官铁梁. 山西湿地资源及可持续利用研究［J］. 地理研究，1999，18（4）：420－427.

　　［179］张建新，李芬，王智娟，等. 山西省适应气候变化战略研究［M］. 北京：气象出版社，2016.

　　［180］张建云，陆采荣，王国庆，等. 气候变化对水工程的影响及应对措施［J］. 气候变化研究进展，2015，11（5）：301－307.

　　［181］张蛟莉. 畜牧养殖受农业气候的影响探讨［J］. 畜禽业，2016（4）：48.

　　［182］张蕾，霍治国，王丽，等. 气候变化对中国农作物虫害发生的影响［J］. 生态学杂志，2012，31（6）：1499－1507.

　　［183］张丽花，延军平，刘栎杉. 山西气候变化特征与旱涝灾害趋势判断［J］. 干旱区资源与环境，2013，27（5）：120－125.

　　［184］张瑞珍，葛艳斌，罗树伟，等. 忻州市近 50a 气温和降水变化趋势分析［J］. 河北农业科学，2011，15（11）：99－101.

　　［185］张学霞，葛全胜，郑景云. 近 50 年北京植被对全球变暖的响应及其时效：基于遥感数据和物候资料的分析［J］. 生态学杂志，2005，24（2）：123－130.

　　［186］张燕. 气候变暖威胁人类健康［J］. 兰州文理学院学报（自然科学版），2009，23（2）：57－62.

　　［187］张永勇，花瑞祥，夏瑞. 气候变化对淮河流域水量水质影响分析［J］. 自然资源学报，2017，32（1）：114－126.

　　［188］张仲杰. 中国西北地区东部降水的气候变化特征及其影响因素［D］. 兰州：兰州大学，2016.

［189］赵桂香. 干旱化趋势对山西省水资源的影响分析［J］. 干旱区研究, 2008, 25
（4）: 492 - 496.

［190］赵金龙, 王泺鑫, 韩海荣, 等. 森林生态系统服务功能价值评估研究进展与
趋势［J］. 生态学杂志, 2013, 32（8）: 2229 - 2237.

［191］赵露露. 辽宁省地表风速变化特征及影响因素分析［D］. 大连: 辽宁师范大
学, 2016.

［192］赵耀东, 刘翠珠, 杨建青, 等. 气候变化及人类活动对地下水的影响分析:
以咸阳市区为例［J］. 水文地质工程地质, 2014, 41（1）: 1 - 6.

［193］赵宇琼, 马雪豪, 白元生, 等. 2014 年山西省羊产业发展形势与分析［J］. 中
国草食动物科学, 2015, 35（3）: 61 - 64.

［194］郑春雨, 刘晶淼, 丁裕国, 等. 基于 PCA-TOPSIS 方法的河北省冬小麦气候适
宜性评价［J］. 生态与农村环境学报, 2009, 25（1）: 8 - 11, 17.

［195］中国气象局气候变化中心. 中国气候变化监测公报: 2011［R］. 2012.

［196］周飞燕. 寒潮对农业的影响及对策探究［J］. 农民致富之友, 2018（11）:
242.

［197］周洁. 山西农村公共卫生建设的现状分析与对策思考［J］. 中共山西省委党校
学报, 2007, 30（1）: 58 - 60.

［198］周晋红, 李丽平, 秦爱民. 山西气象干旱指标的确定及干旱气候变化研究
［J］. 干旱地区农业研究, 2010, 28（3）: 240 - 247, 264.

［199］周曙东, 周文魁, 林光华, 等. 未来气候变化对我国粮食安全的影响［J］. 南
京农业大学学报（社会科学版）, 2013, 13（1）: 56 - 65.

［200］朱德兰, 吴发启. 黄土高原旱地果园土壤水分管理研究［J］. 水土保持研究,
2004, 11（1）: 40 - 42.

［201］朱建华, 侯振宏, 张治军, 等. 气候变化与森林生态系统: 影响、脆弱性与
适应性［J］. 林业科学, 2007, 43（11）: 138 - 145.

［202］朱寿鹏, 周斌, 智协飞. 气候变化背景下能源基础设施调整的政府干预: 以
德国为例［J］. 阅江学刊, 2017, 9（5）: 37 - 44, 145.

［203］Bai Y, Han X, Wu J, et al. Ecosystem stability and compensatory effects in the In-
ner Mongolia grassland［J］. Nature, 2004, 431（7005）: 181 - 184.

［204］Berry J, Bjorkman O. Photosynthetic response and adaptation to temperature in higher
plants［J］. Annual Review of Plant Physiology, 1980, 31（1）: 491 - 543.

［205］Beutel M W. Inhibition of ammonia release from anoxic profundal sediments in lakes
using hypolimnetic oxygenation［J］. Ecological Engineering, 2006, 28（3）: 271 - 279.

［206］Bryan M S, Laurence C, Rupert P, et al. Spatial and historical variation in sediment phosphorus fractions and mobility in a large shallow lake [J]. Water Research, 2006, 4 (4): 383 – 391.

[207] Caruso B S. Temporal and spatial patterns of extreme low flows and effects on stream ecosystems in otago, new zealand [J]. Journal of Hydrology, 2002, 257 (1): 115 – 133.

[208] Chen X, Xu L. Temperature controls on the spatial pattern of tree phenology in China's temperate zone [J]. Agricultural & Forest Meteorology, 2012, 154: 195 – 202.

[209] Chung E G, Bombardelli F A, Schladow S G. Modeling linkages between sediment resuspension and water quality in a shallow, eutrophic, wind-exposed lake [J]. Ecological Modelling, 2009, 220 (9): 1251 – 1265.

[210] Cleuvers M, Ratte H T. The importance of light intensity in algal tests with coloured substances [J]. Water Research, 2002, 36 (9): 2173 – 2178.

[211] Coakley S M, Scherm H, Chakraborty S. Climate change and plant disease management [J]. Annual Review of Phytopathology, 1999, 37, 399 – 426.

[212] Corell R, Acia C O, Weller G, et al. Arctic climate impact assessment [J]. International Journal of Circumpolar Health, 2004, 27 (3): 413 – 414.

[213] Rosenzweig C, Parry M L. Potential impact of climate change on world food supply [J]. Nature, 1994, 367 (6459): 133 – 138.

[214] Costa V, Amorim M A, Quintanilha A, et al. Hydrogen peroxide-induced carbonylation of key metabolic enzymes in saccharomyces cerevisiae: the involvement of the oxidative stress response regulators Yap1 and Skn7 [J]. Free Radical Biology & Medicine, 2002, 33 (11): 1507 – 1515.

[215] Dajoz I. Polymorphisme morphologique chez le pollen et la fleur de Viola diversifolia (Gingins) Becker [J]. Bulletin De La Société Botanique De France Actualités Botaniques, 1990, 137 (2): 148 – 150.

[216] Dan L, Ji J, Xie Z, et al. Hydrological projections of climate change scenarios over the 3H region of China: A VIC model assessment [J]. Journal of Geophysical Research Atmospheres, 2012, 117 (D11).

[217] Dong J, Liu J, Tao F, et al. Spatiotemporal changes in annual accumulated temperature in China and the effects on cropping systems [J]. Climate Research, 2009, 40 (1): 37 – 48.

[218] Dupuis I, Dumas C. Influence of temperature stress on in vitro fertilization and heat shock protein synthesis in maize (Zea mays L.) reproductive tissues [J]. Plant Physiology, 1990, 94 (2).

[219] Edwards M, Richardson A J. Impact of climate change on marine pelagic phenology

and trophic mismatch [J]. Nature (London), 2004, 430 (7002): 881 - 884.

[220] Eu G C, Fabian A, Bombardelli S, et al. Modeling linkages between sediment re-suspension and water quality in ashallow, eutrophic, wind-exposed lake [J]. Ecological Model-ling, 2009, 220: 1251 - 1265.

[221] Fang S B, Tan K Y, Ren S X, et al. Fields experiments in North China show no de-crease in winter wheat yields with night temperature increased by 2. 0 ~ 2. 5℃ [J]. Science China (Earth Sciences), 2012 (6): 157 - 163.

[222] Fisher R A, Tippett L H C. Limiting forms of the frequency distribution of the largest or smallest member of a sample [J]. Mathematical Proceedings of the Cambridge Philosophical So-ciety, 1928, 24.

[223] Forman S, Hungerford N, Yamakawa M, et al. The United Nations framework con-vention on climate change [J]. Environmental Health Perspectives, 1992, 1 (3): 270 - 277.

[224] Gagne F, Blaise C, Andre C. et al. Implication of site quality on mitochondrial electron transport activity and its interaction with temperature in feral Mya arenaria clams from the Saguenay Fjord [J]. Environmental Research, 2007, 103: 238 - 246.

[225] Goudriaan J, Zadoks J C. Global climate change: modelling the potential responses of agroecosystems with special reference to crop protection [J]. Environmental Pollution, 1995, 87 (2): 215 - 224.

[226] Yang G, Di X Y, Zeng T, et al. Prediction of area burned under climatic change scenarios: a case study in the Great Xing'an Mountains boreal forest [J]. Journal of Forestry Re-search, 2010, 21 (2).

[227] Hajat S, Kovats R S, Lachowycz K. Heat-related and cold related deaths in England and Wales: who is at risk? [J]. Occup Environ Med, 2007, 64: 93 - 100.

[228] Hammond D, Pryce A R, Hammond D, et al. Climate change impacts and water temperature [J]. Climate Change Impacts & Water Temperature, 2007.

[229] Heugens E H W, Hendriks A J, Dekker T, et al. A review of the effects of multiple stressors on aquatic organisms and analysis of uncertainty factors for use in risk assessment [J]. Critical Reviews in Toxicology, 2002, 31 (3): 247 - 284.

[230] Hilscherova K, Dusek L, Kubik V, et al. Redistribution of organic pollutants in riv-er sediments and alluvial soils related to major floods [J]. Journal of Soils and Sediments, 2007, 7 (3): 167 - 177.

[231] Hurkman W J, McCue K F, Altenbach S B, et al. Effect of temperature on expres-sion of genes encoding enzymes for starch biosynthesis in developing wheat endosperm [J]. Plant Science, 2003, 164 (5): 873 - 881.

[232] Huyghe C. New utilizations for the grassland areas and the forage plants: what matters [J]. Forages, 2010, 203: 213 – 219.

[233] IPCC. Climate change 2001: impacts, adaptation, and vulnerability [M]. Cambridge: Cambridge University Press, 2001.

[234] IPCC. Climate change 2007: the physical science basis, summary for policymakers [M]. Cambridge: Cambridge University Press, 2007.

[235] IPCC. Climate change 2013: the physical science basis [M]. Cambridge: Cambridge University Press, 2013.

[236] Jenkinson A F. The frequency distribution of the annual maximum (or minimum) values of meteorological elements [J]. Quarterly Journal of the Royal Meteorology Society, 1955, 87: 145 – 158.

[237] Jiang X, Jin X, Yao Y, et al. Effects of biological activity, light, temperature and oxygen on phosphorus release processes at the sediment and water interface of Taihu Lake, China [J]. Water Research, 2008, 42 (8 – 9): 2251 – 2259.

[238] Jones R N, Chiew F H S, Boughton W C, et al. Estimating the sensitivity of mean annual runoff to climate change using selected hydrological models [J]. Advances in Water Resources, 2006, 29 (10): 1419 – 1429.

[239] Karim M A, Fracheboud Y, Stamp P. Effect of high temperature on seedling growth and photosynthesis of tropical maize genotypes [J]. Journal of Agronomy and Crop Science, 2001, 184 (4): 217 – 223.

[240] Kaster Ø, Wright R F, Barkved L J, et al. Linked models to assess the impacts of climate change on nitrogen in a Norwegian river basin and FJORD system [J]. Science of the Total Environment, 2006, 365 (1): 200 – 222.

[241] Keeling P L, Banisadr R, Barone L, et al. Effect of temperature on enzymes in the pathway of starch biosynthesis in developing wheat and maize grain [J]. Functional Plant Biology, 1994, 21 (6): 807 – 827.

[242] Knapp A K, Fay P A, Blair J M, et al. Rainfall variability, carbon cycling, and plant species diversity in a mesic grassland [J]. Science, 2002, 298 (5601): 2202 – 2205.

[243] Komatsu E, Fukushima T, Harasawa H. A modeling approach to forecast the effect of long-term climate change on lake water quality [J]. Ecological Modelling, 2007, 209 (2): 351 – 366.

[244] Kovats R S. Will climate change really affect our health? Results from a European assessment [J]. J Br Menopause Soc, 2004, 10 (4): 139 – 144.

[245] Legesse D, Abiye T, Vallet-Coulomb C, et al. Streamflow sensitivity to climate and

land cover changes: MekiRiver, Ethiopia [J]. Hydrology and Earth System Sciences, 2010, 14: 2277 – 2287.

[246] Liu Y, Tao F. Probabilistic change of wheat productivity and water use in China for global mean temperature changes of 1°, 2°, and 3℃ [J]. Journal of Applied Meteorology and Climatology, 2013, 52 (1): 114 – 129.

[247] Liu Y, Wang E, Yang X, et al. Contributions of climatic and crop varietal changes to crop production in the North China Plain, since 1980s [J]. Global Change Biology, 2010, 16 (8): 2287 – 2299.

[248] Lloret J, Marín A, Marín – Guirao L. Is coastal lagoon eutrophication likely to be aggravated by global climate change? [J]. Estuarine Coastal and Shelf Science, 2008, 78 (2): 403 – 412.

[249] Lyons B P, Pascoe C K, Mcfadzen I R B. Phototoxicity of pyrene and benzo pyrene to embryo-larval stages of the pacific oyster Crassostrea gigas [J]. Marine Environmental Research, 2002, 54: 627 – 631.

[250] Macdonald R W, Harner T, Fyfe J. Recent climate change in the Arctic and its impact on contaminant pathways and interpretation of temporal trend data [J]. Science of the Total Environment, 2005, 342 (1): 5 – 86.

[251] Maia A S C, Dasilva R G, Loureiro C M B. Sensible and latent heat loss from the body surface of Holstein cows in a tropical environment [J]. International Journal of Biometeorology, 2005, 50 (1): 17 – 22.

[252] Manoj J, Zaitao P, Eugene S T, et al. The impact of climate change on stream flow in the Upper Mississippi River Basin: a regional climate model perspective [J]. Journal of Geophysical Research, 2003.

[253] Matthijs B, Zwolsman J J G. Climate change induced salinisation of artificial lakes in the Netherlands and consequences for drinking water production [J]. Water Research, 2010, 44: 4411 – 4424.

[254] Mccarthy J J, Canziani O F, Learty N A. Climate change 2001: impact, adaptation, and vulnerability [M]. Cambridge: Cambridge University Press, 2001, 195 – 233.

[255] Miler W D, Harding L W. Climate forcing of the spring bloom in the Chesapeake Bay [J]. Marine Ecology: Progress Series, 2007, 331: 11 – 22.

[256] Mulholland P J, Best G R, Coutant C C, et al. Effects of climate change on freshwater ecosystems of the south-eastern United States and the Gulf Coast of Mexico [J]. Hydrological Processes, 1997, 11 (8): 949 – 970.

[257] Polyakov V, Fares A, Kubo D, et al. Evaluation of a non-point source pollution

model, AnnAGNPS, in a tropical watershed [J]. Environmental Modelling and Software, 2007, 22 (11): 1617 - 1627.

[258] Prasch A L. Interactions between 2, 3, 7, 8-tetrachlorodibenzo-p-dioxin (TCDD) and hypoxia signaling pathways in zebrafish: hypoxia decreases responses to TCDD in zebrafish embryos [J]. Toxicological Sciences, 2004, 78 (1): 68 - 77.

[259] Prathumratana L, Sthiannopkao S, Kim K W. The relationship of climatic and hydrological parameters to surface water quality in the lower Mekong River [J]. Environment International, 2008, 34 (6): 860 - 866.

[260] Randall P J, Moss H J. Some effects of temperature regime during grain filling on wheat quality [J]. Australian Journal of Agricultural Research, 1990, 41 (4): 603 - 617.

[261] Sheffield J, Wood E F. Drought: past problems and future scenarios [M]. Routledge, 2012.

[262] Singletary G W, Banisadr R, Keeling P L. Heat stress during grain filling in maize: effects on carbohydrate storage and metabolism [J]. Functional Plant Biology, 1993, 21 (6): 829 - 841.

[263] Solomon S, Qin D, Manning M, et al. Contribution of working group I to the fourth assessment report of the intergovernmental panel on climate change [M]. Cambridge: Cambridge University Press, 2007.

[264] Spears B M, Carvalho L, Perkins R, et al. Spatial and historical variation in sediment phosphorus fractions and mobility in a large shallow lake [J]. Water Research, 2006, 40 (2): 383 - 391.

[265] Stone P J, Nicolas M E. A survey of the effects of high temperature during grain filling on yield and quality of 75 wheat cultivars [J]. Australian Journal of Agricultural Research, 1995, 46 (3): 475 - 492.

[266] Tao F, Yokozawa M, Liu J, et al. Climate-crop yield relationships at province scale in China and the impacts of recent climate trend [J]. Climate Research, 2008, 38 (1): 83 - 94.

[267] Thomey M L, Collins S L, Vargas R, et al. Effect of precipitation variability on net primary production and soil respiration in a Chihuahuan Desert grassland [J]. Global Change Biology, 2011, 17 (4): 1505 - 1515.

[268] Tong S, Mackenzie J, Pitman A J, et al. Global climate change: time to mainstream health risks and their prevention on the medical research and policy agenda [J]. Internal Medicine Journal, 2010, 38 (6a): 445 - 447.

[269] Trolle D, Hamilton D P, Pilditch C A, et al. Predicting the effects of climate change on trophic status of three morphologically varying lakes: implications for lake restoration

and management [J]. Environmental Modelling & Software, 2011, 26 (4): 354 – 370.

[270] UNFCCC. Rio convention: United Nations framework convention on climate change [Z]. 1992.

[271] Van T K, Bowes H G. Comparison of the photosynthetic characteristics of three submersed Aquatic plants [J]. Plant Physiology, 1976, 58 (6): 761 – 768.

[272] Van Vliet M T H, Zwolsman J J G. Impact of summer droughts on the water quality of the Meuse river [J]. Journal of Hydrology, 2008, 353 (1): 1 – 17.

[273] Vogel R M, Wilson I, Daly C. Regional regression models of annual streamflow for the United States [J]. Journal of Irrigation and Drainage Engineering, 1999, 125 (3): 148 – 157.

[274] Wang S, Jin X C, Bu Q Y, et al. Effects of dissolved oxygen supply level on phosphorus release from lake sediments [J]. Colloids and Surfaces A: Physicochemical and Engineering Aspects, 2008, 316 (1): 245 – 252.

[275] Whitehead P G, Wade A J, Butterfield D. Potential impacts of climate change on water quality and ecology in six UK rivers [J]. Hydrology Research, 2009, 40: 113 – 122.

[276] Wilby R L, Whitehead P G, Wade A J, et al. Integrated modelling of climate change impacts on water resources and quality in a lowland catchment: River Kennet, UK [J]. Journal of Hydrology (Amsterdam), 2006, 330 (1): 204 – 220.

[277] Wilhelm S, Adrian R. Impact of summer warming on the thermal characteristics of a polymictic lake and consequences for oxygen, nutrients and phytoplankton [J]. Freshwater Biology, 2008, 53 (2): 226 – 237.

[278] Xia X, Yang Z, Zhang X. Effect of suspended-sediment concentration on nitrification in river water: importance of suspended sediment-water interface [J]. Environmental Science and Technology, 2009, 43 (10): 3681 – 3687.

[279] Yang Z, Feng J, Niu J, et al. Release of polycyclic aromatic hydrocarbons from Yangtze River sediment cores during periods of simulated resuspension [J]. Environmental Pollution, 2008, 155 (2): 366 – 374.

[280] Zhang L, Cai P, Tian X, et al. A novel zero-watermarking algorithm based on DWT and edge detection [C]// Proceedings – 4th International Congress on Image and Signal Processing, CISP 2011. IEEE, 2011.